动物营养与饲料

DONGWU YINGYANG YU SILIAO

主　编◎杨　莎　甘蓉军　张　凯
副主编◎尚宗民　杨　博　徐广鑫
参　编◎王　菁　周学海　马　英

重庆大学出版社

内容提要

本书在《国家职业教育改革实施方案》的指导下,由校企合作共同完成编写,是湖北省高水平专业群和现代农牧业专业群项目重点建设教材。本书遵照学生认知规律,以饲料生产人员、饲料品管员、饲料配方师等岗位标准与工作任务为指导,分为动物营养基础、设计饲料配方、饲料加工、调制及品质鉴定、检验饲料质量4个模块,各模块下分营养物质及营养、认识营养需要与饲养标准、认识饲料原料等10个项目,各项目由学习动物营养学基础知识、认识碳水化合物的营养等共计43个任务组成。本书为智慧职教MOOC学院开设的"动物营养与饲料加工"省级在线精品课程配套教材。

本书可作为高等职业院校现代农业技术、畜牧兽医、动物医学等专业教材,也可作为畜牧及饲料生产第一线技术人员从事相关技术工作的参考书和工具书。

图书在版编目(CIP)数据

动物营养与饲料 / 杨莎,甘蓉军,张凯主编.
重庆:重庆大学出版社,2024.10. -- ISBN 978-7
-5689-4846-3

Ⅰ. S816
中国国家版本馆 CIP 数据核字第 2024P5F095 号

动物营养与饲料

主　编　杨　莎　甘蓉军　张　凯
副主编　尚宗民　杨　博　徐广鑫
策划编辑:范　琪

责任编辑:姜　凤　　版式设计:范　琪
责任校对:刘志刚　　责任印制:张　策

*

重庆大学出版社出版发行
出版人:陈晓阳
社址:重庆市沙坪坝区大学城西路21号
邮编:401331
电话:(023)88617190　88617185(中小学)
传真:(023)88617186　88617166
网址:http://www.cqup.com.cn
邮箱:fxk@cqup.com.cn(营销中心)
全国新华书店经销
重庆华林天美印务有限公司印刷

*

开本:787mm×1092mm　1/16　印张:16.5　字数:415千
2024年10月第1版　　2024年10月第1次印刷
ISBN 978-7-5689-4846-3　定价:49.80元

前　言

　　本书是襄阳职业技术学院携手襄阳正大有限公司开发的校企"双元"教材,主要供高职高专院校现代农业技术、畜牧兽医、动物医学等专业三年制学生使用。本书依据高等职业教育教学改革的要求,在已出版的中高职衔接教材《畜牧基础》的基础上进行了拓展,内容涉及从事动物养殖必需的动物营养、动物饲料加工、品质管控等技术技能。遵循学生的认知规律,以饲料生产人员、饲料品管员、饲料配方师等岗位标准与工作任务为指导,分动物营养基础、设计饲料配方、饲料加工、调制及品质鉴定、检验饲料质量4个模块,模块下分10个项目,43个任务。

　　本书主要介绍以下内容:

　　模块一:营养物质及营养、认识营养需要与饲养标准、认识饲料原料。

　　模块二:设计配合饲料配方、设计浓缩饲料配方、设计添加剂预混合饲料配方。

　　模块三:配合饲料生产、饲料的调制及品质鉴定。

　　模块四:饲料常规养分含量测定及饲料其他检验技术。

　　本书由襄阳职业技术学院杨莎、襄阳职业技术学院甘蓉军、襄阳职业技术学院张凯担任主编,襄阳职业技术学院尚宗民、襄阳职业技术学院杨博、襄阳职业技术学院徐广鑫担任副主编,襄阳职业技术学院王菁、襄阳正大有限公司周学海、襄阳正大有限公司马英担任参编,全书由杨莎统稿。其中,模块一由杨莎、杨博编写,模块二、模块三由杨莎、甘蓉军、张凯、马英、周学海、杨博编写,模块四由尚宗民、徐广鑫、王菁编写。在编写过程中,编者结合多年的教学实践经验,参考了有关著作、文献和相关院校的教材,注重理论联系实际,力求文字简练、通俗易懂、图文并茂,充分反映本学科的科学性、系统性和先进性。

　　由于编者水平有限,书中难免存在疏漏和不足之处,恳请读者批评指正,以便日后做进一步修订。

编　者

2024 年 6 月

目　录

绪　论

一、我国饲料行业的发展历程

1. 第一阶段：起步阶段（1949—1984 年）

中华人民共和国成立后，饲料行业从无到有，面临效率低下、生产不规范、供需不平衡等问题。国家采用引进先进技术设备、加强科技投入等措施，逐渐改善饲料生产质量。直到 1984 年 5 月 8 日，国务院第 33 次常务会审议并通过了《1984—2000 年全国饲料工业发展纲要（试行草案）》，于同年 12 月 26 日正式颁布，饲料行业才结束起步阶段，进入快速发展阶段。

2. 第二阶段：成长阶段（1985—2000 年）

全国饲料标准体系、管理办法等法律法规相继出台，行业发展逐步规范。1999 年，基本建成饲料工业体系，年产 5 万 t 以上的饲料厂 1 937 家，配合饲料产量达 6 871 万 t，添加剂预混合饲料 223 万 t，饲料加工工业产值 1 855 亿元，在全国统计的 38 个工业行业中排行 16 位。饲料工业的发展带动饲料机械制造业快速发展。

3. 第三阶段：调整与提升阶段（2001 年至今）

随着国家出台的一系列规范性文件，我国饲料管理全面进入法治轨道，全面实施饲料安全工程，强化饲料产品质量监管，维护饲料产品市场秩序，提高企业管理水平。

二、我国饲料行业发展现状

我国是畜牧生产和消费大国，拥有全球最大的畜禽饲养量。畜牧业生产能力的稳步提升离不开现代饲料工业。2021 年，我国饲料工业总产值达 1.22 万亿元，首次突破万亿元大关，占农业总产值的十分之一。近年来，饲料行业的发展取得了显著成效。

1. 行业集中度逐步提升

目前，我国饲料行业进入效率驱动成长阶段，加剧行业竞争，加快重组步伐，持续提升龙头企业市场份额，使中小型企业呈下降趋势。我国饲料工业协会数据显示：2020 年，年产 10 万 t 以上规模的生产厂家有 749 家，年产百万吨以上规模的企业集团有 33 家，后者在全国饲料总产量中的占比为 54.6%；2021 年，年产 10 万 t 以上规模的生产厂家有 957 家，年产百万吨以上规模的企业集团有 39 家，后者在全国饲料总产量中的占比为 59.7%；2022 年，年产百万吨以上规模的企业集团有 36 家，比 2021 年减少了 3 家，饲料产量占全国饲料总产量的 57.5%。年产量超过 1 000 万 t 的企业达 6 家。2023 年，年产量超过 1 000 万 t 的企业集团有 7 家，其中 3 家年产量在 2 000 万 t 以上，全国前十大企业饲料产量占比合计占总产量的 45.69%。

2. 产业素质显著提高

饲料产业整体呈现龙头企业引领、专业化分工的发展趋势，机械化程度和产业集中度显著提升。设施设备从无到有，由粗到精，我国饲料工业协会在《2021 年全国饲料工业发展概况》研究中提出：饲料设备生产企业总产值 115.2 亿元，同比增长 36.4%，实现利润 77 亿元。随着质量兴牧持续推进，源头治理、过程管控、产管结合等措施全面推行，规范标准、法律法规、执法监管等饲料产品质量安全保障体系进一步完善,"舌尖上的安全"防线进一步筑牢,饲料产品质量安全保持稳定向好态势。2020 年,饲料、兽药等投入品抽检合格率达到了 98.1% ,畜禽产品抽检合格率也达到了 98.8% ,连续多年保持在较高水平。目前饲料和畜产品质量安全是最好的时期,在食品安全领域内处于领先地位。

3.加快推进行业创新

近年来,越来越多的饲料企业重视科技研发投入,高素质从业人员引进数量和科技投入金额常年维持高位,新技术、新工艺、新业态不断涌现。行业持续挖潜营养技术,研发推广低豆日粮,持续降低豆粕比例,主要聚焦饲料配方调整和生物安全研究。氨基酸、酶制剂、微生物制剂等新型饲料添加剂产品增长速度快,分别比 2015 年增长 175.4% 、170.3% 和 131.1% 。涌现出智能饲料生产系统、饲喂系统等一系列数字产品。

三、我国饲料行业面临的问题与发展方向

目前我国饲料行业的发展仍然面临诸多问题、矛盾和严峻的挑战。如何解决原料尤其是蛋白质饲料的供应紧张、人畜争粮、安全高效环保饲料的研发滞后、供应链和物流不畅通、生产成本不断提升等问题,需要寻求新的手段、新的抓手和突破口。

未来,饲料行业集中度将持续提升,"饲料—养殖—加工"一体化将成为我国饲料或养殖企业的发展模式,玉米、豆粕替代处于加速阶段。需要调整种植业结构、加大非粮饲料资源的开发利用,保障饲料原料有效供给;加快草山草坡资源的开发,降低饲料生产成本;研发饲料加工、调制新技术,提高饲料利用效率;研发绿色饲料添加剂,有效控制抗生素的应用;严格监控与管理饲料生产各环节,有效保证饲料质量。

四、动物营养与饲料加工的内容与任务

"动物营养与饲料加工"是一门专业核心课程。其内容涉及从事饲料、养殖行业必需的动物营养、动物饲料等基础知识,4 个模块所选的项目、知识准备、具体任务、走进生产、案例启示等,均在搜集、整理、分析相关教材与岗位需求的基础上,依据校企共同制订的专业人才培养方案及课程标准,选取岗位典型工作任务,经编委会反复论证确定,既保证了学科理论的系统性和完整性,又突出了基础性和实用性。

学生通过学习本课程,熟知动物营养的基础知识、掌握 8 大类饲料原料的营养特点及常用饲料原料的选用及调制技术、掌握配合饲料设计、加工、品质鉴定技术,把"三农"的家国情怀、细心、吃苦耐劳、甘于奉献的劳动品质等编入教材,注重对学生理想信念、品格塑造、职业素养等的培养,为今后学生从事饲料生产和动物养殖奠定坚实的基础。

模块一
动物营养基础

📚 知识目标

1. 熟知动物营养基础知识。
2. 熟知饲料中的蛋白质、碳水化合物、脂类等营养物质的营养特性。
3. 了解各类动物在不同时期、不同用途下的营养需求。
4. 熟悉动物饲养标准的构成。
5. 掌握8类饲料原料的营养特点。

📖 能力目标

1. 能利用营养学的基础知识提高养殖效率。
2. 能正确查阅饲养标准。
3. 会进行饲料原料营养成分的测定。
4. 会正确识别、选择与使用饲料原料。

📚 素质目标

1. 具有尊重科学、实事求是、勇于创新的职业道德。
2. 具有爱岗敬业的职业精神和团队协作的合作态度。
3. 具有较强的沟通能力,能撰写工作计划、检测报告等,并进行准确、清晰的表述。
4. 具有终身学习意识,能自主学习畜牧行业的新知识和新技能。

📑 思政目标

1. 具有食品生产安全观。
2. 具有科学认真、精益求精的工匠精神。
3. 具有遵守饲料安全选用与生产管理规范,具备尊重生命的职业操守。
4. 具有"服务'三农'"的社会责任感。

　　动物营养是指动物从外界摄取需要的养料以维持生长发育等生命活动的作用,或是动物获得并利用其生命活动所必需的物质和能量的过程,表示的是一种"作用""行为"或"生物学过程"。认识营养物质特性、了解动物营养需要与消化吸收过程,对保障动物健康、提高动物生产水平具有重要的意义。

科学史话

　　北魏末年,中国古代杰出的农学家贾思勰编著的《齐民要术》卷六(畜牧篇)中详细记录了喂养家畜,要适合其天性,饮食有节,合理选择营养物质,调配得当。书中也引用了前人的经验,如《淮南万毕术》曰:"麻盐肥豚豕。"贾思勰不断总结生产中的经验,结合亲身实践与体验,分析整理出《齐民要术》,时至今日,仍具有重要的指导意义。达尔文在《物种起源》中评价此书为"中国古代百科全书"。

项目一
营养物质及营养

项目描述

1. 识记动物营养学的基础知识。

2. 理解畜禽对水分、粗灰分、粗蛋白质、粗脂肪、粗纤维、无氮浸出物、维生素7类营养物质消化、吸收与利用的营养特性。

3. 掌握畜禽维生素、矿物质、氨基酸等营养成分缺乏及过量的危害。

4. 能将营养知识应用于生产,提高营养物质的利用效率。

知识准备

众所周知,自然界中的动物和植物存在相互依存、相互依靠的关系。植物可利用土壤中动物的排泄物、尸体等合成自身需要的营养物质,动物可从植物性饲料中摄取营养物质,经消化、吸收等复杂的反应,转化成自身需要的成分。两者之间既有联系,又有差异。动植物体内已发现含有90多种化学元素,种类基本相同。其中含量最多的是碳、氢、氧、氮4种,可达干物质的95%以上。目前认为,有26种元素是动物必需的,它们参与各种饲料养分的构成,当动物缺乏时可引起生理功能和结构异常,并发生病变。按元素在动植物体内的含量分为常量元素和微量元素两类。含量不小于0.01%的是常量元素,有碳、氢、氧、氮、钙、磷、钾、钠、氯、硫、镁11种;含量小于0.01%的是微量元素,有铜、铁、锰、锌、钴、碘、硒、镍、钒、氟、钼、锡、砷、硅、铬15种。

构成动植物体的化学元素并不是都以游离形式存在,大多数存在于复杂的无机化合物或有机化合物中,常见的有水分、无机物、碳水化合物、脂类、蛋白质、核酸、有机酸、维生素8类。

任务一　学习动物营养学基础知识

任务描述

1. 掌握动物营养学基础知识。

2. 能将动植物营养组成知识应用于动物生产。

任务实施

国家标准《饲料工业术语》(GB/T 10647—2008)将饲料定义为:能提供动物所需营养素(蛋白质、脂肪、碳水化合物和维生素等),促进动物生长、生产和健康,且在合理使用下安全、有效的可饲物质。动物营养是一个动态的概念,是指动物摄取、消化、吸收、利用饲料中的营养物质来维持生命活动、修补体组织、生长和生产的全部过程。

一、认识动植物营养物质的组成

(一)认识饲料的营养成分

动物的饲料源于动植物、矿物质及人工合成等,大部分源于植物。动植物体内的营养物质可以是化学元素,也可以是化合物。动植物体内的元素种类繁多,含量最多的元素是碳、氢、氧、氮。这4种元素在动物体内约占91%,在植物体内约占95%。

国际上通常采用1864年德国科学家Hanneberg与Stohmann两人提出的概略养分分析方法,将饲料中的化合物分为水分、粗灰分或矿物质、粗蛋白质、粗脂肪、粗纤维和无氮浸出物六大类(图1-1)。此分类法也存在缺点:因分出的蛋白质、脂肪、纤维等含有杂质,并非化学上某种确定的化合物,所以称为"粗养分"。另外,因当时维生素尚未被发现,此分类法中无维生素。

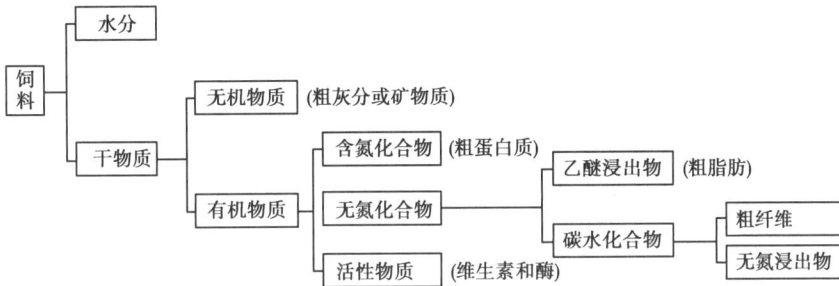

图1-1 概略养分与饲料组成之间的关系

1. 水分

动植物体内均含有水分,通常有两种存在形式:一种是存在于动植物体细胞间,与细胞结合不紧密,容易挥发的水,称为游离水或自由水,又称为初水分;另一种是与细胞内胶体物质紧密结合在一起,形成胶体水膜,难以挥发的水,称为结合水或束缚水,又叫吸附水。常规饲料分析将水分分为初水分和吸附水两大类。水分的含量直接影响饲料的营养价值,是常规饲料分析中必须控制的一项指标,通常水分含量应控制在14%以下。

2. 粗灰分或矿物质

粗灰分或矿物质是饲料中的无机物质,是植物性饲料、动物组织和动物排泄物样品在550~600 ℃高温炉中将所有有机物质全部氧化后剩余的残渣,主要有矿物质氧化物类、无机物质和少量泥沙。

3. 粗蛋白质

饲料中的蛋白质通常为粗蛋白质,是植物性饲料、动物组织或排泄物中一切含氮物质的指标,包括真蛋白质和非蛋白氮(Non-protein Nitrogen,NPN)两个部分。真蛋白质是由氨基酸通过脱水缩合形成多肽链再经盘曲折叠形成的一种复杂的有机化合物;非蛋白氮没有肽链结构,包括游离氨基酸、硝酸盐、铵盐、尿素等。粗蛋白质的含量是衡量饲料营养价值的重要指标,常规饲料分析中通常采用凯氏定氮法进行测定。

4. 粗脂肪

粗脂肪是脂溶性物质,主要有真脂肪和类脂肪两大类。真脂肪主要是甘油三酯,类脂肪包括色素、固醇、脂溶性维生素等。植物种子中含有简单的脂类,含量差异大,油料作物脂肪含量较高,植物中脂肪酸多为不饱和脂肪酸;动物主要是真脂肪、脂肪酸及脂溶性维生素;动物体脂肪含量差异不大,脂肪酸多为饱和脂肪酸;动物脂肪含量高于除油料作物外的植物。脂肪溶于乙醚等有机溶剂,在粗脂肪常规分析中常用乙醚浸提法提取脂肪,因此称为乙醚浸出物。因溶解于乙醚的除真脂肪外,还有脂溶性维生素、脂肪酸等小分子物质,故称为粗脂肪。

5. 碳水化合物

碳水化合物是由碳、氢和氧3种元素组成的有机化合物,有粗纤维和无氮浸出物两种。粗纤维是植物细胞壁的主要成分,通常难溶于水,是碳水化合物中难消化的成分,包括纤维素、少量的半纤维素和木质素,多存于植物的茎叶、秸秆和秕壳中。无氮浸出物是构成植物细胞质的主要成分,包括单糖、双糖和多糖。其主要成分是淀粉,容易被各类动物消化,广泛分布于植物界,在植物种子(如大米、小麦、玉米、小米和高粱等)、根茎(如马铃薯、红薯、木薯)及果实(如红豆、绿豆、豌豆、板栗等)中含量较高,一般可达60%以上。不同植物中碳水化合物的形式不同。动物体内碳水化合物的含量少于1%,主要为糖原和葡萄糖。

6. 核酸

核酸是动物体内的一种生物大分子化合物,组成元素有碳、氢、氧、氮、磷等,是遗传的物质基础,包含DNA(脱氧核糖核酸)和RNA(核糖核酸)两大类。DNA是一种双链结构,主要储存、复制和传递遗传信息;RNA是一种单链结构,在蛋白质合成中起重要作用。它分为tRNA(转运RNA)、mRNA(信使RNA)和rRNA(核糖体RNA)3类。

7. 有机酸

有机酸是具有生理活性的酸性有机化合物,具有抗菌、抗氧化、调节机体免疫功能等作用,包含天然有机酸和合成有机酸两类。天然有机酸从自然界中的植物或农副产品中提取分离,如从青梅中提取的柠檬酸、苹果酸、酒石酸等;合成有机酸通过化学合成、酶催化、微生物发酵等方式获得,如采用黑曲霉发酵法生成柠檬酸。

8. 维生素

维生素是小分子有机化合物,动物体内维生素含量很少,除反刍动物可利用微生物合成B族维生素外,大部分动物需要从植物中获取。

(二)分析影响植物性饲料营养成分的因素

不同的饲料营养成分差异较大,用以饲喂畜禽的营养状况也不一致。根据杜荣提供的资料,我国饲料中微量元素含量变异幅度有的可相差十倍乃至上百倍。影响植物体营养成分差异的因素包括植物的生长环境、遗传特性、饲料加工调制及贮存等。

1. 植物的生长环境

(1)土壤

土壤是陆生植物生活的基质,土壤成分的组成直接影响植物中营养成分的含量。通常不同地区的土壤中营养成分含量有差异,同一地区受地形变化土壤中营养成分含量也有一定差异,一般平原、盆地地区植物营养成分含量高于丘陵和山区。如土壤中缺乏无机矿物质元素硒、碘、铜等,则生长的植物也会缺少此类元素,用作饲料会引起动物患地方性矿物质缺乏症;如土壤中镉、铜、砷、铬、汞、镍等重金属大量富集,植物会吸收并积累这些重金属,用作饲料可引起动物慢性中毒。

（2）肥料及农业技术

选用合适的肥料,应用先进农业技术,不仅可以提高饲料作物的产量,也可影响营养成分的含量。如生长中的豆科、十字花科植物对硫元素需求量较大,缺乏易导致植物失绿,可通过施加硫肥为其提供均衡营养。

（3）气候和天气条件

太阳辐射、温度、湿度、大气组成等气候环境条件对饲料作物和饲草影响很大,同一种饲料作物在不同的气候和天气条件下,营养成分会存在差异。研究表明,我国西藏地区天然草场牧草中矿物质元素含量呈季节性动态变化,放牧的羊群存在磷、钠、锌、锰、硒、铜6种限制性矿物质元素季节性营养紊乱现象。

2. 植物的遗传特性

饲料作物的营养成分受遗传因素影响,品种不同,营养成分差异较大。韩杰华等以甘肃主产的8种小麦为原料,测定出不同品种小麦营养成分的含量。结果表明,皋兰和尚头的粗灰分含量最高,为2.33%;陇春26号的粗灰分含量最低,仅为1.51%。陇春26号粗脂肪含量最高,为3.06%;甘春20号的粗脂肪含量最低,仅为1.07%。甘春20号的粗蛋白质含量最高,为13.46%;陇春26号粗蛋白质含量最低,仅为8.92%。

3. 饲料加工调制及贮存

（1）饲料加工调制

对饲料原料进行加工、调制,营养成分会发生变化。青绿饲料适时青贮,营养成分通常会损失,但一般损失在15%以下。生成大量的乳酸,酸甜清香,牲畜喜食。

（2）贮存

收获后的饲料,随贮存时间延长,养分含量变化较大。如良好贮存条件下的马铃薯在冬季可失重8%~10%,损失的营养物质主要是淀粉。

4. 其他

（1）收获期

在不同的生长阶段,饲料作物的营养成分含量差异较大。如青刈玉米含丰富的碳水化合物、胡萝卜素等,有较多的可溶性糖,消化率高;玉米秸秆粗纤维含量高,消化率低。

（2）作物部位

植物叶片中含有丰富的蛋白质、维生素、矿物质等营养成分,可直接饲喂,可晒干后储存,可采用切碎、青贮、糖化、盐渍等多种加工方法合理加工,饲喂用量应适宜。植物根与茎秆中含有较多的淀粉、粗纤维等,无机盐含量较少,营养价值不如叶片。

（3）贮存时间

饲料长期贮存,营养成分会发生改变。如脂肪酸败、碳水化合物发酵产生酒精及醋酸、脂溶性维生素流失等。

（三）比较动植物体的营养物质组成异同点

1. 相同点

动植物体化学元素种类与营养物质组成基本相同。

2. 不同点

动植物体内营养成分的种类和数量差异较大。如植物体内的干物质主要是碳水化合物,动物体内的干物质主要是蛋白质、脂肪等。

动植物体营养
成分组成异同

（1）水分

植物体内水分含量变异大，含水量为 5%～95%。成年动物体内的水分含量相对稳定，一般占体重的 1/2～2/3。

（2）粗灰分

动物体内的粗灰分含量比植物体多，尤其是钙、磷、镁、钠、氯、硫、锌、硒等。动物体内的钙、磷占 65%～75%，其中 90% 以上的钙、约 80% 的磷和 70% 的镁，分布在动物骨骼和牙齿中，其余钙、磷、镁则分布在软组织和体液中。植物体中的钾、铁等含量高于动物。

（3）粗蛋白质

植物能够合成所有的氨基酸，而动物则不能全部合成。植物体中蛋白质含量差异较大，且含有部分非蛋白氮(主要是氨化物)。动物体蛋白质含量相近，为 13%～19%，主要是真蛋白质和少量游离氨基酸、激素和酶。

（4）粗脂肪

植物除含真脂肪外，还有其他脂溶性物质，如脂肪酸、色素、蜡质；动物主要是真脂肪、脂肪酸及脂溶性维生素；动物脂肪含量高于除油料作物外的植物。

（5）碳水化合物

植物体中碳水化合物含量较高，包括无氮浸出物和粗纤维。动物体中碳水化合物含量不足 1%，无粗纤维，主要是糖原、低级羧酸和少量葡萄糖。

（6）维生素

动物体中含有丰富的维生素 A、维生素 B 以及少量的维生素 E、维生素 D，但基本不含维生素 C。植物体内含有丰富的维生素 C、维生素 E 以及少量的维生素 B 和维生素 D，但不含维生素 A，含有维生素 A 的前体物质胡萝卜素。

二、认识畜禽对营养物质的消化吸收过程

（一）畜禽对营养物质的消化

1. 消化系统

单胃动物的消化系统分为消化道和消化腺两个部分。消化道包括口腔、咽、食管、胃、小肠和大肠等。其中小肠包括十二指肠、空肠和回肠，大肠包括盲肠、阑尾、结肠、直肠和肛管。通常把口腔至十二指肠段称为上消化道，空肠及其以下段称为下消化道。消化腺可分泌消化液，消化液中含有消化酶。单胃动物体内有唾液腺、胃腺、胰腺、肝脏和胆囊、小肠腺 5 个消化腺。唾液腺分泌唾液，唾液中含有唾液淀粉酶；胃腺分泌胃液，胃液中含有胃蛋白酶；胰腺分泌胰液，胰液中含有胰蛋白酶、胰脂肪酶、胰淀粉酶等多种消化酶；肝脏和胆囊分泌胆汁，胆汁可乳化脂肪；小肠腺分泌小肠液，小肠液中含有肽酶、三糖酶、脂肪酶等多种消化酶。

2. 消化方式

动物对饲料中营养物质的消化主要有物理性消化、化学性消化和微生物消化 3 种方式。

（1）物理性消化

猪、牛、羊等哺乳动物，其物理性消化的部位在口腔；鸡、鸭、鹅等家禽，无牙齿，其物理性消化的部位在肌胃。这些动物通过肌胃收缩的压力和摄入的硬质沙石切揉，将饲料磨碎。

（2）化学性消化

化学性消化主要是酶的消化。消化酶的种类较多，主要有蛋白质分解酶、糖分解酶、脂肪分解酶等水解酶，它们大都存在于消化腺分泌的消化液中。

（3）微生物消化

微生物消化的场所在单胃动物的盲肠和大肠、反刍动物的瘤胃中。瘤胃内寄生的微生物主要包括厌氧细菌、厌氧真菌和原生动物3类。这些微生物可分泌纤维素分解酶,消化宿主动物无法消化的纤维素、半纤维素等物质;可分泌脲酶,利用尿素等非蛋白氮,合成氨基酸和菌体蛋白;此外,还可合成B族维生素、维生素K等营养物质。

（二）畜禽对营养物质的吸收

1.吸收部位

消化道的不同部位对营养物质的吸收程度差异较大。口腔、咽和食管基本不吸收营养物质;单胃动物的胃可吸收少量的水和无机盐,成年反刍动物瘤胃、网胃和瓣胃可吸收挥发性脂肪酸、二氧化碳、水和无机盐;小肠是营养物质吸收的主要部位。十二指肠、空肠前段可吸收单糖、双糖、脂肪酸、甘油、部分氨基酸、维生素等,空肠中段吸收大部分氨基酸与单糖,回肠吸收盐类、维生素等;草食动物、禽类等大肠中存在较强的微生物消化酶,可吸收水分、盐、挥发性脂肪酸等。

2.吸收方式

动物对营养物质的主要吸收方式有被动吸收、主动转运和胞饮吸收3种。

（1）被动吸收

被动吸收也称为被动转运,是指营养物质在高浓度一侧,经过消化道上皮的滤过、渗透和扩散作用,转运至低浓度一侧,不需要消耗机体能量。一些小分子物质如短链脂肪酸、各种离子、水溶性维生素等的吸收为被动吸收。

（2）主动转运

主动转运是营养物质逆浓度梯度,由低浓度一侧,依靠消化道上皮细胞的代谢活动,转运至高浓度一侧,需要消耗能量,需要细胞膜载体协助。大部分营养物质如氨基酸、糖类等的吸收为主动转运。

（3）胞饮吸收

胞饮吸收是细胞伸出伪足或与物质接触的细胞膜内陷,直接将营养物质吞噬入细胞内,被吸收的物质为大分子物质、团块或聚集物。刚出生的哺乳动物从初乳中获取免疫球蛋白的方式为胞饮吸收。

（三）畜禽对营养物质的利用

1.消化力与消化性

消化力是动物对饲料中营养物质消化的能力;消化性是饲料中营养物质被动物消化的性质或程度;消化率是饲料中可消化的营养物质在摄入营养物质中的占比,是衡量消化强弱的指标。以饲料中蛋白质的消化为例,其计算公式如下:

$$饲料中蛋白质的表观消化率 = \frac{摄入饲料中的蛋白质 - 粪便中未消化的蛋白质}{摄入饲料中的蛋白质} \times 100\%$$

因粪便中未消化的蛋白质一部分来自饲料,另一部分来自消化道分泌的消化酶、肠道脱落的细胞、微生物等内源性代谢产物。真实的消化率应扣除内源性代谢产物,其计算公式如下:

$$饲料中蛋白质的真实消化率 = \frac{摄入饲料中的蛋白质 - （粪便中未消化的蛋白质 - 消化道中的蛋白质）}{摄入饲料中的蛋白质} \times 100\%$$

真实消化率比表观消化率高,但测定较为复杂。实际生产中,通常用表观消化率来衡量营养物质的消化情况。

2. 影响营养物质消化利用率的因素

影响营养物质消化利用率的因素主要有动物因素、饲料因素和饲养管理技术 3 种。

(1)动物因素

影响消化利用率的动物因素有动物种类、年龄及个体差异、品种、采食量、疾病等。不同种类动物对粗饲料利用消化率差异较大;幼龄动物随着年龄的增长,消化率逐渐上升,粗纤维表现尤为明显;老龄动物随着年龄的增长,消化率逐渐降低;同时,年龄相同的不同个体,对同一种饲料的消化率也存在差异。对谷实类饲料差异可达 4%,对粗饲料差异可达 12% ~ 14%;品种不同,消化率不同。如地方品种猪对粗纤维的消化率比培育品种猪高。随采食量增加,消化率下降;某些疾病如营养代谢病、寄生虫病、猪瘟、蓝耳病等会影响消化率。

(2)饲料因素

影响消化利用率的饲料因素有饲料种类、化学成分、酶制剂、抗营养因子等。青绿饲料比秸秆类粗饲料的消化性好;饲料中粗蛋白质含量越多,消化率越高;粗纤维含量越多,消化率越低;饲料中添加植酸酶、纤维素酶等酶制剂,有助于磷与粗纤维的消化;饲料中抗营养因子会阻碍营养物质的消化利用,一般有蛋白酶抑制剂、甲状腺肿原、生物碱、草酸盐等。

(3)饲养管理技术

影响消化利用率的饲养管理水平有饲料加工调制、饲养水平、饲料储存与管理、饲养环境、动物福利、饲喂方法、饲喂管理等。适当的粉碎、酸化、加热、发酵等均能不同程度地提高饲料的消化率,猪饲料颗粒为 700 ~ 800 μm 时,饲料消化率较好;一般随饲喂量增加,饲料消化率下降;饲料储存时间越长,管理不善,营养物质损失越严重,使消化率下降;养殖场的恶臭气体多达 168 种,一部分来自新鲜粪尿,另一部分为腐败菌分解所致。恶臭气体会降低机体免疫力,危害动物健康,冬季宜开窗;动物的生理、环境、卫生、行为、心理等均要调节到合适状态;春夏季节温度适宜,饲料可常温饲喂。冬季温度较低,可用热水调制饲喂。配合饲料一般干喂,饲喂管理注意定时、定量、定质、定餐。

三、分析能量在动物体内的转化规律

动物的一切生命活动均需要能量。动物从饲料中摄取营养物质,在消化、吸收、利用的过程中伴随能量的释放和利用,以此进行呼吸、心跳、血液循环、生长、生产产品等活动。能量通常以热量单位表示,常用卡(cal)和焦耳(J)两种单位。1 cal ≈ 4.2 J。

自然界中能量转换遵循能量守恒定律,能量不会凭空产生或消失,只会从一种形式转化成另一种形式或从一个物体转移到另一个物体,能量总量保持不变。动物从饲料中摄入、损耗和沉积的能量遵循能量守恒定律。动物可利用的能量有总能、消化能、代谢能、净能 4 种形式(图 1-2)。

1. 总能(GE)

《饲料工业术语》(GB/T 10647—2008)中将总能定义为饲料完全燃烧所释放的热量,可使用弹式测热计进行测定。总能主要是碳水化合物、粗蛋白质、粗脂肪 3 类营养物质的能量之和。

2. 消化能(DE)

《饲料工业术语》(GB/T 10647—2008)中将消化能定义为从饲料总能中减去粪能和尿能后的能值,也称表观消化能(Apparent Digestible Energy,ADE)。粪能是饲料能量中损失最大的部分,包含未消化的饲料的能值和体内代谢的粪能(肠道微生物及产物、肠道中分泌物、消化道脱落细胞等)。实际真实消化能高于表观消化能,但因代谢粪能通常难以测定,生产中常不扣除代谢粪能,直接用总能扣除粪能,应用表观消化能。

$$表观消化能(ADE)=总能(GE)-粪能(FE)$$

$$真实消化能(TDE)=总能(GE)-[粪能(FE)-代谢粪能(FmE)]$$

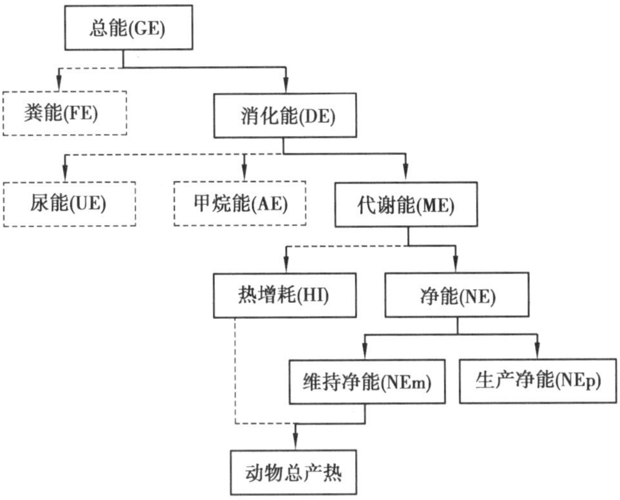

图1-2 饲料能量在动物体内的转化过程

3.代谢能(ME)

《饲料工业术语》(GB/T 10647—2008)中将代谢能定义为从饲料总能中减去粪能和尿能(对反刍动物还要减去甲烷能)后的能值,也称表观代谢能(Apparent Metabolizable Energy, AME)。尿能是尿中蛋白质代谢终产物尿素、尿酸等燃烧的能量,甲烷能是碳水化合物在消化道中经微生物发酵产生的甲烷燃烧的热量。一般猪的尿能占总能的2%～3%,牛的尿能占总能的4%～5%,反刍动物甲烷能占总能的6%～8%。

$$表观代谢能(AME)=总能(GE)-粪能(FE)-尿能(UE)-甲烷能(AE)$$

4.净能(NE)

《饲料工业术语》(GB/T 10647—2008)中将净能定义为从饲料的代谢能中减去热增耗(Heat Increment, HI)后的能值。热增耗又称为体增热,对于动物而言,是一种废能。它是绝食动物饲喂饲粮后,短时间内产生的热量,这部分热量高于绝食代谢产热,由体表散失,不能被利用,净能包括维持净能和生产净能。维持净能主要包括基础代谢、随意活动和维持体温恒定的能量。生产净能主要是能量沉积到产品中的部分,包括生长、肥育、劳役、产奶、产毛、产蛋、繁殖等的能量。

动物生产中能量转化和利用率比较低,以1 kg饲料能量在产蛋鸡体内的代谢为例:1 kg饲料的总能为16.736 kJ;蛋鸡采食1 kg饲料后消化吸收,未被消化利用的以粪便形式排出体外,扣除未利用的粪能3.347 kJ,剩余消化能为13.389 kJ;蛋鸡消化饲料代谢的过程中产生尿能1.255 kJ,消化能中扣除尿能,剩余代谢能为12.134 kJ;在代谢过程中会产热,以热增耗的形式散失2.510 kJ能量,剩余9.624 kJ净能。其中,6.277 kJ用于维持体温、基础代谢等,剩余3.347 kJ用于产蛋;饲料转化效率为3.347/16.736=19.99%,非常低。

四、走进生产

（一）能量体系

从理论上讲，净能最能准确地反映畜禽的能量需要，衡量饲料的营养价值，然而在生产实践中，实际数据的测定难度较大。猪的消化能中约 96% 转化成代谢能，代谢能中 66%～72% 转化成净能，能量转化效率较高，通常用消化能作为能量指标；家禽中鸡的粪尿很难分开，尿能不好单独测定，通常用代谢能作为能量指标；反刍动物体内热增耗大，30%～65% 的代谢能转化成净能，通常直接用净能作为能量指标。能量指标主要用于设计饲料配方。

畜禽为能而食
——能量

（二）提高能量利用率的措施

1. 减少能量转化损失，提高能量利用效率

合理加工调制饲料，如饲料膨化、压片、青贮等，减少能量转化过程中的废能损失；添加酶制剂、酸化剂、寡糖、微生态制剂等，提高养分的利用率。

2. 做好疫病的防控，减少疫病发生

猪场疫病是影响能量利用率的最主要因素之一，后非瘟时代，通过合理接种疫苗、添加黄芪多糖粉等国家允许添加的纯植物源饲料添加剂、饲喂发酵饲料、植入有益微生物菌群等增强免疫力。

3. 加强猪场智能化饲养管理，缩短出栏时间

温度过高或过低都会对猪群造成应激。温度过低，维持能量消耗增多；温度过高，采食量下降。应用智能化环控设备，将温度控制适宜；加强管理，按需供给，保持合理饲养水平，采用智能机器人，精准饲喂，减少饲料浪费；对于肥育动物应限制活动，减少维持需要；猪长到 110 kg 后，体重的增加主要来自脂肪的堆积，肥猪消耗猪场 2/3 的饲料，控制合适出栏体重不超过 110 kg。

4. 量身设计饲料配方，营养均衡

使用适合自身猪场的饲料，注意原料的品质和营养搭配，保持适当的蛋白能量比，控制粗纤维水平。

（三）精准营养、节本增效

目前，我国乳业面临新形势：消费者对牛奶数量需求降低，对乳品质的要求提高，养殖户对成本控制要求增加，要求奶牛养殖提质、限量、降本，只有不断提高饲料转化效率，才能提高我国乳业的核心竞争力。

新形势下，提高饲料转化效率的措施有以下几种。

1. 优化牛群结构

维持需要在不同生产水平下基本相同，产奶量越高，分摊到每千克牛奶上的维持成本越低。若干奶期奶牛维持需要成本按 20 元/天计算：

①产奶量 20 kg，则每千克维持成本为 1 元；

②产奶量 25 kg，则每千克维持成本为 20/25 = 0.8 元；

③产奶量 30 kg，则每千克维持成本为 20/30 = 0.67 元；

④产奶量 35 kg，则每千克维持成本为 20/35 = 0.57 元。

在泌乳前期，产奶排在第一位，给多少营养就产多少奶，维持浪费得最少，饲料转化成牛奶的效率最高；在泌乳后期，产奶需要降低，恢复体膘，维持需要增加，饲料转化成牛奶的效率非常低。因此，泌乳后期的牛所占的比重越小，饲料转化率越高。尽量把难孕的、托配的、怀孕的、泌乳超长的牛,第一时间从牛群中剔除,减少维持消耗。

2. 饲养成本管理

导致奶牛饲养成本虚高的本质是以下 5 种无效成本的浪费。

①维持需要的成本浪费。可通过降低维持需要,控制成本。

②营养空间的浪费。空槽症,干物质采食量不到 20 kg 或饲料品质差,吃不下。可稀释营养浓度或提高饲料品质。

③优质有效纤维的浪费。优质牧草与低质牧草混合饲喂不可取。如进口苜蓿草+低质羊草、进口优质苜蓿草+低质国产苜蓿草等;优质玉米青贮,切得过短不可取。如何使用粗饲料比粗饲料本身更重要。我国高品质优质粗饲料主要有全株玉米青贮、麦类青贮、优质苜蓿草、优质苜蓿半干青贮、优质燕麦草、其他优质牧草等;低质粗饲料有羊草、麦秸、稻草、玉米秸秆、花生秧等。可采用全青贮无干草的配方,控制成本和效率。

④过度使用淀粉的浪费。常见的有两种:一种是高淀粉(玉米)日粮;另一种是高淀粉+低质粗饲料。导致乳蛋白率和乳脂率下降。可选择低淀粉日粮或可溶性糖来代替淀粉。

⑤中后阶段奶牛的脂肪浪费。畜禽组织的生长发育顺序为神经组织、骨组织、肌肉组织、脂肪组织。如泌乳早期,为控制奶牛的体重,就会牺牲泌乳前期牛的营养深度,会导致泌乳150 ~ 200 天的牛体况较差,才能使末奶期奶牛不至于过肥。在美国,超过50%的牛场会在奶牛泌乳 90 天时注射牛生长激素,改变营养分配规律,本来分配到体膘的营养更多地分配到牛奶,减少脂肪浪费。脂肪对产奶量没有直接拉动作用,做配方时,要关注产奶净能以及不同生理阶段和环境下的能量结构。

3. 精准营养与氧化应激管理

①知晓营养需要与原料的营养成分。营养结构与 TMR 制作匹配。

②做好氧化应激管理。应激主要有生理应激(围产期)、肥胖应激、酸中毒、热应激、霉菌毒素、病原应激等,做好营养调控、体况控制、精准营养、环境控制、饲料源头控制等。

精准营养 节本增效

五、案例启示

某养殖场猪群出现腹泻,病程 10 ~ 15 天,之后死亡,断奶后 40 kg 以内保育猪尤为明显,50 kg 以上的猪无此症状。患病猪只体温正常,呈现渐进性消瘦、食欲不振、饮水量减少等症状。据养殖户介绍,猪只发病是在新购进一批饲料后出现的,停止饲喂该饲料后,病情立即好转。兽医经剖检与实验室诊断,确定致死原因是饲料中小麦添加量过多引起的障碍性肠炎。

案例评析:因玉米与小麦价格相差较大,小麦价格低于玉米价格,饲料企业选择用小麦代替部分玉米,降低成本,但小麦用量不能过度。因小麦中非淀粉多糖含量高,主要是木聚糖,猪只消化道不能分泌内源性非淀粉多糖酶,添加量过大,小麦中面筋会附着在肠道上,积累达到一定面积会引起炎症反应,导致机体衰竭,引发死亡;非淀粉多糖主要被后肠道微生物利用,过量易导致微生物增殖,产生腹泻。生产中,通常用 20% 的小麦替代 16.5% 的玉米和3.5% 的豆粕,假如配方中有 65% 的玉米、15% 的豆粕,用 20% 的小麦替代部分玉米后的配方应为:玉米 48.5%、豆粕 11.5%、小麦 20%;用小麦替代玉米后,必须有针对性地添加复合酶,以木聚糖酶为主,辅以葡聚糖酶、果胶酶等,并严格按照厂家指导用量添加。然而,该养殖户所购饲料的生产厂家,为降低饲料成本,用过多的小麦替代玉米,未对养殖户进行科学指导;

养殖户购进饲料后直接用来饲喂,未添加非淀粉多糖酶,导致猪只发病与死亡。生产中若用小麦替代玉米,不可违背科学,盲目替代与饲喂。

📖 **任务小结**

认识动植物体化学元素、化合物的组成及特性,是学习畜禽营养与饲料的基础;认识动物对营养物质的消化、吸收和利用过程,分析能量在动物体内的转化规律是学习动物生产的基础。在实际生产中,应用能量转化规律,采用合理加工调制饲料、加强饲养管理、均衡营养等科学措施,尽量减少废能的产生,实现精准营养,才能提高有效能的转化效率。

思考与复习 · · · · · · · · · · · · ·

一、单项选择题

1. 动植物体内已发现含有( )多种化学元素,种类基本相同。

A.10　　　　　　　B.30　　　　　　　C.50　　　　　　　D.90

2. 动物营养是一个动态的概念,是动物摄取、消化、吸收、利用饲料中营养物质来维持生命活动、( )、生长和生产的全部过程。

A.运动　　　　　　B.繁殖　　　　　　C.应激　　　　　　D.修补体组织

3. 概略养分分析方案提出人和提出的时间是( )。

A.1861 年荷兰的 Van Helmon

B.1864 年德国的 Hanneberg 与 Van Helmon

C.1934 年德国的 Hanneberg 与 Stohmann

D.1864 年德国的 Hanneberg 与 Stohmann

4. 概略养分分析方案中的营养成分不包括( )。

A.粗蛋白质　　　　B.粗脂肪　　　　　C.无氮浸出物　　　D.维生素

5. 水分的含量直接影响饲料的营养价值,是常规饲料分析中必须控制的一项指标,通常水分含量应控制在( )以下。

A.5%　　　　　　　B.10%　　　　　　C.12%　　　　　　D.14%

6. 粗灰分或矿物质属于饲料中的无机物质,是植物性饲料、动物组织和动物排泄物样品在( )高温炉中将所有有机物质全部氧化后剩余的残渣。

A.500 ℃　　　　　B.550 ℃　　　　　C.600 ℃　　　　　D.550～600 ℃

7. 下列结论正确的是( )。

A.动植物体内的初水分是指游离水　　　B.动植物体内的初水分是指吸附水

C.动植物体内的初水分是指结合水　　　D.动植物体内的初水分是指束缚水

8. 碳水化合物是由碳、氢和氧3种元素组成的有机化合物,有粗纤维和( )两种。

A.脂肪　　　　　　B.蛋白质　　　　　C.含氮化合物　　　D.无氮浸出物

9. 无氮浸出物是构成植物( )的主要成分。

A.细胞壁　　　　　B.细胞膜　　　　　C.细胞质　　　　　D.细胞核

二、多项选择题

1. 粗纤维是植物细胞壁的主要成分,通常难溶于水,是碳水化合物中难消化的成分,包括

（　　　）。

    A.纤维素　　　　　　　B.半纤维素　　　　　　C.几丁质　　　　　　D.木质素

2.常规饲料分析测定的粗蛋白质包括（　　　）。

    A.真蛋白质　　　　　　B.非蛋白氮　　　　　　C.真脂肪　　　　　　D.粗纤维

3.碳水化合物是植物体的主要成分,包括（　　　）。

    A.无氮浸出物　　　　　B.纤维素　　　　　　　C.半纤维素　　　　　D.木质素

4.动物体内碳水化合物的含量少于1%,主要为（　　　）。

    A.单糖　　　　　　　　B.双糖　　　　　　　　C.糖原　　　　　　　D.葡萄糖

5.影响植物体营养成分差异的因素有（　　　）。

    A.养殖对象　　　　　　B.植物生长环境　　　　C.遗传特性　　　　　D.加工调制

6.生长中的（　　　）植物对硫元素需求量较大,缺乏易导致植物失绿。

    A.禾本科　　　　　　　B.豆科　　　　　　　　C.马兜铃科　　　　　D.十字花科

7.有研究表明,我国西藏地区天然草场牧草中矿物质元素含量呈季节性动态变化,放牧的羊群存在（　　　）等限制性矿物质元素季节性营养紊乱现象。

    A.铁　　　　　　　　　B.钠　　　　　　　　　C.磷　　　　　　　　D.硫

8.以下（　　　）条件会影响植物类饲料原料营养成分发生改变。

    A.加工调制　　　　　　B.储存时间　　　　　　C.生长时期　　　　　D.作物部位

三、判断题

1.不同地区的土壤中营养成分含量有差异。　　　　　　　　　　　　　　　（　　　）

2.组成动植物体的元素数量差异比较大。　　　　　　　　　　　　　　　　（　　　）

3.动植物体内的干物质主要是碳水化合物。　　　　　　　　　　　　　　　（　　　）

4.动物能合成所有的氨基酸,植物则不能全部合成。　　　　　　　　　　　（　　　）

5.植物体内含有丰富的维生素C、维生素E,不含维生素A、维生素B和维生素D。

    　　　　　　　　　　　　　　　　　　　　　　　　　　　　　　　　（　　　）

6.动物的微生物消化场所在盲肠和大肠。　　　　　　　　　　　　　　　　（　　　）

7.被动吸收,也称被动转运,营养物质由低浓度一侧,经消化道上皮滤过、渗透和扩散作用,转运至高浓度一侧,不需要消耗机体能量。　　　　　　　　　　　　（　　　）

8.实际生产中,通常用真实消化率衡量营养物质的消化情况。　　　　　　　（　　　）

9.饲料中粗蛋白质含量越多,消化率越低。　　　　　　　　　　　　　　　（　　　）

10.饲料中添加植酸酶、纤维素酶等酶制剂,有助于钙镁与粗纤维的消化。　（　　　）

任务二　认识碳水化合物的营养

任务描述

1.识记碳水化合物的消化、吸收与利用的营养特性及含量的测定方法。

2.能将营养知识应用于生产,提高碳水化合物的消化率。

📞 **任务实施**

碳水化合物主要由碳、氢、氧3种元素组成,其中氢、氧原子比为2∶1,与水分子的组成相同,故名为碳水化合物。因来源丰富、成本低,成为动物生产中的主要能源,在猪饲粮中占比55%~70%,提供的总能占饲料总能的45.8%~53.9%。

一、认识碳水化合物的组成与分类

碳水化合物除少部分糖的衍生物中含有氮、硫等元素外,大部分均由碳、氢、氧3种元素组成。在营养学中按照分子结构将其分为单糖、低聚糖(寡糖)、多糖3种。其中,单糖有葡萄糖、果糖、半乳糖等;低聚糖(寡糖)由2~10个单糖分子构成,如蔗糖、乳糖、麦芽糖等均属于二糖;多糖则由10个以上单糖分子构成,如淀粉、糖原、膳食纤维等。在概略的养分分析方案中,碳水化合物包括无氮浸出物和粗纤维两种。无氮浸出物存在于植物细胞质中,易消化,主要成分是淀粉,在块根、块茎及植物籽实中含量较多;粗纤维存在于细胞壁中,难消化,主要成分有纤维素、半纤维素和木质素,在植物茎叶、秸秆和秕壳中含量较多。

📖 **知识链接**

非淀粉多糖

非淀粉多糖(Non-Starch Polysaccharides, NSP)是植物组织淀粉以外的所有碳水化合物的总称,是膳食纤维的主要组成成分,由纤维素、半纤维素、果胶和抗性淀粉组成。前三者主要存在于细胞壁中,抗性淀粉是加工过程中发生美拉德反应的产物。非淀粉多糖分为可溶性非淀粉多糖和不可溶性非淀粉多糖两种。可溶性非淀粉多糖在谷物细胞壁中,以氢键松散地与纤维素、蛋白质等结合,溶于水。

非淀粉多糖具有抗营养作用,它将饲料中的营养物质包围在细胞壁中,部分纤维素可溶解于水产生黏性物质,这些黏性物质会抑制动物正常消化功能,妨碍动物吸收营养。生产中,在饲料中添加非淀粉多糖酶,可降解可溶性非淀粉多糖,降低食糜黏性,增加饲料与消化酶的接触机会和养分扩散速度;可破坏细胞壁,将包埋在细胞壁内的营养物质释放出来;可促进非淀粉多糖的分解产生寡糖,抑制肠道有害微生物的增殖;还可提高机体代谢水平,增强免疫力。玉米、小麦、豆粕中均含有非淀粉多糖,如在豆粕中添加非淀粉多糖酶,可释放被细胞壁包围的淀粉和蛋白,提高营养物质的利用效率。

二、认识碳水化合物的营养作用

(一)碳水化合物是动物能量的主要来源

碳水化合物,尤其是葡萄糖,是动物体主要的供能物质。葡萄糖是大脑神经系统、胎儿生长发育、肌肉等代谢的唯一来源。葡萄糖可从胃肠道吸收,也可由体内氨基酸、乳酸等物质转化而来。

(二)碳水化合物是动物体组织的构成物质

如细胞膜上的糖蛋白、结构组织中的黏多糖、构成核酸的核糖等,它们参与生命活动,起重要的调节作用。

(三)碳水化合物是动物体内能量的储备物质

碳水化合物在氧化供能的过程中,多余的能量可贮存在肝糖原(肝脏中)、肌糖原(肌肉中)和脂肪中。肝糖原在机体需要能量时,可直接转化成葡萄糖被利用,肌糖原无法直接转化成葡萄糖。仔猪出生后产生低血糖,原因是总糖原含量高,肝糖原含量低,无法利用。

（四）粗纤维是动物日粮中不可缺少的成分

粗纤维主要用于供能和维持机体正常消化功能。可刺激消化道黏膜,促进胃肠道蠕动,有助于排便;在反刍动物体内可被微生物发酵成挥发性脂肪酸,氧化供能。

（五）碳水化合物形成动物产品

碳水化合物中的乳糖和半乳糖可合成牛奶中的乳糖;葡萄糖也可合成乳脂、体脂和氨基酸。

（六）寡糖可作为有益菌的基质,增强免疫力

寡糖是一种安全稳定的抗生素替代物,豆科籽实是寡聚糖的天然来源。壳寡糖在提高动物生长性能、改善动物免疫功能以及改善饲料利用率方面与抗生素（金霉素、黄霉素）没有显著差异,可替代抗生素。

三、认识碳水化合物的消化、吸收与利用过程

（一）单胃动物

单胃动物碳水化合物的消化大都从口腔开始。以猪为例,碳水化合物经咀嚼、磨碎等物理性消化,在唾液淀粉酶的作用下,水解成麦芽糖、麦芽三糖和糊精等寡糖。口腔中消化产物到达胃,胃内是强酸环境,不含消化碳水化合物的酶。

能源供应者——碳水化合物

在胃中仍有部分淀粉水解成麦芽糖,原因是淀粉酶来自口腔,与胃相连的贲门腺区与盲囊区内不呈酸性;小肠是碳水化合物消化吸收的主要部位,淀粉在肠淀粉酶、胰淀粉酶、麦芽糖酶等的作用下,水解成麦芽糖;蔗糖在蔗糖酶的作用下水解成葡萄糖和果糖;乳糖在乳糖酶的作用下水解成葡萄糖和半乳糖;小肠壁从消化道中吸收的主要为葡萄糖、果糖和半乳糖。被小肠壁吸收的单糖经血液循环运送到全身各组织进行氧化供能,也可通过肝门静脉到达肝脏合成肝糖原,经血液输送到肌肉合成肌糖原,运送到脂肪组织合成体脂肪;粗纤维和未消化的碳水化合物到达大肠,在微生物作用下发酵,产生乙酸、丙酸、丁酸等挥发性脂肪酸,以及二氧化碳、甲烷和氢气。挥发性脂肪酸可被吸收经血液输送至肝脏利用,气体及未吸收的挥发性脂肪酸由肛门排出。

单胃草食动物对粗纤维消化能力强。盲肠和结肠相对发达,粗纤维类结构性碳水化合物在微生物的作用下,发酵产生大量挥发性脂肪酸;而禽类对碳水化合物的消化能力有限。口腔中唾液淀粉酶少,淀粉在口腔中消化甚微,消化道中不含乳糖酶,不能消化乳糖,大肠不发达,对粗纤维的消化利用率低。

猪、禽等单胃动物对碳水化合物的消化以淀粉分解成葡萄糖为主,以粗纤维分解成挥发性脂肪酸为辅（图1-3）;兔、马等单胃草食动物以粗纤维形成挥发性脂肪酸为主,以淀粉形成葡萄糖为辅。

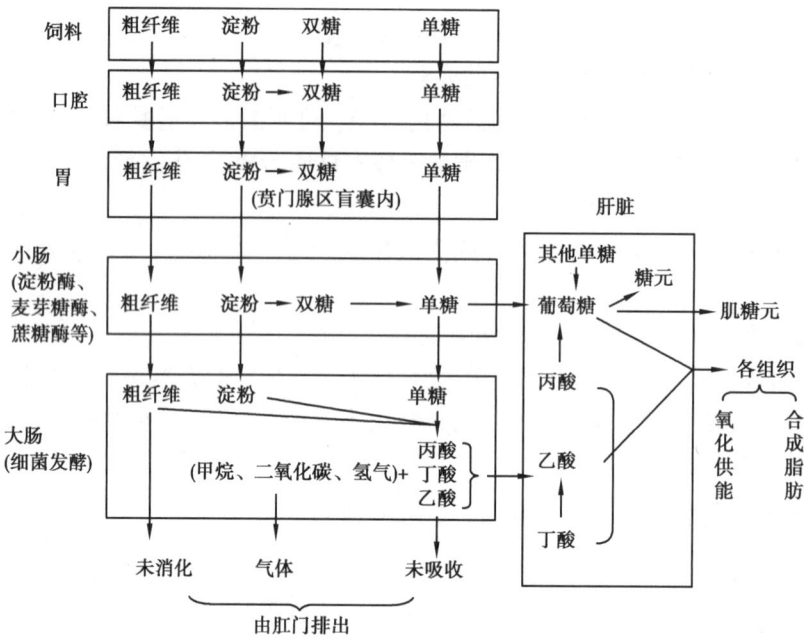

图1-3　碳水化合物在猪体内消化代谢简图

（二）反刍动物

幼龄反刍动物瘤胃发育不完善,碳水化合物的消化方式与非反刍动物类似。成年反刍动物对碳水化合物的消化以微生物发酵形成挥发性脂肪酸为主。

反刍动物口腔中唾液淀粉酶活性不高,淀粉在口腔中基本不消化;淀粉、糖、粗纤维等碳水化合物主要在瘤胃中通过微生物消化分解成乙酸、丙酸、丁酸等挥发性脂肪酸,经胃壁吸收,血液循环,参与代谢;产生甲烷、氢气、二氧化碳等气体,随嗳气从口腔排出;在小肠中的消化过程与单胃动物类似,未被降解的淀粉和糖类,在肠淀粉酶、胰淀粉酶、麦芽糖酶等作用下,水解成葡萄糖,被肠壁吸收利用;未被消化的粗纤维到达大肠,经微生物发酵生成挥发性脂肪酸和气体。

碳水化合物在反刍动物体内代谢产生乙酸、丙酸、丁酸等挥发性脂肪酸,其中乙酸、丁酸发酵生成甲烷,甲烷不能被动物利用,丙酸发酵可利用氢气。不同饲料的发酵产物数量存在差异。粗纤维含量高的粗饲料,发酵产生乙酸较高,丙酸和丁酸较低;淀粉含量高的精饲料,发酵产生乙酸和甲烷较低,产生丙酸和丁酸较高。约95%的挥发性脂肪酸经瘤胃壁扩散至血液,约5%经小肠吸收,随血液循环到达肝脏被利用。在瘤胃壁吸收的过程中,部分挥发性脂肪酸可转化成酮体,丁酸占吸收量的90%,乙酸几乎不转化。

挥发性脂肪酸可由氧化供能、合成脂肪等代谢途径利用。乙酸和丁酸可合成短链脂肪酸,用于体脂肪和乳脂肪的合成;丙酸可转化成葡萄糖,参与氧化功能、合成乳糖、糖原、体脂肪等代谢;丁酸可转化成乙酸,参与三羧酸循环,氧化供能。

反刍动物可以利用粗纤维和无氮浸出物。碳水化合物的消化场所主要在瘤胃,以粗纤维形成挥发性脂肪酸为主,以淀粉形成葡萄糖为辅。

四、走进生产

饲粮中粗纤维的理化特性影响消化道内各种消化酶的活性和食糜特性,影响消化率和能量利用率,粗纤维含量越多,能量利用率越低,因此生产中需要合理利用粗纤维。适宜用纤维含量高的饲料饲喂草食动物,猪禽适当喂食优质粗饲料,一般猪日粮粗纤维水平控制在5% ~ 8%,禽日粮控制在5%以下;在牛羊日粮中增加蛋白质的供给,可提高粗纤维的利用率;在日粮中适当增加淀粉含量,减少粗纤维,可提高利用率。饲养肉牛时,适当提高精料比例,可改善肉质;饲养奶牛时,适当增加优质饲料,可提高乳脂率,但如果饲喂高精料容易产生酸中毒;在反刍动物日粮中,适当添加食盐、钙、磷、硫等,可促进瘤胃微生物繁殖,提高粗纤维的消化率;合理使用与加工调制,如秸秆氨化。

饲粮无氮浸出物中淀粉比例越大,抗性淀粉比例越小,淀粉对饲粮能量的贡献越大。抗性淀粉又称难消化淀粉,饲料在低温调制和制粒中,会产生大量抗性淀粉,在小肠中不能被酶解。高直链淀粉的玉米淀粉中抗性淀粉含量高达60%。生产中利用高温调制方法可有效减少饲料中抗性淀粉含量。

五、案例启示

某养殖户于某日清晨发现其饲养的山羊中有2只精神萎靡,呈现卧地不起、眼球下陷、呼吸急促、结膜发绀等症状,有1只6月龄的山羊死亡,于是打电话求助当地兽医站。兽医观察到羊的瘤胃胀满,触诊有水响声,反刍停止,排少量稀粪,少尿。测量体温为39 ~ 40 ℃,脉搏100 ~ 120 次/min,呼吸40 ~ 50 次/min,血液pH值为6.9,尿液pH值为5.0。死羊瘤胃胀气,口鼻流血。剖检该羊后发现瘤胃内容物较多,呈液体状,pH值为5.0,并保留前一天晚上没有消化的精料,而且有酸腐的臭味。据养殖户介绍,羊群的健康状况一直很好,之前没有任何病史。该羊在前一天晚上饲喂时没有异常症状,推断是饲喂后不久于夜间死亡,因饲喂时没有认真量取精饲料,随意添加了玉米面,次日清晨发现羊群发病。兽医诊断,羊是因采食过量精饲料导致瘤胃酸中毒。经输液、洗胃、减少精料饲喂量等措施,病羊于当天晚上精神好转,可以进食,次日基本康复。

案例评析:瘤胃酸中毒在牛、羊等反刍动物饲养中时有发生,发病原因在于采食过量富含碳水化合物的精饲料,在瘤胃中发酵产乳酸过多,引起菌群失调及机体功能紊乱。精饲料的营养价值相对较高,对于反刍动物而言,它却是一把双刃剑,因此,必须充分了解反刍动物对碳水化合物的消化、吸收与利用过程。生产中要尊重科学规律,严格控制饲喂量,做好精粗饲料搭配,逐步实现由高粗饲料到高精饲料的转换,切不可突然加料。以尽可能地减少不必要的损失。

📖 **任务小结**

碳水化合物有粗纤维和无氮浸出物两类,不同畜禽对粗纤维和无氮浸出物的利用过程和程度不同。单胃动物对无氮浸出物的利用率较高,单胃草食动物与反刍动物对粗纤维利用率高。认识碳水化合物的营养作用,掌握碳水化合物消化、吸收、利用过程及测定方法,在实际生产中,才能提高碳水化合物的利用率。

思考与练习...............

一、单项选择题

1.下列化合物不属于单糖的是(　　)。

A. 葡萄糖 　　　　B. 蔗糖果糖 　　　　C. 半乳糖蔗糖 　　　　D. 乳糖

2.下列化合物不属于二糖的是(　　)。

A. 蔗糖 　　　　B. 乳糖 　　　　C. 麦芽糖 　　　　D. 糖原

3.在瘤胃壁吸收过程中,部分挥发性脂肪酸可转化成酮体,(　　)转化占吸收量的90%,乙酸几乎不转化。

A. 甲酸 　　　　B. 乙酸 　　　　C. 丙酸 　　　　D. 丁酸

4.饲粮无氮浸出物中淀粉比例越大,(　　)比例越小,淀粉对饲粮能量的贡献越大。

A. 果糖 　　　　B. 寡糖 　　　　C. 葡萄糖 　　　　D. 抗性淀粉

5.(　　)动物对无氮浸出物的利用率较高。

A. 单胃 　　　　B. 单胃草食 　　　　C. 反刍 　　　　D. 禽类

6.(　　)动物对粗纤维的利用率高。

A. 单胃 　　　　B. 反刍 　　　　C. 单胃草食 　　　　D. 双胃

二、判断题

1.肝糖原和肌糖原在机体需要能量时,可直接转化成葡萄糖利用。　　　　(　　)

2.猪、禽等单胃动物对碳水化合物的消化以粗纤维分解成挥发性脂肪酸为主,以淀粉分解成葡萄糖为辅。　　　　(　　)

3.幼龄反刍动物瘤胃对碳水化合物的消化方式以微生物发酵形成挥发性脂肪酸为主。
　　　　(　　)

4.不同饲料发酵产物数量有差异。粗纤维含量高的粗饲料,发酵产生乙酸较高,丙酸和丁酸较低。　　　　(　　)

5.淀粉含量高的精饲料,发酵产生的乙酸和甲烷较高,产生丙酸和丁酸较低。　　(　　)

6.饲粮中粗纤维含量越多,能量利用率越低,生产中需要合理利用粗纤维。　　(　　)

7.饲粮无氮浸出物中淀粉比例越大,抗性淀粉比例越小,淀粉对饲粮能量的贡献越大。
　　　　(　　)

三、填空题

1.碳水化合物主要由碳、氢、氧3种元素组成,其中氢、氧原子比为_____。

2.碳水化合物在猪饲粮中占比_____%。

3.碳水化合物在营养学中按照分子结构将其分为_____、_____、_____3类。

4.无氮浸出物存在于植物细胞质中,易被消化,主要成分是_____。

5.非淀粉多糖是植物组织淀粉以外的所有碳水化合物的总称,是膳食纤维的主要组成成分,由_____、_____、_____、_____组成。

6.葡萄糖可从胃肠道吸收,也可由体内_____、_____等物质转化。

7.一般猪日粮粗纤维水平控制在_____%,禽日粮控制在_____%以下。

任务三 认识蛋白质的营养

任务描述

1.识记蛋白质的消化、吸收与利用的营养特性及含量的测定方法。

2.能将营养知识应用于生产,提高蛋白质的消化率。

任务实施

蛋白质是一种大分子有机化合物,在生命活动中起着重要作用,蛋白质分子的基本组成单位是氨基酸,按氨基酸分子的数量分为小肽(寡肽)、多肽和蛋白质。

一、认识蛋白质的化学组成

(一)蛋白质的分子类型

1.按分子组成分类

根据分子组成的特点,分为单纯蛋白质和结合蛋白质两种类型。简单蛋白质不含其他物质,水解后只产生氨基酸,自然界中的多数蛋白质属于此类。根据来源、受热凝固性及溶解度等理化性质的不同,分为白蛋白、球蛋白、谷蛋白、醇溶蛋白、组蛋白、鱼精蛋白和硬蛋白 7 类;结合蛋白质分子中除氨基酸外,还含有非氨基酸物质(辅助因子),分为核蛋白(含核酸)、糖蛋白(含多糖)、脂蛋白(含脂类)、磷蛋白(含磷酸)、金属蛋白(含金属)及色蛋白(含色素)等。

2.按分子形状分类

根据分子形状的不同,将蛋白质分为球状蛋白和纤维状蛋白两种类型。球状蛋白质的多肽链所盘绕的立体结构为不同程度的球状分子,溶于水且溶于稀的中性盐溶液中。血清球蛋白、乳球蛋白和免疫球蛋白等属于球状蛋白质;纤维蛋白质形状似纤维,不溶于水。胶原蛋白、弹力蛋白、角蛋白等属于纤维蛋白质。

(二)蛋白质的元素组成

蛋白质的主要组成元素为碳、氢、氧、氮,大多数含有硫,少数含有磷、铁、铜、锌、锰、钴、钼等,个别还含有碘(表 1-1)。

表 1-1 蛋白质的元素含量

元素种类	碳	氧	氮	氢	硫	磷
元素含量/%	51.0~55.0	21.5~23.5	15.5~18.0	6.5~7.3	0.5~2.0	0~1.5

各种蛋白质的含氮量差异不大,平均含氮量为 16%。测定样本中蛋白质含量时,通常用凯氏定氮法先测定含氮量,再估算蛋白质含量。因测定的含氮量并不完全是蛋白质,故称为粗蛋白质。计算公式如下:

$$样本中粗蛋白质的含量 = \frac{样本的含氮量}{16\%} = 样本中氮的含量 \times 6.25$$

二、认识蛋白质的结构组成

蛋白质的基本组成单位是氨基酸。若干个氨基酸按照一定的序列通过肽键缩合形成多肽链。一般情况下,蛋白质为含 50 个以上的氨基酸,多肽为少于 50 个以下的氨基酸,寡肽为 10 个以下的氨基酸。例如,含 51 个氨基酸残基的胰岛素称为蛋白质,含 39 个氨基酸残基的促肾上腺皮质激素称为多肽,含 3 个氨基酸残基的谷胱甘肽称为寡肽。

自然存在的氨基酸有 300 多种,但构成天然蛋白质的氨基酸仅有 20 余种(又称标准氨基酸),标准氨基酸中除脯氨酸外,均为 α-氨基酸(图 1-4),即羧基分子 α-碳原子上的氢原子被氨基(—NH_2)取代生成的化合物。除甘氨酸外,其他氨基酸的 α-碳原子所连接的 4 个原子或基团互不相同,具有旋光异构现象,分为 D-型和 L-型两种,将羧基写在 α-碳原子上端,氨基在左侧的为 L-型,氨基在右侧的为 D-型。组成天然蛋白质的氨基酸均为 L-型。

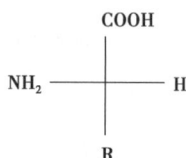

$$NH_2 \!-\!\!\begin{array}{c} COOH \\ | \\ \hline \\ | \\ R \end{array}\!\!-\! H$$

图 1-4　L-α-氨基酸

三、认识蛋白质的营养作用

（一）蛋白质是构建机体组织细胞的主要原料

蛋白质是动物体内除水外含量最多的养分,机体组织(如肌肉、腺体、皮肤、血液等)和内脏器官(如心脏、肺脏、脾脏等)均以蛋白质为主要成分。

（二）蛋白质是机体内功能物质的主要成分

血红蛋白参与氧气运输、消化酶和激素参与代谢调节、免疫球蛋白抵抗疾病等,这些蛋白质既是结构物质,又是直接参与新陈代谢的功能物质。

（三）蛋白质是遗传物质的基础

核蛋白是由 DNA 与组蛋白结合而成的,起遗传信息传递和表达作用。

（四）蛋白质可供能和转化为糖、脂肪

当机体内能量供应不足时,蛋白质可分解氧化供能;当机体内摄入蛋白质过量时,多余的蛋白质可转化成糖和脂肪储存。

（五）蛋白质是动物产品的重要成分

肉、蛋、奶、皮毛等均以蛋白质为原料。

生命物质之基
——蛋白质

四、认识氨基酸的营养特点

蛋白质的营养实际上是氨基酸的营养。构成蛋白质的氨基酸的种类和数量与动物需要越接近,蛋白质营养价值就越高。

（一）必需氨基酸

必需氨基酸是动物体不能合成或合成量满足不了动物的需要,必须由饲粮提供的氨基酸。成年猪有 8 种,分别是赖氨酸、蛋氨酸、色氨酸、苯丙氨酸、亮氨酸、异亮氨酸、缬氨酸、苏氨酸;生长猪有 10 种,分别是赖氨酸、蛋氨酸、色氨酸、苯丙氨酸、亮氨酸、异亮氨酸、缬氨酸、苏氨酸、组氨酸、精氨酸;禽有 13 种,分别是赖氨酸、蛋氨酸、色氨酸、苯丙氨酸、亮氨酸、异亮

氨酸、缬氨酸、苏氨酸、组氨酸、精氨酸、甘氨酸、胱氨酸、酪氨酸。

1. 赖氨酸

赖氨酸的化学名称为2,6-二氨基己酸,是蛋白质中唯一带有侧链氨基的氨基酸。因谷物饲料中的赖氨酸含量较低,且在加工过程中易被破坏而缺乏,称为第一限制性氨基酸。L-赖氨酸是哺乳动物的必需氨基酸和生酮氨基酸。

赖氨酸是幼龄动物生长发育和生产所必需的营养成分。具有增强动物食欲、提高抗病力、促进生长等作用;可增强动物的抗病能力,促进血球和免疫球蛋白的合成;可促进钙、磷的吸收,降低背膘厚度、增加眼肌面积和瘦肉率。

动物缺乏赖氨酸会出现食欲减退、生长停滞、骨骼钙化异常、贫血等症状。通常在猪饲料中添加0.5%的赖氨酸,可提高饲料利用率,还可对霉菌繁殖起抑制作用。

2. 蛋氨酸

蛋氨酸的化学名称为2-氨基-4-甲巯基丁酸,又名甲硫氨酸,L-甲硫氨酸是哺乳动物的必需氨基酸和生酮氨基酸,是饲料的第二限制性氨基酸。

蛋氨酸是动物代谢过程中重要的甲基供体,可通过甲基转移参与肾上腺素、胆碱和肌酸的合成,也可通过甲基对毒物或药物进行甲基化解毒,保护肝脏,缓解铅、钴、硒和铜中毒;蛋氨酸脱掉甲基后可转变成胱氨酸和半胱氨酸,满足机体总含硫氨基酸的需要,但因逆反应不能进行,蛋氨酸的需要不能由胱氨酸和半胱氨酸满足;可防止脂肪肝。在肝脏脂肪代谢过程中,参与脂蛋白的合成,将脂肪输出肝外;具有促进被毛生长的作用。蛋氨酸是含硫必需氨基酸,与动物体内各种含硫化合物的代谢密切相关;蛋氨酸不仅是营养必需,还可大大抑制各种霉毒素(如黄曲霉毒素)的生长,对家禽起防病保健作用。

动物缺乏蛋氨酸,食欲下降,体重减轻,生长停滞,肾脏和肝脏功能受损,易产生脂肪肝;生产性能下降,禽蛋变轻,被毛变质。

3. 色氨酸

色氨酸的化学名称为2-氨基-3-吲哚基丙酸,是哺乳动物的必需氨基酸和生糖氨基酸。色氨酸在动物蛋白中含量较高,是幼龄动物生长发育、成年动物繁殖和泌乳必需的氨基酸;它主要参与血浆蛋白的更新,并与血红素及烟酸的合成有关。此外,色氨酸还能促进维生素B_2发挥作用,具有神经冲动的传递功能。

动物缺乏色氨酸可导致采食量下降、生长迟缓、被毛粗糙、贫血、视力破坏、皮肤炎等。动物体内不能合成色氨酸,而植物性饲料中的色氨酸通常不能满足畜禽的需要。

4. 苏氨酸

苏氨酸的化学名称为2-氨基-3-羟基丁酸,是哺乳动物的必需氨基酸和生酮氨基酸。苏氨酸是大麦、小麦、高粱的第二个限制性氨基酸,是玉米的第三个限制性氨基酸,在其他谷物饲料中也有不同程度的缺乏,也被证明是鸡饲料中继蛋氨酸、赖氨酸之后的第三个限制性氨基酸。

苏氨酸可提高饲料转化率。通过平衡氨基酸的营养,可促进蛋白质沉积,也可促进生长、增重,提高猪的瘦肉率,还具有免疫功能。参与组成免疫球蛋白,苏氨酸是母猪初乳与常乳的免疫球蛋白中含量最高的氨基酸;苏氨酸作为黏膜糖蛋白的组成成分,有助于形成防止细菌与病毒入侵的、非特异性防御屏障;具有抗脂肪肝的作用。苏氨酸可促进磷脂合成和脂肪酸氧化。

动物体内缺少苏氨酸,会导致动物采食量下降,生长受阻,饲料利用率下降,易发生脂肪肝;苏氨酸缺乏会抑制免疫球蛋白 T 细胞、B 细胞及其抗体的产生,从而降低动物的抗病力。过量时,会影响动物的采食量和日增重。

5. 苯丙氨酸

苯丙氨酸的化学名称为 2-氨基-3-苯丙酸,是合成甲状腺素和肾上腺素所必需的氨基酸。动物缺乏碘时,甲状腺和肾上腺功能会受到破坏。

6. 亮氨酸、异亮氨酸、缬氨酸

亮氨酸、异亮氨酸与缬氨酸均属于支链氨基酸。

亮氨酸的化学名称为 2-氨基-4-甲基戊酸,是合成体组织蛋白与血浆蛋白必需的氨基酸,能促进小鸡的食欲和体重的增加;同时亮氨酸是组成免疫球蛋白的成分并能促进骨骼肌蛋白质的合成,对除骨骼肌外的体组织蛋白质的降解起抑制作用。

异亮氨酸的化学名称为 2-氨基-3-甲基戊酸,异亮氨酸与亮氨酸共同参与体蛋白的合成。动物缺乏时,不能利用饲料中的氮;育雏料中缺乏时,雏鸡体重下降,经过一段时间后死亡。

缬氨酸的化学名称为 2-氨基-3-甲基丁酸,具有保持神经系统正常功能的作用,同时是免疫球蛋白的成分并影响动物的免疫反应。缺乏缬氨酸,动物生长停滞,共济失调而出现四肢震颤,明显阻碍胸腺和外围淋巴组织的发育,抑制嗜中及嗜酸白细胞。

7. 组氨酸

组氨酸的化学名称为 2-氨基-3-咪唑基丙酸,是一种碱性氨基酸,带正电荷。组氨酸与其他必需氨基酸相比,一般不易缺乏。

组氨酸是动物体内多种酶的组成成分;参与体内多种活性物质的组成,如组氨酸是合成肌肽、鹅肌肽等二肽的前体物质,可改善动物生产性能,增强抗氧化能力;组氨酸与免疫功能有密切关系,具有抗氧化作用,在细胞内可清除氧化物,保护细胞正常功能,维持细胞正常结构。

组氨酸缺乏会导致负氮平衡、血清白蛋白和血红蛋白下降、肌肉中肌肽含量下降、铜锌含量下降等。

8. 精氨酸

精氨酸是生长期动物的必需氨基酸,缺乏时体重迅速下降;精子蛋白中精氨酸占 80%,缺乏会抑制精子的生成,公猪极为明显,精氨酸在肝脏生成尿素的过程中起着极其重要的作用。精氨酸可以刺激胰腺、肾上腺、丘脑等部位产生激素。

9. 甘氨酸

甘氨酸又名氨基乙酸,是内源性抗氧化剂还原型谷胱甘肽的组成氨基酸,机体发生严重应激时,常被外源补充。研究表明,甘氨酸提高了新生仔猪小肠上皮细胞的生长与增殖以及抗氧化应激的能力,促进了新生仔猪小肠黏膜发育;同时,日粮中添加甘氨酸提高了新生和断奶仔猪的生长性能,促进了肠道发育与健康。甘氨酸主要作为家禽、畜禽特别是宠物等食用饲料中增加氨基酸的添加剂和引诱剂。用作水解蛋白添加剂和作为水解蛋白的增效剂。

10. 胱氨酸

胱氨酸又名双巯丙氨酸,即 3,3'-二硫代二丙氨酸。它是一种含硫氨基酸,多存在于毛发、指爪等角蛋白中。L-胱氨酸是动物体必需的氨基酸之一,是一种饲料营养强化剂,可促进动物发育,增加体重,提高毛皮质量。胱氨酸协助皮肤形成,可保护细胞免于铜中毒,具有促进细胞氧化还原功能、激活肝肾机能、中和毒素、促进白细胞增生、抑制病原菌发育等功能。

11. 酪氨酸

酪氨酸的化学名称为2-氨基-3-对羟苯基丙酸。它是一种含有酚羟基的芳香族极性 α-氨基酸。酪氨酸是动物体的条件必需氨基酸和生酮生糖氨基酸。酪氨酸可减缓心率,调节血压,提高机体耐受力。

(二)半必需氨基酸和非必需氨基酸

半必需氨基酸能代替或部分节约必需氨基酸。常见的有丝氨酸、胱氨酸和酪氨酸,它们在体内分别由甘氨酸、蛋氨酸和苯丙氨酸转变而成,如果饲料中能够直接提供这三种氨基酸,则动物体对甘氨酸、蛋氨酸和苯丙氨酸的需要将减少。

非必需氨基酸可不由饲粮提供,动物体内的合成完全可满足需要,如谷氨酸、丙氨酸、天门冬氨酸等。

(三)限制性氨基酸

限制性氨基酸是与动物需要量相比,饲料中含量不足的必需氨基酸,饲料中限制性氨基酸缺乏程度越大,限制作用就越强。通常把饲料中最易缺少的必需氨基酸称为第一限制性氨基酸,以此类推,为第二、第三、第四……限制性氨基酸。玉米-豆粕型日粮,对于猪而言,第一限制性氨基酸是赖氨酸;对于蛋鸡和反刍动物而言,第一限制性氨基酸是蛋氨酸(表 1-2)。

表 1-2　各种饲料的限制性氨基酸

饲料名称	蛋白质/%	猪			肉鸡		
		第一限制性氨基酸	第二限制性氨基酸	第三限制性氨基酸	第一限制性氨基酸	第二限制性氨基酸	第三限制性氨基酸
玉米	9.0	赖氨酸	色氨酸	蛋氨酸	赖氨酸	色氨酸	精氨酸
高粱	4.5	赖氨酸	蛋氨酸		赖氨酸	精氨酸	蛋氨酸
小麦	12.6	赖氨酸	蛋氨酸		赖氨酸	苏氨酸	精氨酸
大豆饼	46.0	蛋氨酸			蛋氨酸	苏氨酸	色氨酸
菜籽饼	35.3	蛋氨酸			亮氨酸	赖氨酸	精氨酸
棉籽油	36.1	蛋氨酸			赖氨酸	亮氨酸	蛋氨酸
鱼粉	60.1	蛋氨酸	赖氨酸		精氨酸		
肉粉	70.7				蛋氨酸		
肉骨粉	48.6	蛋氨酸	蛋氨酸	异亮氨酸	色氨酸	蛋氨酸	异亮氨酸

📖 **知识链接**

氨基酸平衡之木桶理论

1. 木桶理论

木桶原理又称短板理论或木桶短板管理理论,所谓"木桶理论"也就是"木桶定律"。核心内容:一只木桶盛水的多少,并不取决于桶壁上最长的那块木板,而是取决于桶壁上最短的那块木板(图1-5)。

根据这一核心内容,"木桶理论"还有两个推论:其一,只有桶壁上的所有木板都足够高,木桶才能盛满水;其二,只要这个木桶里有一块不够高,木桶里的水就不可能是满的。

木桶的容量取决于最短的那块木板

图1-5　木桶理论

2. 氨基酸平衡的木桶理论

氨基酸平衡的实质就是组成蛋白质的每一种氨基酸配比要合适,无论缺乏哪种氨基酸,都不能组成一个完整的蛋白质分子,其他氨基酸的利用率会受到影响(图1-6)。例如,当赖氨酸供给不足、比例不当时,其他多余氨基酸就不能被利用,不能合成蛋白质分子,其利用率下降。当补充赖氨酸后,就可以大大提高其他氨基酸的利用率。

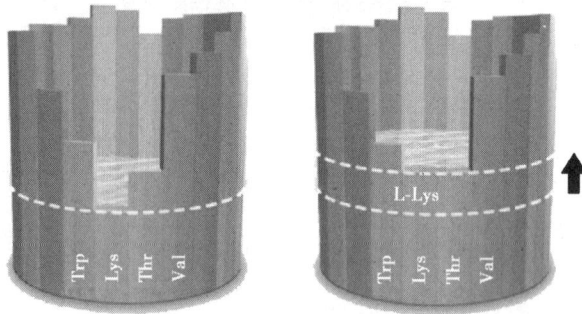

图1-6　氨基酸平衡的木桶理论

Trp—色氨酸;Lys—赖氨酸;Thr—苏氨酸;Val—缬氨酸

3. 应用生产

在饲养过程中,供给动物蛋白质、氨基酸时,不仅要有充足的数量,还要求每种氨基酸的比例适当,合理供给氨基酸,提高蛋白质的利用率。

五、蛋白质不足和过量的危害

（一）蛋白质不足的危害

日粮中缺乏蛋白质会对动物的健康、生产性能和产品品质等产生不良影响。动物体储备蛋白质的能力非常有限,一般不超过体蛋白的5% ~6%,若蛋白质不足,则会耗尽储备的蛋白质;若未及时补充,则出现氮的负平衡,危害动物健康和降低生产性能。

1. 引起消化机能紊乱

动物日粮缺乏蛋白质,会出现食欲下降、消化不良、腹泻等症状。单胃动物蛋白质的缺乏会影响胃肠黏膜及其分泌消化液的腺体组织蛋白的更新,影响消化液的正常分泌,引起消化功能紊乱;反刍动物蛋白质的缺乏会降低瘤胃微生物发酵作用,导致瘤胃消化功能减退。

2.造成生长发育受阻

日粮中缺乏蛋白质,幼龄动物因体内蛋白质合成代谢障碍导致体蛋白质沉积减少甚至停滞,影响生长发育;成年动物因肌肉、脏器等组织器官的蛋白质合成和更新不足,会导致体重大幅度减轻。

3.影响动物繁殖功能

日粮中缺乏蛋白质,会影响内分泌腺——脑垂体的作用,抑制促性腺激素的分泌。导致公畜精子数量和品质降低,母畜难孕、流产、死胎等。

4.引起生产性能下降

各种畜产品如乳、肉、蛋和毛等基本成分均为蛋白质。日粮中缺乏蛋白质,将严重影响动物潜在生产性能的发挥,导致产品数量和质量明显下降。

(二)蛋白质过量的危害

机体具有氮代谢平衡的调节机制,当蛋白质过量在可调范围内,过剩的蛋白质分子中含氮部分可转化成尿素或尿酸排出,无氮部分作为能源利用,一般不会对动物造成持久的不良影响;当蛋白质大量过剩超过机体调节能力时,会对动物产生危害,表现为机体代谢机能紊乱、肝脏结构和功能损伤、肾负担加重等,严重时会引发肝和肾疾病。

六、认识蛋白质的消化、吸收与利用过程

(一)单胃动物

被采食的真蛋白质,在单胃动物口腔中经咀嚼、磨碎等物理性消化后进入胃,蛋白质的化学性消化从胃中开始,约20%的蛋白质在胃壁细胞分泌的胃酸和胃蛋白的作用下,降解为肽类;蛋白质消化的主要场所在小肠内,有60%～70%的蛋白质在小肠中消化。胃中降解产物肽与未消化的蛋白质进入小肠,在胰蛋白酶、糜蛋白酶、弹性蛋白酶、羧基肽酶等作用下,降解为氨基酸,氨基酸被小肠壁吸收经肝门静脉到达肝脏被利用,一部分形成肝脏蛋白和血浆蛋白;一部分经脱氨基作用,脱掉氨基后的酮酸可到达身体各组织合成体蛋白、氧化供能或转化为糖原和脂肪,脱掉的氨基转化成氨,在肝脏中形成尿素,以尿的形式排出体外;大部分经过肝脏体循环转送到机体各组织细胞中合成体蛋白和产品蛋白,满足机体需要。在小肠中未被分解的真蛋白质进入大肠,在细菌的作用下,分解为肽和氨基酸,一部分肽和氨基酸合成菌体蛋白,一部氨基酸到达肝脏被利用。

非蛋白氮到达大肠才能被消化利用,它在大肠中细菌的作用下,部分合成菌体蛋白,进一步被机体消化利用;部分被腐败菌降解为吲哚、粪臭素、酚等有毒物质,这些有毒物质一部分经肝脏解毒后随尿排出,一部分随粪便排出;部分与未被消化的真蛋白质直接随粪便排出体外。单胃草食动物盲肠和结肠发达,它们对非蛋白氮的利用能力比猪、鸡强。

(二)反刍动物

反刍动物蛋白质的消化部位主要在瘤胃(图1-7)。胃是反刍动物的第一胃,容积约占整个胃的80%。瘤胃中存在大量微生物,这些微生物对饲料的发酵是导致反刍动物与非反刍动物消化代谢特点差异较大的根本原因。瘤胃微生物包括细菌、产甲烷菌、真菌与原虫,以及少量噬菌体。每克瘤胃内容物含有10^9～10^{10}个细菌,包括纤维降解菌、淀粉降解菌、半纤维降解菌、蛋白降解菌、脂肪降解菌、酸利用菌、乳酸产生菌等;每克瘤胃内容物含有10^5～10^6个原虫,主要为纤毛虫与鞭毛虫。这些微生物在蛋白质消化过程中起重要作用。

日粮中的含氮物质有真蛋白质和非蛋白氮两种。真蛋白质在瘤胃微生物分泌的蛋白酶

和肽酶的作用下,降解为氨基酸和氨,一部分用以合成菌体蛋白,一部分被瘤胃壁吸收,经血液循环到达肝脏,合成尿素。合成的尿素大部分随尿液排出,小部分被运送到唾液腺,随唾液再次进入瘤胃,被细菌利用,这一循环过程称为瘤胃氮素循环;非蛋白氮在酶的作用下降解成氨,氨与碳水化合物降解产物酮酸,合成氨基酸和菌体蛋白。当非蛋白氮释放氨的速度大大超过微生物利用氨的速度时,极易出现瘤胃酸中毒。菌体蛋白的品质与豆粕蛋白质相当,高于谷物蛋白,低于动物性蛋白。当日粮中蛋白质品质优于菌体蛋白时,需用焙炒、甲醛处理、包被等过瘤胃保护技术,降低蛋白质的溶解性,让优质蛋白顺利通过瘤胃,防止被瘤胃微生物降解;蛋白质在小肠和大肠中消化代谢的过程与单胃动物类似。

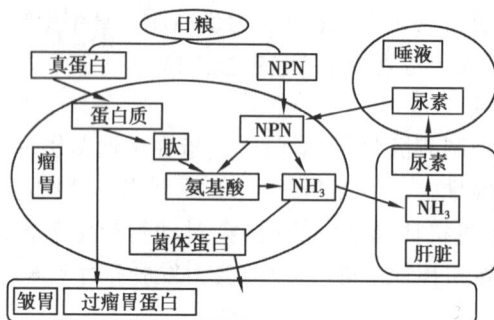

图 1-7　瘤胃蛋白质消化

七、走进生产

单胃动物蛋白质和氨基酸的营养取决于饲料,配合日粮饲料应多样化,以免引起氨基酸的缺乏;反刍动物可利用非蛋白氮,可合理利用尿素节约成本,提高利用率;注意利用过瘤胃保护技术保护优质动物性蛋白;注意补饲氨基酸添加剂,可显著提高猪的日增重、蛋白质利用率和饲料转化率,同时减少生物药物的使用,增强抵抗力。如以玉米、豆粕为主的配合饲料,容易缺乏赖氨酸,设计配方时需补充;日粮中蛋白质与能量应有适当的比例。脂肪不足,会增大蛋白质的消耗,影响利用;控制日粮中粗纤维水平,过多会缩短消化时间,降低消化率;控制蛋白质水平,过多或过少都有危害;合理加工与调制。如豆类湿热处理破坏胰蛋白酶抑制剂等抗营养因子,利用羧甲基纤维素增加日粮黏度,提高断奶仔猪蛋白质消化率;保证与蛋白质代谢有关的其他养分供给。如保证维生素 A、维生素 D、维生素 B_{12}、铁、钴等营养成分的供给,促进瘤胃微生物生长;小肽因能提高机体的免疫和抗氧化作用,2020 年在我国开启全面禁抗的政策下,应用前景广阔。如抗菌肽等小分子活性肽能够激活和调节机体免疫反应,起抗菌的作用。

八、案例启示

某养鸡场饲喂白洛克和考尼什两类种鸡 2 400 只,2 月末产蛋率为 30.5%,其中 90% 的蛋用于孵化。3 月初产蛋率突然上升至 61.4%,其中仅有 50% 的蛋用于孵化。过大蛋、过长蛋、双黄蛋、圆形蛋较多。白洛克和考尼什的平均蛋白质含量分别是 68.7 g 和 64.5 g。经调查,饲养员为提高产蛋率,在日粮中添加了大量屠宰场猪头削骨肉,饲喂后第三天,产下大量不能孵化的蛋。针对此问题,技术人员适当加大能量饲料饲喂量,在日粮中添加了干酵母,逐步减少削骨肉的饲喂量,一周后恢复正常日粮饲喂,半月鸡基本恢复正常产蛋。

案例评析:鸡日粮中能量蛋白比应与产蛋状况相适应。该场饲养员在未改变日粮能量的情况下,增喂了大量高蛋白的削骨肉,导致日粮能量蛋白比失衡,蛋鸡出现代谢障碍。掌握蛋白质营养学的基本知识,是实现精准营养、高效生产和确保畜产品质量的理论基础。养分摄入直接关系到动物的福利,养殖生产者必须具备高度的社会责任感、严谨的科学态度和精益求精的敬业精神。

📖 **任务小结**

饲料中含氮物质有真蛋白质和非蛋白氮两种,不同畜禽对粗蛋白质的利用过程和程度不同。单胃动物对真蛋白质的利用率较高,反刍动物除利用真蛋白质外,瘤胃中大量微生物对非蛋白氮的利用率较高。认识蛋白质的营养作用,掌握蛋白质消化、吸收和利用过程,在实际生产中,才能合理利用蛋白质,提高蛋白质的利用率。

思考与练习..............

一、单项选择题

1. 蛋白质的基本组成单位是(　　　)。
A. 肽　　　　　　　B. 二肽　　　　　　C. 氨基酸　　　　　　D. 氨基

2. 蛋白质为含(　　　)个以上的氨基酸。
A. 30　　　　　　　B. 40　　　　　　　C. 50　　　　　　　　D. 60

3. 多肽为少于(　　　)个以下的氨基酸。
A. 30　　　　　　　B. 50　　　　　　　C. 60　　　　　　　　D. 80

4. (　　　)是动物体内除水外含量最多的养分。
A. 粗纤维　　　　　B. 矿物质　　　　　C. 脂肪　　　　　　　D. 蛋白质

5. (　　　)幼龄动物生长发育和生产必需的营养成分。具有增强动物食欲、提高抗病力、促进生长等作用;可增强动物的抗病能力,促进血球和免疫球蛋白的合成。
A. 色氨酸　　　　　B. 苯丙氨酸　　　　C. 亮氨酸　　　　　　D. 赖氨酸

6. (　　　)参与肾上腺素、胆碱和肌酸的合成,保护肝脏,缓解铅、钴、硒和铜中毒;防止脂肪肝,还可大大抑制各种霉毒素(如黄曲霉毒素)的生长,对家禽有防病保健作用。
A. 色氨酸　　　　　B. 苯丙氨酸　　　　C. 亮氨酸　　　　　　D. 蛋氨酸

7. (　　　)是母猪初乳与常乳中免疫球蛋白中含量最高的氨基酸,可促进磷脂合成和脂肪酸氧化。
A. 色氨酸　　　　　B. 苯丙氨酸　　　　C. 亮氨酸　　　　　　D. 苏氨酸

8. (　　　)是一种碱性氨基酸,带正电荷,一般不易缺乏,在细胞内可清除氧化物,保护细胞正常功能,维持细胞正常结构。缺乏会导致负氮平衡、血清白蛋白和血红蛋白下降、肌肉中肌肽含量下降、铜锌含量下降等。
A. 色氨酸　　　　　B. 苯丙氨酸　　　　C. 亮氨酸　　　　　　D. 组氨酸

9. (　　　)又名双巯丙氨酸,是一种含硫氨基酸,多存在于毛发、指爪等角蛋白中,具有协助皮肤形成,保护细胞免于铜中毒,促进细胞氧化还原功能、激活肝肾机能、中和毒素、促进白细胞增生、抑制病原菌发育等功能。
A. 色氨酸　　　　　B. 苯丙氨酸　　　　C. 亮氨酸　　　　　　D. 胱氨酸

10. 当非蛋白氮释放( )的速度大大超过微生物利用的速度时,极易出现瘤胃酸中毒。

A. 尿素　　　　　　B. 酮酸　　　　　　C. 丙酸　　　　　　D. 氨

二、多项选择题

1. ( )均属支链氨基酸。

A. 色氨酸　　　　　B. 亮氨酸　　　　　C. 缬氨酸　　　　　D. 异亮氨酸

2. 半必需氨基酸能代替或部分节约必需氨基酸,常见的有( )。

A. 色氨酸　　　　　B. 丝氨酸　　　　　C. 赖氨酸　　　　　D. 酪氨酸

3. 半必需氨基酸能代替或部分节约必需氨基酸,它们在体内可由( )转变而成。

A. 色氨酸　　　　　B. 苯丙氨酸　　　　C. 胱氨酸　　　　　D. 蛋氨酸

4. 瘤胃内容物含有 $10^5 \sim 10^6$ 个原虫,主要为( ),这些微生物在蛋白质消化过程中起重要作用。

A. 鞭虫　　　　　　B. 变形虫　　　　　C. 纤毛虫　　　　　D. 鞭毛虫

5. 真蛋白质在瘤胃微生物分泌的蛋白酶和肽酶的作用下,降解为( )。

A. 氨基酸　　　　　B. 肽　　　　　　　C. 氨　　　　　　　D. 羧酸

6. 保证维生素( )、铁、钴等营养成分的供给,能促进瘤胃微生物生长。

A. A　　　　　　　 B. B　　　　　　　 C. D　　　　　　　 D. B_{12}

三、判断题

1. 含 51 个氨基酸残基的胰岛素称为多肽。　　　　　　　　　　　　　( )

2. 含 3 个氨基酸残基的谷胱甘肽称为多肽。　　　　　　　　　　　　( )

3. 自然存在的氨基酸有 300 多种。　　　　　　　　　　　　　　　　( )

4. 蛋白质可供能和转化为糖、脂肪。　　　　　　　　　　　　　　　 ( )

5. 甘氨酸是蛋白质中唯一带有侧链氨基的氨基酸。因谷物饲料中的赖氨酸含量较低,且在加工过程中易被破坏而缺乏,称为第一限制性氨基酸。　　　　　　　　　　　( )

6. 胱氨酸是合成甲状腺素和肾上腺素所必需的氨基酸。动物缺乏碘时,甲状腺和肾上腺功能受到破坏。　　　　　　　　　　　　　　　　　　　　　　　　　　　( )

7. 玉米-豆粕型日粮,对于猪而言,第一限制性氨基酸是赖氨酸。　　　　( )

8. 单胃草食动物盲肠和直肠发达,它们对非蛋白氮的利用能力比猪、鸡更强。( )

9. 豆类湿热处理破坏胰蛋白酶抑制剂等抗营养因子,利用羟甲基纤维素增加日粮黏度,提高断奶仔猪蛋白质消化率。　　　　　　　　　　　　　　　　　　　　　　( )

10. 反刍动物蛋白质的消化部位主要在皱胃。　　　　　　　　　　　　( )

任务四　认识脂肪的营养

任务描述

1. 识记脂肪消化、吸收与利用的营养特性及含量的测定方法。

2. 能将营养知识应用于生产,提高脂肪的消化率。

任务实施

脂肪又称甘油三酯,是由甘油和脂肪酸组成的三酰甘油酯,存在于动植物组织中,不溶于水,但溶于乙醚、苯等有机溶剂,是一类高能物质。

一、认识脂肪的结构与理化特性

(一)脂肪的结构

脂肪根据结构分为真脂肪和类脂两大类。真脂肪是由 1 分子的甘油和 3 分子的脂肪酸缩合而成的甘油三酯。脂肪酸是脂肪的组成成分,按双键数量分为饱和脂肪酸(不含双键)和不饱和脂肪酸(含有双键)两类,不饱和脂肪酸可通过氢化作用转变成饱和脂肪酸。动物性脂肪含饱和脂肪酸较多,植物性脂肪含不饱和脂肪酸较多。根据碳原子数量的不同,脂肪酸可分为短链脂肪酸(2~4 个碳原子)、中链脂肪酸(6~12 个碳原子)和长链脂肪酸(14~24 个碳原子)3 类;类脂是广泛存在于生物组织中的天然大分子有机化合物,可溶解于乙醚、氯仿等非极性溶剂,常见的有油脂、磷脂、萜类及脂溶性维生素等。

(二)脂肪的理化特性

脂肪的水解作用。脂肪在酸或碱的作用下,可发生水解,其产物是甘油和脂肪酸。在动植物体外,油脂和氢氧化钠共煮,可水解成高级脂肪酸钠和甘油,高级脂肪酸钠经加工成型后就成了肥皂;在动植物体内,脂肪在脂肪酶的作用下水解产生甘油和脂肪酸;多种细菌和霉菌均可产生脂肪酶,饲料保管不当,脂肪易发生水解,致使饲料品质下降。水解产生的游离脂肪酸大多无臭和无味,但低级脂肪酸(4~6 个碳原子)尤其是丁酸和己酸具有强烈的臭味,影响动物的适口性。

脂肪的酸败作用。酸败俗称哈喇,是指脂肪暴露在空气中,经光、热、湿和空气的作用,或者经微生物的作用水解,不饱和脂肪酸氧化生成挥发性醛、酸、酮的复杂混合物,逐渐产生一种特有的臭味。氧化过程中产生的过氧化物会破坏脂溶性维生素。通常用酸价来衡量脂肪的酸败程度。酸价是中和 1 g 脂肪中的游离脂肪酸所需的氢氧化钾的毫克数,酸价大于 6 的脂肪会对动物造成不良影响。

脂肪的氢化作用。脂肪在催化剂或酶的作用下,不饱和脂肪酸的双键可与氢发生反应,使双键消失,转变为饱和脂肪酸。氢化后,脂肪硬度增加,不易酸败。

二、认识脂肪的营养生理作用

(一)脂肪是动物体组织的重要成分

构成动物体组织的脂肪主要是类脂。畜禽体的组织器官如皮肤、肌肉、血液及内脏器官中含有磷脂和固醇类类脂,脑和外周神经组织中含有鞘磷脂。

(二)脂肪是供能和贮能的最好形式

脂肪是含能最高的营养物质,脂肪氧化释放热能约为蛋白质和碳水化合物的 2.25 倍。通常动物体内多余的能量以脂肪的形式储存在体内,有着重要的生理学意义。如刚出生的哺乳动物,体内的褐色脂肪组织储备有大量能量,是颤抖生热的主要来源。

(三)脂肪参与体内物质合成

简单脂类可参与体组织的构成;其中磷脂和糖脂是细胞膜的成分。糖脂在信号传导中起载体和受体作用;棕榈酸是含有 16 个碳原子的饱和脂肪酸,是肺表面活性物质。

（四）其他作用

脂肪作为脂溶性维生素 A、维生素 D、维生素 E、维生素 K 的溶剂,有助于脂溶性维生素的消化吸收;脂肪具有保护作用,在寒冷季节可维持体温和抵御寒冷,水禽尾脂腺的脂肪可保护羽毛不被打湿;脂类物质是体内代谢水的主要来源;磷脂肪具有乳化作用;胆固醇可合成维生素 D、性激素、蜕皮素等,促进虾的蜕皮与生长;日粮中添加油脂可防止粉尘飞扬。

（五）脂肪是动物必需脂肪酸的来源

必需脂肪酸具有两个或两个以上的双键,在动物体内不能合成或合成量满足不了机体需要,需从饲料中获取,如亚油酸、亚麻油酸、花生四烯酸等,这些成分对机体健康和正常生理机能起保护作用。

📖 **知识链接**

不饱和脂肪酸

不饱和脂肪酸含有双键,是体内构成脂肪的重要脂肪酸,在体内无法合成,需从外界摄取。不饱和脂肪酸根据双键数量可分为单不饱和脂肪酸和多不饱和脂肪酸两类。单不饱和脂肪酸有油酸;多不饱和脂肪酸有亚油酸、亚麻酸、花生四烯酸等,根据双键位置的不同可分为 W-6 和 W-3 系列。其中,亚油酸和花生四烯酸属于 W-6 系列,而亚麻酸、EPA、DHA 属于 W-3 系列。

三、认识脂肪的消化、吸收与利用过程

（一）单胃动物

脂肪在胃中胃底腺分泌的胃脂酶的作用下开始分解,但消化作用很小。大部分脂肪在小肠中消化。胆汁在脂肪消化中起重要作用,它可激活胰脂酶与乳化脂类。三酰甘油在胰脂酶的作用下降解为一酰甘油和游离脂肪酸,磷脂在磷脂酶的作用下降解为溶血性卵磷脂,胆固醇酯在胆固醇酯水解酶的作用下降解为胆固醇和脂肪酸。降解的一酰甘油、脂肪酸和胆酸构成水溶性混合乳糜微粒,内部可携带胆固醇、脂溶性维生素、类胡萝卜素等,可被小肠黏膜摄取,在小肠黏膜上皮细胞中,长链脂肪酸（碳原子数大于 12）与一酰甘油重新合成三酰甘油,三酰甘油与少量磷脂、胆固醇酯,加上外被的一层蛋白质膜,共同构成乳糜微粒,经胞饮作用的逆过程逸出黏膜细胞,再经细胞间隙进入乳糜管,乳糜管与淋巴系统相通,经胸导管输送入血。中、短链脂肪酸直接进入门脉血管。

（二）反刍动物

脂肪主要在反刍动物瘤胃内消化,降解成甘油和脂肪酸。脂肪酸在微生物的作用下,完全氢化生成饱和脂肪酸,部分氢化生成异构化脂肪酸;甘油被大量转化成乙酸、丙酸、丁酸等挥发性脂肪酸;丙酸、戊酸等可被瘤胃微生物利用合成奇数碳原子链脂肪酸;微生物可利用异丁酸、支链氨基酸等合成支链脂肪酸;瘤胃中降解产物形成混合乳糜微粒到达小肠,与单胃动物不同的是,这种混合乳糜微粒中没有一酰甘油,主要由溶血性卵磷脂、脂肪酸及胆酸构成;混合乳糜微粒被小肠黏膜摄取,经磷酸甘油途径重新合成三酰甘油;瘤胃中的短链脂肪酸通过瘤胃壁吸收,长链脂肪酸由小肠吸收。

四、走进生产

（一）饲料脂肪影响动物产品品质

饲料脂肪影响肉类脂肪。单胃动物饲料中脂肪的性质直接影响体脂肪的品质,植物性饲

料脂肪中不饱和脂肪酸含量较高,猪、鸡采食后,直接转化成体脂肪,体脂肪中不饱和脂肪酸含量较高,易氧化酸败。猪的催肥期,如饲喂脂肪含量高的饲料,易使猪体脂肪变软,不适合制作腌肉、火腿等肉制品,应少喂脂肪含量高的饲料,多喂富含淀粉的饲料,转化为较多的饱和脂肪酸。反刍动物饲料中脂肪的性质对体脂肪品质影响不大。饲料经瘤胃,在微生物的作用下发生氢化,将大部分不饱和脂肪酸转变成饱和脂肪酸,体脂肪质地坚硬。

饲料脂肪含量直接影响乳脂品质。饲料脂肪进入乳腺,形成乳脂肪,饲料脂肪的性质直接影响乳脂品质。奶牛饲喂大豆,质地较软;奶牛饲喂大麦粉、玉米等淀粉含量高的饲料,质地较坚实。

饲料脂肪含量影响蛋黄脂肪含量。蛋黄脂肪是来自血液中的脂肪,受饲料脂肪性质的影响较大。在亚油酸含量不足1%的日粮中添加植物油,可促进蛋黄的形成,增加蛋重,产生富含亚油酸的"营养蛋"。

(二)在饲粮中添加脂肪的注意事项

生产中常用的脂肪有动物性脂肪,如猪油、牛油、鱼油、鱼肝油等;植物性脂肪如椰子油、大豆油、玉米油、花生油、菜籽油、葵花油、棕榈油等;饲料级混合脂肪,是由不同种动物油、植物油混合而成的脂肪类饲料。生产中使用脂肪时需注意添加量与添加方法。通常在仔猪开食料中加入2%~3%的糖和脂肪,可提高适口性,有利于仔猪尽早开食。在生长肥育猪饲料中加入3%~5%的脂肪,可提高猪的增重。妊娠母猪一般从妊娠2周开始添加2%~6%的脂肪,可增加新生仔猪的活重和存活头数。哺乳母猪一般添加量为5%~10%;添加脂肪须适量添加维生素 B_{12}、酵母饲料、维生素 C,便于脂肪吸收利用;调制喂饲时,一定要现调现喂,以防酸败;加入脂肪的干饲料贮存时间不宜过长,一般5~7天;添加脂肪的种类以饲料原料的种类而异。对玉米-大豆型含不饱和脂肪酸高的日粮,应侧重添加动物性脂肪。对大、小麦型的基础日粮,应侧重增加植物油类;同时添加时,一般植物油和动物油按3:1的比例混合使用;一般添加油脂应有喷油设备,添加油脂较高时,可将一部分油脂在制粒后喷添;油脂大于2%~3%时,饲料制粒难,且外观发青,品相不高。

五、案例启示

鸡蛋是我国居民餐桌上常见的畜产品之一,在饲料中添加一定剂量的二十碳五烯酸(EPA)、二十二碳六烯酸(DHA)及共轭亚油酸(CLA),以海藻或鱼油为原料,可生产出富含多不饱和脂肪酸(PUFA)的营养富集蛋,人们通常食用富含 PUFE 的营养蛋,可补充不饱和脂肪酸,从而达到膳食脂肪酸推荐标准。

案例评析:DHA 俗称脑黄金,是人体必需的一种多不饱和脂肪酸,是大脑和视网膜的重要构成成分,必须从食物中获取;EPA 是鱼油的主要成分,可由亚麻酸转化,但转化量非常少,满足不了人类需求;CLA 是亚油酸的同分异构体,具有抗癌、预防心血管疾病等作用。家禽饲料中脂肪的性质直接影响体脂肪的品质,在饲料中添加的多不饱和脂肪酸,可在鸡蛋蛋黄中沉积,提高鸡蛋的营养价值。随着人们生活水平的提高,对畜产品质量的要求也越来越高,同学们要担负起"营养大众 惠及'三农'"的使命。

📖 任务小结

脂肪有真脂肪和类脂两大类,不同动物对脂肪的利用过程和程度不同。单胃动物消化脂肪的主要部位在小肠,以乳糜微粒的形式吸收和利用,反刍动物主要在瘤胃和小肠中,瘤胃中微生物对脂肪酸的利用率较高。认识脂肪的营养作用,掌握脂肪消化、吸收和利用过程,在实际生产中,注意脂肪的添加量和添加方法,才能合理利用脂肪,提高脂肪的利用率。

思考与复习 ·············

一、单项选择题

1. 短链脂肪酸含(　　)个碳原子。

A. 6 ~ 12　　　　　　　　B. 4 ~ 6　　　　　　　　C. 2 ~ 4　　　　　　　　D. 10 ~ 12

2. 长链脂肪酸含(　　)个碳原子。

A. 6 ~ 12　　　　　　　　B. 8 ~ 10　　　　　　　　C. 10 ~ 12　　　　　　　　D. 14 ~ 24

3. 酸价大于(　　)的脂肪会对动物造成不良影响。

A. 4　　　　　　　　B. 6　　　　　　　　C. 8　　　　　　　　D. 10

4. 磷脂和糖脂是(　　)的成分。

A. 细胞壁　　　　　　　　B. 细胞膜　　　　　　　　C. 细胞质　　　　　　　　D. 细胞核

5. (　　)在信号传导中起着载体和受体作用。

A. 磷脂　　　　　　　　B. 类脂　　　　　　　　C. 糖脂　　　　　　　　D. 萜类

6. (　　)是含有 16 个碳原子的饱和脂肪酸,是肺表面活性物质。

A. 硬脂酸　　　　　　　　B. 月桂酸　　　　　　　　C. 豆蔻酸　　　　　　　　D. 棕榈酸

7. 在亚油酸含量不足 1% 的日粮中添加(　　),可促进蛋黄的形成,增加蛋重,产生富含亚油酸的"营养蛋"。

A. 维生素　　　　　　　　B. 氨基酸　　　　　　　　C. 蛋白质　　　　　　　　D. 植物油

8. 妊娠母猪一般从妊娠 2 周开始添加 2% ~ 6% 的(　　),可增加新生仔猪活重和存活头数。

A. 维生素　　　　　　　　B. 糖　　　　　　　　C. 蛋白质　　　　　　　　D. 脂肪

9. 一般植物油和动物油按(　　)比例混合使用在饲料中。

A. 1 : 2　　　　　　　　B. 2 : 1　　　　　　　　C. 1 : 3　　　　　　　　D. 3 : 1

10. 油脂大于(　　)时,饲料制粒难,且外观发青,品相不高。

A. 1% ~ 2%　　　　　　　　B. 2% ~ 3%　　　　　　　　C. 3% ~ 6%　　　　　　　　D. 5% ~ 10%

11. 以海藻或鱼油为原料,可生产出富含(　　)的营养富集蛋。

A. 饱和脂肪酸　　　　　　　　B. 蛋白质　　　　　　　　C. 多不饱和脂肪酸　　　D. 硒

二、多项选择题

1. 类脂是广泛存在于生物组织中的天然大分子有机化合物,常见的有(　　)等。

A. 油脂　　　　　　　　B. 磷脂　　　　　　　　C. 萜类　　　　　　　　D. 脂溶性维生素

2. 下列维生素是脂溶性维生素的有(　　)。

A. 维生素 A　　　　　　　　B. 维生素 D　　　　　　　　C. 维生素 E　　　　　　　　D. 维生素 K

3. 当日粮中蛋白质的品质优于菌体蛋白时,需用(　　)等过瘤胃保护技术,降低蛋白质的溶解性,让优质蛋白顺利通过瘤胃,防止被瘤胃微生物降解。

A. 氢氧化钠处理　　　B. 焙炒　　　　　　　　C. 甲醛处理　　　　　　　　D. 包被

4. 仔猪开食料中加入 2% ~ 3% 的(　　),可提高适口性,有利于仔猪尽早开食。

A. 蛋白质　　　　　　　　B. 糖　　　　　　　　C. 脂肪　　　　　　　　D. 维生素

三、判断题

1. 构成动物体组织的脂肪主要是真脂肪。 （　　）
2. 脂肪不足，会加大蛋白质的消耗，影响利用。 （　　）
3. 抗菌肽等小分子活性肽能够激活和调节机体免疫反应，起抗菌的作用。 （　　）
4. 加入脂肪的干饲料贮存时间不宜过长，一般为 7～10 天。 （　　）
5. 玉米-大豆型含不饱和脂肪酸高的日粮，应侧重添加植物性脂肪。 （　　）
6. 对大麦、小麦型的基础日粮，应侧重增加植物油类。 （　　）

任务五　认识矿物质的营养

任务描述

1. 识记矿物质的营养特性。
2. 理解矿物质缺乏与过量的危害。
3. 能快速判断矿物质的营养缺乏症和过量症。

任务实施

矿物质是动物营养中的一大类无机营养素，是动物体不可缺少的结构组分和功能活性物质，约占体重的 4%，动物体组织中含有 60 多种，目前确认的必需矿物质元素大约 20 种，数目还在不断增加。

一、认识必需矿物质元素的分类

矿物质元素在体内有多种存在形式，有游离状态、与蛋白质和氨基酸结合状态、离子组分等，它们在体内保持一种动态平衡。不同动物体内矿物质元素的含量虽然不同，但相对稳定。

必需矿物质元素由外界提供，按含量或需要不同分为常量元素和微量元素两类。含量不小于 0.01% 的是常量元素，有碳、氢、氧、氮、钙、磷、钾、钠、氯、硫、镁 11 种；含量小于 0.01% 的是微量元素，有铜、铁、锰、锌、钴、碘、硒、镍、钒、氟、钼、锡、砷、硅、铬 15 种。

二、认识必需矿物质元素的营养特点

（一）两面性

矿物质元素的缺乏或过量都会导致动物患病。缺乏会引起缺乏症，过量则会引起中毒。最低需要量和最大耐受量与动物种类、生理阶段、生产水平等有关。

（二）构成酶和维生素

参与代谢的酶的辅助因子通常由镁、钾等矿物质元素组成；钴元素构成维生素 B_{12} 中的活性中心。

（三）参与激素的构成

碘参与甲状腺激素的构成。

（四）参与体内物质运输

铁构成血红蛋白，参与氧气的运输。

（五）参与核酸的构成

核酸中含有铁、铜、钴、锌等多种微量元素。

三、认识常量矿物质元素

（一）钙和磷

钙和磷在体内含量最多，占体重的1%～2%。其中99%的钙和80%的磷存在于骨骼和牙齿中，其余在软组织和体液中。动物体内含钙量约为36%，含磷量约为18%，钙磷比约为2：1。钙磷的消化吸收主要在小肠中，钙与维生素D_3、钙结合蛋白形成复合物扩散吸收，磷以离子的形式被吸收。通常日粮中钙磷比为（1～2）：1，有利于大多数动物的吸收，蛋鸡需要更多的钙。日粮中植酸、草酸会与钙结合生成难溶解的复合物，影响钙的吸收。日粮中磷多以植酸磷的形式存在，很难被消化利用。

钙构成骨骼与牙齿，是正常神经冲动传递与肌肉收缩酶系统的必需元素，也构成凝血因子；磷也参与构成骨和牙齿；磷构成核酸、ATP、ADP等参与核酸代谢与能量代谢；磷构成磷脂，维持细胞膜的完整性；磷参与蛋白质代谢。

钙和磷的典型缺乏症是骨骼病变。幼龄动物患佝偻病，表现为骨骼畸形、关节肿大、僵行或跛行；成年动物患软骨病或骨质疏松症，表现为骨骼脆性增加，易折断；奶牛易患奶热症（产乳热、产后痉挛），表现为血钙含量降低、肌肉痉挛，严重时会引起瘫痪和意识丧失。钙过量会加重肝肾的代谢负担，同时干扰铁、锌、镁等矿物质元素的吸收利用。

常用的钙磷补充料有骨粉（含钙31%，磷14%）、磷酸氢钙（含钙23.2%、磷18.6%）、磷酸钙、碳酸钙、石粉等；维生素D可促进钙磷的吸收和利用，因此添加维生素D也相当于补充钙磷。

（二）镁

镁与钙磷关系密切，70%的镁存在于骨骼中，其余存在于软组织和体液中。单胃动物镁的吸收主要在小肠中，反刍动物则在瘤胃中通过扩散吸收。

镁参与构成骨和牙齿，参与骨的形成和重建；是酶的重要催化剂，参与300多种酶促反应，是糖类和脂类有效代谢的必需；调节离子通道，缺镁会导致心律失常；维持胃肠道和激素的功能，镁吸收缓慢，水分潴留在肠腔，临床上可用作导泻剂。

饲料中含镁丰富，一般不易出现缺乏症。猪缺镁易导致骨骼畸形、抽搐，神经肌肉兴奋性增高；早春的牧草缺镁，早春放牧的成年反刍动物易患低镁血症，出现抽搐、呼吸弱、心跳快，甚至死亡，死亡率为2%～12%。镁过量会引起中毒，表现为采食量下降、昏睡、运动失调、生产力降低等，严重时会引起死亡。

麸皮、饼粕、青饲料、块根和谷实含镁丰富，可作为镁的来源；缺镁时可用硫酸镁、氯化镁、碳酸镁补充。

（三）钠、钾、氯

高等哺乳动物体内，按无脂干物质计算，含钠0.15%、钾0.30%、氯0.1%～0.15%，主要存在于体液和软组织中。钾主要存在于细胞内，是细胞内主要的阳离子，钠和氯主要存在于体液中。主要在十二指肠、胃、小肠后段和结肠中以简单扩散形式吸收。

钠、钾、氯是体内主要的电解质，维持体液酸碱平衡和渗透压平衡；与其他离子协同维持肌肉神经的兴奋性；钠参与瘤胃内的缓冲作用，钾参与碳水化合物的代谢，氯参与胃酸的形成。

钠易缺乏,钾不易缺乏。缺钠会引起生长缓慢、蛋白质利用率下降;畜禽出现异嗜癖,被毛脱落,猪出现咬尾,鸡形成啄癖。钠、氯过量会出现食盐中毒,表现为口渴、腹泻等症状;钾过量会干扰镁的吸收和代谢。一般情况不会出现过量。

饲料中含钠、氯较少,一般以食盐补充;饼粕饲料含钾高,可用以补钾。

(四)硫

动物体内约含0.15%的硫,大部分存在于含半胱氨酸、胱氨酸和蛋氨酸的蛋白质中;羽毛和羊毛中富含胱氨酸,约含4%的硫。无机硫主要在回肠中以扩散形式被动吸收,有机硫以含硫氨基酸的形式在小肠中主动吸收。

硫参与构成体内胱氨酸、黏多糖、牛磺酸、生物素、硫胺素等有机化合物,参与蛋白质、碳水化合物、脂类等营养物质的代谢;硫构成含硫氨基酸,合成角蛋白;硫参与合成激素,如胰岛素,调节机体代谢。

缺硫会导致消瘦、毛蹄生长不良、纤维素利用率下降、采食量下降、非蛋白氮利用率下降等。家禽缺硫可导致异食癖,影响羽毛质量。一般硫不易缺乏,但在动物脱毛、换羽期间需补饲硫酸盐。硫过量很少发生,当无机硫用量超过0.3%~0.5%时,在胃肠道会产生硫化氢,可导致动物产生厌食、腹泻、精神不振等症状,严重时会导致死亡。

一般动物性饲料中含硫较多,鱼粉、肉粉中含硫可达0.35%~0.85%;植物性饲料中饼粕类含硫可达0.25%~0.40%,均可作为硫的天然来源;当饲料中含硫不足时,可用硫酸盐或硫化物补饲。

四、认识微量矿物质元素

(一)碘

成年动物体内含碘量小于600 μg/kg,碘参与甲状腺素的组成,其中70%~80%的碘存在于甲状腺内。碘以碘化物或有机碘的形式在消化道的各部位都可被吸收,反刍动物的主要吸收部位在瘤胃。碘的主要营养功能是参与甲状腺激素的组成,参与机体物质代谢,调节热平衡,促进动物生长发育、繁殖、神经系统发育等。缺碘易导致甲状腺增生肥大,生长受阻,繁殖力下降;幼龄动物患呆小症,成年动物表现颈粗,无毛,妊娠动物易产死胎或胎儿体量轻。除马外,动物对碘均有一定的耐受量,一般马的耐受量最小,为5 mg/kg,反刍动物耐受量达50 mg/kg,家禽耐受量达300 mg/kg,生长猪耐受量达400 mg/kg,超过耐受量会引起生产性能下降,引发疾病。缺碘动物常用碘化食盐(含0.01%~0.02%碘化钾)补饲。

(二)铁

铁是动物体内含量最多的微量元素之一,平均含量约为40 mg/kg,它主要存在于肝脏、脾脏和骨髓等中。90%的铁与血红蛋白、肌红蛋白等蛋白质结合(60%~70%是血红蛋白),0.1%~0.4%的铁存在于细胞色素中,1%的铁存在于载体和酶中。铁主要在十二指肠中以螯合或转铁蛋白形式经易化扩散被吸收,正常情况下吸收率只有5%~30%,缺铁时,吸收率适当提高。铁是血红蛋白、肌红蛋白、细胞色素及呼吸酶的成分,参与氧气与二氧化碳转运、交换和呼吸等代谢活动;铁参与红细胞的形成和成熟;转铁蛋白除运载铁外,还可抵抗有害菌,防止机体感染疾病。成年动物不易缺铁,乳中铁含量低,哺乳期快速生长动物易出现缺铁性贫血,表现为生长缓慢、呼吸频率增加、昏睡、严重时会导致死亡。动物对铁的耐受量较强。一般羊为500 mg/kg,牛和家禽为1 000 mg/kg,猪为3 000 mg/kg,超过耐受量,会出现中毒症状,表现为慢性中毒、消化机能紊乱、腹泻等,严重者可能导致死亡。常用硫酸亚铁或右旋糖酐铁钴合剂进行补铁。初生猪铁贮备少(约45 mg),出生后,生长发育需铁量大(约15 mg/d),母乳铁供应不足(不足1 mg),仔猪常在3日龄左右补铁,肌内注射葡聚糖铁复合物或糖酐铁150~200 mg,可满足3周的需要;还可通过口服铁制剂或母猪补铁。

（三）铜

动物体内铜含量平均为2~3 mg/kg,主要贮存在肝脏和肌肉组织中。铜可在消化道中扩散吸收,主要吸收部位是小肠,吸收的铜主要与蛋白质和氨基酸结合转运。铜对造血起催化作用,它促进血红素的合成;铜是红细胞的成分,能促进红细胞的成熟,维持铁的正常代谢;铜参与形成体内多种氧化酶,直接参与调节体内代谢;铜是骨骼的重要组成成分,促进骨骼正常发育;铜可维持中枢神经系统功能;铜影响被毛的生长。缺铜可引起贫血,骨骼畸形或骨折,毛用动物毛的品质下降。动物对铜有一定的耐受量,绵羊为25 mg/kg,牛为100 mg/kg,猪为250 mg/kg,鸡为300 mg/kg,马为800 mg/kg,超过耐受量会引起中毒,表现为生长与繁殖性能下降,严重时可危害动物健康。豆科牧草、大豆饼、禾本科籽实及副产品中含铜较多,也可用硫酸铜、碱式氯化铜补充。

（四）钴

钴有无机钴和有机钴两种形态,动物一般不需要无机钴,有机钴存在于维生素 B_{12} 中,是动物生长发育所必需的。钴主要在小肠中吸收,吸收率不高。钴是维生素 B_{12} 的成分,促进血红素的形成,在蛋白质、蛋氨酸和叶酸等代谢中起重要作用;钴是磷酸葡萄糖变位酶和精氨酸等的激活剂,与蛋白质和碳水化合物代谢有关。缺钴将导致维生素 B_{12} 合成受阻,病畜表现食欲不振、生长停滞、体弱消瘦、黏膜苍白等贫血症状;机体中抗体减少,细胞免疫反应降低。动物对钴的耐受量可达10 mg/kg,超过耐受量会出现中毒症状,表现为红细胞增多、消瘦、贫血等。缺钴时,可给动物补饲硫酸钴、碳酸钴和氯化钴。

（五）硒

动物体内硒含量平均为0.05~0.20 mg/kg,主要贮存在肌肉、肾脏、肝脏等器官中,一般与蛋白质结合存在。硒主要在十二指肠中被吸收,吸收的硒以硒化物的形式形成有机硒发挥营养作用。硒主要参与构成谷胱甘肽过氧化物酶,发挥生物抗氧化作用;硒与肌肉的生长发育和动物的繁殖密切相关;硒在机体内具有拮抗和降低汞、镉、砷等元素毒性的作用。牛羊缺硒患白肌病或肌肉营养不良,表现为因肌球蛋白合成受阻,致使骨骼肌和心肌退化萎缩,肌肉表面有明显的白色条纹;猪患肝坏死;鸡患渗出性素质综合征,表现在胸腹部皮下的蓝绿色的体液聚集,皮下脂肪变黄,心包积水;严重缺硒会引起胰腺萎缩,胰腺分泌的消化液明显减少。硒的毒性较强,长期摄入量达5~10 mg/kg,会产生慢性中毒,表现为消瘦、贫血、繁殖性能下降等;摄入量达500~1 000 mg/kg,出现急性或亚急性中毒,表现为步态不稳,严重死亡。预防或治疗动物缺硒,可用亚硝酸钠维生素 E 制剂。

（六）锰

锰是动物体内含量较低的微量元素,平均为0.2~0.3 mg/kg,主要沉积在骨骼、肝脏、肾脏、胰腺等器官的无机物中。锰的主要吸收部位是十二指肠,吸收的锰以游离或与蛋白质结合形式转运至肝脏。锰是精氨酸酶和脯氨酸酶的成分,也是肠肽酶等的激活剂,参与蛋白质、碳水化合物、脂肪及核酸代谢;参与骨骼基质中硫酸软骨素的生成并影响骨骼中磷酸酶的活性;催化性激素的前体胆固醇的合成,与动物繁殖有关;参与造血机能,维持大脑的正常功能。动物缺锰,表现为采食量下降、生长受阻、骨骼畸形、繁殖功能异常等。生长鸡患"滑腱症",表现为腿骨粗短,胫骨与跖骨接头肿胀,后腿腱从髁状突滑出,鸡不能站立,难以觅食和饮水,严重时会死亡。猪、牛、羊缺锰,表现为跛行、关节肿大、腿变形等。动物对锰有一定的耐受量。猪为 400 mg/kg,牛羊可达 1 000 mg/kg,禽可达 2 000 mg/kg,超过耐受量会引起贫血、生长受阻、神经症状等。植物性饲料中含锰较多,尤其是糠麸类、青饲料中含锰较丰富,以玉米为主的饲料饲喂生长猪和家禽易出现锰的缺乏。生产中采用硫酸锰、氯化锰等补饲,比补饲蛋氨酸效果更好。

（七）锌

动物体内锌含量平均约为 30 mg/kg,一般分布在骨骼肌、骨骼、皮和毛中。动物吸收锌的主要部位是小肠,小肠与铁的吸收方式类似,吸收的锌与血浆清蛋白结合,通过血液循环运送至组织器官。锌是动物体内多种酶的成分或激活剂;参与胱氨酸和黏多糖代谢,维持上皮组织健康与被毛正常生长;锌是碳酸肝酶的主要成分,与动物呼吸有关;锌能促进性激素的活性,与精子生成有关;参与肝脏和视网膜内维生素 A 还原酶的组成,与视力有关;参与骨骼和角质的生长并增强机体免疫力。幼龄动物缺锌表现为食欲不振,生长受阻;缺锌 8 ~ 12 周龄的猪易患"不完全角化症",表现为皮肤发炎、增厚,增厚的皮肤上覆以容易剥离的鳞屑,脱毛、微痒、呕吐、下痢;缺锌导致骨骼发育不良,长骨变短增厚;引起免疫器官明显减弱,影响免疫力。动物对锌有较强的耐受量,绵羊为 300 mg/kg,牛为 500 mg/kg,猪为 1 000 mg/kg,超过耐受量会出现中毒症状。一般用幼嫩植物、酵母、鱼粉、麸皮、油饼类及动物性饲料为动物补饲锌。

📖 知识链接

微量元素氨基酸螯合物

微量元素添加剂经历了无机盐类添加剂、简单的有机态矿物盐类和氨基酸微量元素螯合物 3 个发展阶段。1977 年,美国 Ashmead 博士首先报道利用铁螯合物可以预防仔猪缺铁性贫血,他率先将微量元素与氨基酸结合,制成新一代微量元素-氨基酸营养性添加剂,可同时满足动物对微量元素和氨基酸的需求,在动物生产中得到广泛应用,20 世纪 80 年代,微量元素螯合物被引入我国。

微量元素氨基酸螯合物由某可溶性金属盐中的金属离子与氨基酸或小肽按一定摩尔比以共价键结合而成。具有稳定性与适口性好、可促进微量元素的吸收,生物学效价较高、可增强抗病力等营养特性,在动物生产中可提高生产性能、提高动物抗病力、增强动物抗应激功能、改善畜禽产品品质等,但也存在诸如生产成本高、吸收与代谢原理、添加量与添加阶段等需深入研究的问题。

五、走进生产

猪饲料以植物性饲料为主,矿物质含量与营养需要差距较大,需补充矿物质。一般需补充钠、氯、钙、磷等微量元素。通常植物性饲料中含钠、氯不多,生产中常用食盐补充,添加量占日粮的 0.3%;常用于补充钙磷的矿物质饲料是骨粉、磷酸氢钙等,添加量占日粮的 1.5% ~ 2.5%;石粉只能补钙,不能补磷,在育肥期,可添加 0.5% ~ 1%;全价日粮中还需要补充铁、铜、钴、锰、锌等微量元素,常以硫酸亚铁、硫酸铜、氯化钴、硫酸锰、硫酸锌等盐类化合物形式添加。

幼龄动物需补充铁、钴、铜等,预防贫血症。可在出生后 2～3 天,肌内注射右旋糖酐铁钴合剂,或将硫酸亚铁和硫酸铜混合溶液滴在母猪乳头上,或给妊娠母猪和哺乳母猪添加微量元素与氨基酸的螯合物;同时注意让仔猪尽早开食,饲喂富含蛋白质、维生素 B_{12} 和叶酸的饲料。

六、案例启示

某猪场存栏 1 000 余头猪,养殖户听闻添加亚硒酸钠可加快猪的生长速度,于是购买 98% 亚硒酸钠纯粉剂 50 g,其中含硒 44.7%。饲喂时,将其全部拌入 50 kg 饲料中,用以饲喂 95 头体重为 30 kg 的育肥猪。饲喂不久,猪突然发病,呕吐绿色污物,呈现站立不稳、反应迟钝、胃肠胀气、腹泻、呼吸困难、蹄冠明显肿胀、发红、跛行等症状,从发病到死亡仅数小时。

案例评析:硒是猪必需的微量元素之一,但其毒性较强,添加过多或搅拌不均匀,极易导致硒中毒而致其死亡。矛盾是辩证法的实质与核心,添加硒过量引发中毒体现矛盾双方在一定条件下,向对方转化的观点。任何事物从量变积累到一定程度,均会发生质变,因此,要注意事物发展的"度",防止量变达到一定程度后引起质变。

📖 任务小结

矿物质元素有常量矿物质元素和微量矿物质元素两类,不同动物对矿物质的利用过程和程度不同,缺乏或过量均会对动物生产造成影响。认识钙、磷、镁、钠、钾、氯、硫等常量矿物质元素和碘、铁、铜、钴、硒、锰、锌等微量矿物质元素的营养特性、吸收特性、缺乏与过量危害、补饲等,了解粗灰分含量测定方法,在生产中,做到合理补饲,提高养殖效率。

思考与练习. . . . .

一、单项选择题

1. 磷构成(　　),维持细胞膜的完整性,还参与蛋白质代谢。

A. 固醇　　　　　　B. 激素　　　　　　C. 磷脂　　　　　　D. 核酸

2. 钙磷典型缺乏症是(　　)病变。

A. 皮毛　　　　　　B. 心脏　　　　　　C. 神经　　　　　　D. 骨骼

3. 70% 的镁存在于(　　)中。

A. 体液　　　　　　B. 血液　　　　　　C. 神经　　　　　　D. 骨骼

4. 反刍动物吸收镁的主要部位在(　　)中通过扩散吸收。

A. 空肠　　　　　　B. 盲肠　　　　　　C. 瘤胃　　　　　　D. 皱胃

5. 钾过量会干扰(　　)的吸收和代谢。一般情况下不会出现过量。

A. 钠　　　　　　　B. 铁　　　　　　　C. 镁　　　　　　　D. 铜

6. 铜可在消化道中扩散吸收,主要吸收部位是(　　)。

A. 口腔　　　　　　B. 胃　　　　　　　C. 小肠　　　　　　D. 盲肠

7. 钴是维生素(　　)的成分,促进血红素的形成,在蛋白质、蛋氨酸和叶酸等代谢中起重要作用。

A. A　　　　　　　B. B_2　　　　　　C. B_{12}　　　　　　D. E

8. 锰超过耐受量会引起(　　)、生长受阻、神经症状等中毒症状。

A. 腹泻　　　　　　B. 抽搐　　　　　　C. 咳嗽　　　　　　D. 贫血

二、多项选择题

1. 磷构成(　　)等参与核酸代谢与能量代谢。

A. 氨基酸　　　　　　　B. ATP　　　　　　　C. ADP　　　　　　　D. 核酸

2. 幼龄动物患佝偻病,表现为(　　)。

A. 骨骼畸形　　　　　B. 关节肿大　　　　　C. 僵行或跛行　　　　D. 腹泻

3. 奶牛易患奶热症,表现为(　　)。

A. 血钙含量降低　　　B. 肌肉痉挛　　　　　C. 瘫痪　　　　　　　D. 意识丧失

4. 钙过量会导致(　　)。

A. 加重肝肾的代谢负担　　　　　　　　B. 意识丧失

C. 干扰铁、锌、镁等元素的吸收利用　　D. 不明原因腹泻

5. 常用的钙磷补充料有(　　)。

A. 骨粉(含钙31%,磷14%)　　　　　B. 磷酸氢钙

C. 磷酸钙　　　　　　　　　　　　　　D. 碳酸钙

6. 早春的牧草缺镁,早春放牧的成年反刍动物易患低镁血症,出现(　　)现象,死亡率为2% ~12%。

A. 抽搐　　　　　　　　B. 呼吸弱　　　　　　C. 心跳快　　　　　　D. 死亡

7. 镁过量会引起中毒,表现为(　　)等现象。

A. 采食量下降　　　　B. 死亡　　　　　　　C. 运动失调　　　　　D. 生产力降低

8. 钠和氯主要在(　　)中以简单扩散形式吸收。

A. 胃　　　　　　　　　B. 十二指肠　　　　　C. 小肠中段　　　　　D. 结肠

9. 锰是动物体内含量较低的微量元素,主要沉积在(　　)等器官的无机物中。

A. 胃　　　　　　　　　B. 胰腺　　　　　　　C. 骨骼　　　　　　　D. 肾脏

10. 幼龄动物缺锌表现为食欲不振,生长受阻;缺锌8 ~12 周龄的猪易患"不完全角化症",表现为(　　)。

A. 皮肤发炎、增厚,覆以容易剥离的鳞屑

B. 脱毛

C. 微痒

D. 呕吐

三、判断题

1. 钾钠在体内含量最多。　　　　　　　　　　　　　　　　　　　　　　　　(　　)

2. 镁参与构成骨和牙齿,参与骨的形成和重建。　　　　　　　　　　　　　　(　　)

3. 硒是酶的重要催化剂,参与300 多种酶促反应,是糖类和脂类有效代谢的必需品。

　　　　　　　　　　　　　　　　　　　　　　　　　　　　　　　　　　　(　　)

4. 钠能维持胃肠道和激素的功能,吸收缓慢,水分潴留在肠腔,临床上可用作导泻剂。

　　　　　　　　　　　　　　　　　　　　　　　　　　　　　　　　　　　(　　)

5. 硫过量很少发生,当无机硫用量超过0.3% ~0.5%时,易发生中毒。　　　　(　　)

6. 除羊外,动物对碘均有一定的耐受量。　　　　　　　　　　　　　　　　　(　　)

7. 铁是动物体内含量最多的微量元素。　　　　　　　　　　　　　　　　　　(　　)

8. 铜是骨骼的重要成分,促进骨骼正常发育。　　　　　　　　　　　　　　　(　　)

9. 锰过量中毒会出现跛行、关节肿大、腿变形症状。　　　　　　（　　）

10. 石粉既能补钙，又能补磷。　　　　　　　　　　　　　　　（　　）

任务六　认识维生素的营养

任务描述

1. 识记维生素的营养特性。

2. 理解维生素缺乏与过量的危害。

3. 能快速判断维生素营养缺乏症与过量症。

任务实施

维生素是一类动物代谢所必需且需要量极少的小分子有机化合物，体内一般不能合成，必须由饲粮提供或者提供先体物。维生素根据溶解性质分，可分为脂溶性维生素和水溶性维生素两类。脂溶性维生素吸收需要脂肪，可在体内贮存，过量会引起中毒，有维生素 A、维生素 D、维生素 E、维生素 K 这 4 种；水溶性维生素随水吸收，在体内无贮存，过量毒性小，有维生素 B_1（硫胺素）、维生素 B_2（核黄素）、维生素 B_3（泛酸）、维生素 B_4（胆碱）、维生素 B_5（尼克酸）、维生素 B_6（吡哆素）、维生素 B_7（生物素）、维生素 B_{11}（叶酸）、维生素 B_{12}（钴胺素）、维生素 C（抗坏血酸）10 种。

一、认识维生素的营养作用

（一）调节营养物质的消化、吸收和代谢

维生素通过参与构成辅酶或辅基，参与碳水化合物、蛋白质、脂肪等营养物质的代谢。

（二）抗应激作用

应激是因环境条件发生改变的，动物受外界因素如营养不良、冷热不均、惊吓、转群等强烈的刺激，导致生产性能下降、免疫力下降甚至死亡等。维生素可提高动物抗应激能力，缓解各类应激。

（三）激发和强化机体的免疫机能

所有的维生素都具有提高动物免疫功能的作用，其中维生素 A、维生素 D、维生素 C、维生素 B_1 和维生素 B_6 免疫功能较强。

（四）提高动物繁殖性能

与繁殖性能有关的维生素有维生素 A、维生素 E、维生素 B_{12}、叶酸和生物素等，添加此类维生素，可提高受精率、孵化率等。

（五）改善动物产品品质

添加维生素 E 可增强产品抗氧化能力，防止氧化酸败，延长储存时间；蛋鸡中添加维生素 A、维生素 D、维生素 C 等可改善蛋壳强度和色泽。

（六）预防疾病发生，提高养殖业经济效益

实践证明，在集约化饲养条件下，通过添加高水平维生素，可预防代谢病的发生；同时可提高畜禽生产性能，从而提高养殖业的经济效益。

二、认识脂溶性维生素

(一)维生素 A

维生素 A 是黄色片状结晶体,不耐高温,易被氧化破坏,有视黄醇、视黄醛、视黄酸 3 种衍生物。维生素 A 只存在于动物体内,大量贮存在肝脏内。植物体中含有维生素 A 的前体物类胡萝卜素,在动物体内可转化成维生素 A。

游离的维生素 A 酯化后主要在小肠中吸收,经淋巴系统转运至肝脏储存。

维生素 A 可参与构成视紫红质,维持动物弱光下的视觉;维持消化道、呼吸道、眼角膜等上皮组织的健康,防止鳞状角质化;参与性激素的形成,提高繁殖性能;促进骨骼的正常发育;通过维持淋巴组织、抗体抗原、细胞免疫等正常免疫功能,增强机体免疫力和抗感染力。缺维生素 A 易患夜盲症;患肠炎、肺炎、结膜炎等;繁殖性能下降,导致不孕;生长缓慢,骨骼和牙齿不健全;免疫力下降。维生素 A 过量易引起中毒,中毒剂量为需要量的 4~10 倍以上,其中毒表现为骨畸形、器官退化、生长缓慢等,严重者会导致死亡。动物性饲料中的鱼肝油、肝、乳、鱼粉等含有丰富的维生素 A,青绿饲料、胡萝卜、甘薯、南瓜、玉米中类胡萝卜素较多。冬季,青干草和青贮饲料是补充畜禽维生素 A 的良好来源。

(二)维生素 D

维生素 D 是无色晶体,耐热,性质稳定,有维生素 D_2(麦角钙化醇)和维生素 D_3(胆钙化醇)两种活性形式,它们分别由植物体的麦角固醇和动物体的 7-脱氢胆固醇,经紫外线照射形成。维生素 D 主要在小肠中吸收。可调节钙磷的比例,促进钙磷的吸收;也可直接作用于成骨细胞,促进钙磷的沉积及骨骼钙化;可通过刺激单核细胞增殖,影响巨噬细胞的免疫功能。缺乏时会导致钙磷代谢失调,幼龄动物患佝偻病,表现为四肢关节肿大,行动困难,无法站立,生长缓慢;成年动物患"软骨症",表现为骨质疏松、骨骼易折等;家禽骨骼异常、喙软,蛋壳薄而脆,产软壳蛋。对于大多数动物,连续饲喂超过需要量 4~10 倍的,60 天后可出现中毒症状,表现为早期骨骼钙化加速,后期钙从骨组织中转移引起骨质疏松,还会伤害肾脏功能。鱼肝油、肝脏等动物性饲料,经阳光晒制的干草、酵母等富含维生素 D,可作为维生素 D 的良好来源;通过加强动物舍外运动、舍内安装紫外线灯、病畜注射骨化醇等方式,也可补充维生素 D。

(三)维生素 E

维生素 E 又名生育酚,是一种黄色油状物,不易被酸、碱、热破坏,易被氧化,贮存在脂肪组织中。主要以微胶粒的形式在小肠中吸收。维生素 E 具有抗氧化作用;可参与合成性激素维持机体正常的繁殖机能;可维持毛细血管结构的完整性,维持中枢神经系统的正常功能;促进肌肉的正常生长发育,改善肉质;通过参与构成辅酶或辅助因子,参与机体代谢;增强机体免疫力。缺乏维生素 E 可导致动物不孕不育;患渗出性素质病,表现为毛细血管通透性增强,大量渗出液在皮下蓄积;雏鸡患小脑软化症,表现为运动失调,头向后或向下弯曲,脑膜水肿出血,小脑软而肿胀等;幼畜患白肌病,表现为骨骼肌、心肌纤维及肝组织发生变性、坏死,病变部位肌肉色淡,甚至苍白。维生素 E 几乎无毒,大多数动物耐受 100 倍于需要量的剂量。谷物胚芽、青绿饲料、优质干草是补饲维生素 E 的良好来源。

(四)维生素 K

维生素 K 是一种黄色油状物,耐热,易被酸、碱、光破坏,有维生素 K_1(叶绿醌)、维生素 K_2(甲基萘醌)和维生素 K_3(甲萘醌)3 种形式,动物组织中的主要形式是维生素 K_2。维生素 K

的主要吸收部位在小肠,其中维生素 K_1、维生素 K_2 分别以主动和被动方式吸收。维生素 K 主要参与凝血活动;参与形成钙结合蛋白,促进骨钙化;参与蛋白质的代谢;具有利尿、解毒、降血压等功能。缺乏维生素 K,出现机体凝血时间延长、身体出现小血斑、产蛋鸡蛋壳有血斑等症状;维生素 K 几乎无毒。各种植物性饲料中,尤其是青绿饲料中维生素 K 的含量丰富,可作为补饲维生素 K 的良好来源;在反刍动物瘤胃和单胃动物大肠中可经微生物合成维生素 K,一般不易缺乏。

三、认识水溶性维生素

（一）维生素 B_1

维生素 B_1 又名硫胺素,由一分子嘧啶和一分子噻唑通过甲基桥结合而成,易溶于水,耐热不耐碱。硫胺酸主要通过十二指肠吸收。参与 α-丙酮酸的氧化脱羧反应、氨基酸转氨基作用等,与碳水化合物、蛋白质等营养物质的消化代谢有关。缺乏时,各种动物均可出现食欲减退、消化不良、衰弱、跛行、痉挛、消瘦、肌肉无力等症状。雏鸡出现"多发性神经炎",表现为整个身体坐在自身屈曲的腿上,头颈向后仰,角弓反张,呈"观星状";猪出现消化机能紊乱;犊牛出现运动失调、腹泻、痉挛等症状。畜禽对硫胺素的需要量一般为 $1 \sim 2$ mg/kg,中毒剂量为需要量的数百倍到千倍,一般很少中毒。啤酒酵母、谷物籽实、糠麸、油饼类及青绿饲料中均含有维生素 B_1,是补饲维生素 B_1 的良好来源。

（二）维生素 B_2

维生素 B_2 又名核黄素,呈橘黄色针状结晶,由一个二甲基异咯嗪和一个核醇构成,溶于水,耐热不耐光。饲料中核黄素多以黄素腺嘌呤二核苷酸(FAD)和黄素单核苷酸(FMN)两种形式存在。主要以游离核黄素的形式在小肠中被吸收。

核黄素以 FMN 和 FAD 辅酶的形式,参与碳水化合物、蛋白质和脂肪等营养物质的代谢,在生物氧化过程中不可缺少;可促进生长,维持皮肤和黏膜的完整性。雏鸡缺乏核黄素易患卷爪麻痹症,表现为膝关节软弱、肿大、脚趾向内弯曲成拳状、脚麻痹、不能正常站立等;猪缺乏核黄素会引起食欲下降、被毛粗糙、背部皮肤有渗出物等;种鸡缺乏核黄素产蛋率和孵化率下降;幼畜缺乏核黄素会产生眼结膜炎、唇炎、皮炎等炎症。畜禽对核黄素的需要量一般为 $2 \sim 4$ mg/kg,中毒剂量为需要量的十倍到百倍,一般很少中毒。啤酒酵母、谷物籽实、糠麸、油饼类及青绿饲料中均含有维生素 B_2,是补饲维生素 B_2 的良好来源。

（三）维生素 B_3

维生素 B_3 又名烟酸、尼克酸,白色无味的针状结晶,性质稳定,不易被氧化。动物体内有烟酸和烟酰胺两种形式。主要以扩散的方式在小肠上段吸收。参与构成辅酶 I 和辅酶 II,在生物氧化过程中起传递氢的作用,参与营养物质的代谢;维持皮肤和黏膜的完整性、消化腺正常分泌等;还具有扩张末梢血管,降低胆固醇等作用。缺乏维生素 B_3 会出现食欲下降、生长缓慢、皮炎(癞皮病)、舌炎(黑舌病)、肠炎、神经症状等。动物对维生素 B_3 的需要量一般为 $10 \sim 50$ mg/kg,每日摄入量达 350 mg/kg,易引起中毒。酵母、鱼粉、青绿饲料、谷实、麸皮等饲料中含量丰富,是补饲维生素 B_3 的良好来源。

（四）维生素 B_5

维生素 B_5 又名泛酸,无色粉状晶体,由 β-丙氨酸与 α,γ-二羟-β,β-二甲基丁酸缩合而成。它是一种酸性物质,不耐热,易被酸碱破坏。游离态泛酸以及它的盐和酸,主要在小肠中被吸收。泛酸是辅酶 A 的原料,参与生物的氧化以及营养物质的代谢;组成琥珀酸酶,参与血红素的形成;参与免疫球蛋白的合成;与动物皮肤和黏膜的功能正常、毛发色泽等有密切的关系。泛酸缺乏时,动物患皮炎、肠胃炎等;猪神经损伤,走"鹅步",表现为高抬腿、笔直踢出、交替行进。畜禽对泛酸的需要量一般为 7～12 mg/kg,如果超过需要量的 100 倍就可能出现中毒。酵母、糠麸、谷实、苜蓿、亚麻籽饼等饲料中富含泛酸,是补饲泛酸的良好来源。

（五）维生素 B_6

维生素 B_6 又名吡哆素,无色晶体,易溶于水,性质稳定,有吡哆醇、吡哆醛、吡哆胺 3 种吡啶衍生物。主要吸收部位在小肠。参与构成营养物质代谢的 50 多种酶的辅助因子,与营养物质代谢有密切关系;还参与合成血红蛋白。缺乏吡哆素会出现食欲不佳、消化不良、生长受阻、呕吐、腹泻、运动失调、痉挛等症状。畜禽对维生素 B_6 的需要量一般为 1～3 mg/kg,中毒剂量是需要量的 1 000 倍以上。酵母、青绿饲料、谷实、麸皮等饲料中含量丰富,是补饲维生素 B_6 的良好来源。

（六）维生素 B_7

维生素 B_7 又称生物素、维生素 H,白色针状晶体,是具有尿素和噻吩结合的骈环,有游离和结合两种形式。通常以游离的形式主要在小肠中被吸收利用。生物素参与构成辅酶,在营养物质代谢过程中发挥重要作用。缺乏生物素一般表现为生长不良、皮炎、羽毛脱落、痉挛等;家禽缺乏生物素的典型症状是胫骨短粗。畜禽对生物素的需要量一般为 50～300 μg/kg,超过需要剂量 10 倍,有可能出现中毒。生物素广泛存在于动植物组织中,一般饲料中不缺乏。

（七）维生素 B_{11}

维生素 B_{11} 又名胆碱、维生素 M,为橙黄色结晶粉末,由蝶啶环、对氨基苯甲酸和谷氨酸缩合而成,易溶于水,耐热不耐光。主要吸收部位是小肠。叶酸通过参与一碳基团的转移,参与核酸、蛋白质等物质的代谢;参与红细胞的生成;还可维持免疫系统功能的正常。缺乏叶酸会出现巨幼红细胞性贫血、食欲减退、消化不良、生长缓慢、羽毛发育不良、脱色等症状。畜禽对叶酸的需要量一般为 0.30～0.55 mg/kg,一般认为无毒性。叶酸广泛分布在动植物饲料中,植物绿色叶片、谷物、豆类及动物性饲料中含量丰富,是补饲叶酸的良好来源。

（八）维生素 B_{12}

维生素 B_{12} 又名钴胺素,是目前唯一的含有金属元素的维生素,易吸湿,可被氧化。饲料中维生素 B_{12} 常与蛋白质结合,在小肠中以游离形式被吸收。可参与丙酸的代谢、嘌呤嘧啶的合成、甲基的转移、营养物质的代谢;维持造血机构的正常运转,促进红细胞生成;促进动物上皮组织的代谢;保持神经系统的正常功能。缺乏易导致食欲不良、皮炎、贫血、步态不协调、繁殖性能下降等。畜禽对维生素 B_{12} 的需要量一般为 3～20 μg/kg,中毒剂量是需要量的数百倍。维生素 B_{12} 存在于动物性饲料和微生物中,植物性饲料中基本没有。

（九）胆碱

胆碱为无色液体,是 β-羟乙基三甲胺羟化物,有较强碱性,易吸潮和溶于水。饲料中胆碱以卵磷脂、神经磷脂和游离胆碱形式存在,在小肠中以游离形式经钠泵作用吸收。胆碱构成细胞卵磷脂,是细胞膜的组成成分,维持细胞的结构;也是神经磷脂、软骨磷脂和某些原生质的成分,保证软骨基质成熟,防止骨粗短;参与肝脏脂肪代谢,防止脂肪肝的发生;作为甲基的供体参与甲基转移;胆碱是神经递质乙酰胆碱的成分,参与神经冲动的传导。缺乏时会出现精神不振、食欲丧失、生长发育缓慢、贫血、衰竭无力、关节肿胀、运动失调、消化不良、脂肪肝等症状;鸡比较典型的症状是骨粗短病和滑腱症。动物对胆碱的需要量一般为 400 ~ 1 300 mg/kg,胆碱一般超过需要量的两倍时就容易中毒,表现为流涎、颤抖、痉挛等病状。

（十）维生素 C

维生素 C 又名抗坏血酸,是一种无色晶体,含有 6 个碳原子的酸性多羟基化合物,加热易被破坏。主要在小肠中被吸收。维生素 C 参与胶原蛋白的合成;具有酸性,在体内可杀灭细菌和病毒;具有解毒功能和抗氧化作用;能使三价的铁还原成二价的铁,促进铁的吸收和转运;促进肾上腺皮质激素的合成;促进抗体的形成和白细胞的噬菌能力,增强机体免疫功能和抗应激能力。缺乏维生素 C 易使动物食欲下降、生长阻滞、骨骼畸形、被毛无光等,典型症状是"坏血症",表现为牙龈出血、牙齿松动脱落、创口溃疡不愈合等。动物对维生素 C 的需要量一般为 35 ~ 100 mg/kg,通常超过需要量的 100 ~ 1 000 倍才会出现中毒。青绿饲料在块根、块茎中含量丰富,是补饲维生素 C 的良好来源。

少而珍贵的维生素

四、走进生产

饲料原料中胆碱的生物利用率较低,一般日粮中胆碱以氯化胆碱的形式添加,氯化胆碱在促进畜禽生长发育、提高瘦肉率与蛋品质、提高繁殖率与产蛋量、降低饲料消耗等方面有显著效果,是目前用量最大的一种维生素。一般添加量为 1 kg/t,一般以水溶性液体单独添加或吸附载体添加于饲料中。载体主要是二氧化硅和植物性基础原料,有农副产品(麸皮、稻壳粉、玉米芯粉、淀粉渣等)、天然矿物质(海泡石、膨润土等)和人工合成化合物(水合硅酸)3类。氯化胆碱易吸潮结块,已从载体选择与加抗结块剂等方面开展研究。当前抗结块剂已研制成功,如乙酰甘油可在乙酰胆碱表面形成一层致密吸湿层,阻隔与潮湿空气接触。氯化胆碱的防潮、防结剂和替代物是今后研究的方向。

五、案例启示

2015 年,网上热传浙江温州一头猪前蹄"下跪",后蹄竖直,在寺庙前长跪不起的视频,不少网友直呼"二师兄"懂得祈福。之后畜牧兽医专家分析可能与维生素 E 缺乏有关,属正常情形,而不是祈福。

案例评析:根据猪缺乏维生素 E 的典型症状(如行走时步态僵硬,站立困难,呈前腿跪下或犬坐姿势),可以判断猪长跪不起与维生素 E 缺乏有关。生活中存在不尊重科学的迷信现象,要敢于用科学的知识破除迷信。

📖 **任务小结**

维生素有脂溶性维生素和水溶性维生素两大类,不同动物对维生素的利用过程和程度不同,缺乏或过量均会对动物生产造成影响。认识维生素 A、维生素 D、维生素 E、维生素 K 和维生素 B_1、维生素 B_2、维生素 B_3、维生素 B_5、维生素 B_6、维生素 B_7、维生素 B_{11}、维生素 B_{12}、胆碱的营养特性、吸收特性、缺乏与过量危害、补饲等,在生产中,做到合理补饲,提高养殖效率。

思考与练习............

一、单项选择题

1. 畜禽维生素 B_1 的典型缺乏症是(　　)。

A. 多发性神经炎　　B. 白肌病　　　　　　C. 卷爪麻痹症　　D. 夜盲症

2. 畜禽维生素 B_2 的典型缺乏症是(　　)。

A. 多发性神经炎　　B. 白肌病　　　　　　C. 卷爪麻痹症　　D. 夜盲症

3. 畜禽维生素 B_3 的典型缺乏症是(　　)。

A. 多发性神经炎　　B. 白肌病　　　　　　C. 卷爪麻痹症　　D. 鹅形步伐

4. 畜禽叶酸的典型缺乏症是(　　)。

A. 多发性神经炎　　B. 夜盲症　　　　　　C. 营养性贫血　　D. 鹅形步伐

5. 畜禽维生素 A 的典型缺乏症是(　　)。

A. 多发性神经炎　　B. 白肌病　　　　　　C. 卷爪麻痹症　　D. 夜盲症

6. 畜禽维生素 D 的典型缺乏症是(　　)。

A. 佝偻病　　　　　B. 白肌病　　　　　　C. 脂肪肝症　　　D. 多发性神经炎

7. 畜禽维生素 E 的典型缺乏症是(　　)。

A. 多发性神经炎　　　　　　　　　　　　B. 雏鸡小脑软化症

C. 卷爪麻痹症　　　　　　　　　　　　　D. 夜盲症

8. 畜禽维生素 C 的典型缺乏症是(　　)。

A. 坏血病　　　　　　　　　　　　　　　B. 雏鸡小脑软化症

C. 卷爪麻痹症　　　　　　　　　　　　　D. 夜盲症

9. 维生素 B_1 是(　　)。

A. 核黄素　　　　　B. 硫胺素　　　　　　C. 胆碱　　　　　D. 吡哆素

10. 维生素 B_{12} 是(　　)。

A. 核黄素　　　　　B. 硫胺素　　　　　　C. 钴胺素　　　　D. 吡哆素

二、多项选择题

1. 缺维生素 A 易患(　　)。

A. 夜盲症　　　　　B. 肠炎　　　　　　　C. 肺炎　　　　　D. 结膜炎

2. 维生素 A 过量中毒的症状有(　　)。

A. 骨畸形　　　　　B. 器官退化　　　　　C. 生长增速　　　D. 生长缓慢

3. 维生素 D 缺乏会导致(　　)。

A. 钙磷代谢失调,幼龄动物患佝偻病,无法站立,生长缓慢

B. 成年动物患软骨症,表现为骨质疏松、骨骼易折等

C. 家禽骨骼异常、喙软,蛋壳薄而脆,产软壳蛋

D. 巨噬细胞免疫功能下降

4. 缺乏维生素 E 可导致动物(　　)。

A. 不孕不育　　　　　　　　　　　　　　B. 患渗出性素质病

C. 雏鸡患小脑软化症　　　　　　　　　　D. 幼畜患白肌病

5. 维生素 K 主要有以下功能(　　)。

A. 参与凝血活动　　　　　　　　　　　　B. 参与形成钙结合蛋白,促进骨钙化

C. 参与蛋白质的代谢　　　　　　　　　　D. 利尿、解毒

6. 缺乏维生素 B_2 会导致(　　　)。

A. 雏鸡易患"卷爪麻痹症",膝关节软弱、肿大、脚趾向内弯曲成拳状、脚麻痹等

B. 猪食欲下降、被毛粗糙、背部皮肤有渗出物等

C. 种鸡产蛋率和孵化率下降

D. 幼畜眼结膜炎、唇炎、皮炎

7. 缺乏生物素一般表现为(　　　)。

A. 生长不良　　　　B. 皮炎　　　　　　C. 羽毛脱落　　　D. 痉挛

8. 维生素 C 的生理机能有(　　　)。

A. 参与胶原蛋白的合成

B. 促进抗体的形成和白细胞的噬菌能力,增强机体免疫功能

C. 在体内可杀灭细菌和病毒

D. 具有解毒功能和抗氧化作用

三、判断题

1. 维生素 A 是黄色片状结晶体,耐高温,不易被氧化破坏。　　　　　　　　(　　)

2. 动物组织中维生素 K 的主要形式是维生素 K_1。　　　　　　　　　　　(　　)

3. 青绿饲料中维生素 K 含量丰富,可作为补饲维生素 K 的良好来源。　　　(　　)

4. 动物使用抗生素时间较长,可能会造成维生素 K 缺乏症。　　　　　　　(　　)

5. 维生素 B_1 又名硫胺素,易溶于水,耐酸不耐热。　　　　　　　　　　　(　　)

6. 维生素 B_2 又名核黄素,呈橘黄色针状结晶,溶于水,耐热不耐光。　　　(　　)

7. 维生素 B_5 不耐热,易被酸碱破坏。　　　　　　　　　　　　　　　　　(　　)

8. 青绿饲料在块根、块茎中含量丰富,是补饲维生素 C 的良好来源。　　　(　　)

任务七　认识水的营养

任务描述

1. 识记水的营养特性及含量的测定方法。

2. 能将营养知识应用于生产,合理用水。

任务实施

水是生命之源,是动物机体的主要组成成分。初生动物体含水量可达 80% 左右,成年动物含水量为 50% ~67% 。动物缺水比缺营养物质的危害更为严重。实验证明,缺乏有机养分的动物,可维持生命 100 天左右,若同时缺水,可维持生命 5 ~ 10 天。水是动物十分重要的营养物质,在畜禽生产中保证水的充分供给和卫生安全具有重要意义。

一、认识水的营养特性及缺水的危害

(一)水的营养特性

1. 水是重要的溶剂,是化学反应的媒介

机体摄取的营养物质需先溶于水,才能完成消化、吸收、转运等活动;机体代谢活动如水

解、氧化还原、物质合成、呼吸作用等一系列化学反应均在液体环境中进行,需要水的参与。

2. 水具有润滑作用

动物体的关节囊内、组织间、胸膜腔内都充满水,水可减少关节与器官之间活动时的摩擦,起润滑作用。

3. 水可参与调节体温

水的导热性能好,能快速吸收体内热能,并迅速传递和蒸发,可调节体温。

4. 水可维持组织器官的形态

动物体内水与亲水化合物结合形成结合水,参与器官的构成,并维持一定的形态。

(二)动物缺水的危害

动物短期缺水可导致生产性能下降,长期缺水会损害机体健康,严重缺水会危及生命安全。

通常动物失水 1% ~ 2%,开始有口渴感,食欲减退,尿量减少;动物失水 8%,严重口渴,食欲丧失,抵抗力下降;动物失水 10%,生理失常,代谢紊乱;动物失水 20%,死亡。高温季节,动物缺水比得不到饲料更难维持生命,因此要保证充足饮水。

以猪为例,妊娠母猪缺水会导致采食量下降,出现便秘等症状,严重时会造成返情、流产增加;保育、育肥猪缺水会出现异食癖,如咬尾、喝尿等;公猪缺水会导致采食量下降,影响精液质量;仔猪缺水会出现消瘦、营养性腹泻等。

二、认识水的来源及代谢去路

动物体内水的来源主要有饮水、饲料水和代谢水 3 种。饮水是动物获取水分最主要的来源之一。饮水量与动物种类、环境温度、生产性能、饲粮组成、饮水品质等因素有关。一般体型大的动物饮水量较体型小的动物饮水量大;环境温度升高,饮水频率和饮水量随之增加;泌乳阶段饮水量较多,产蛋阶段次之,产肉阶段饮水量较少;当饲料中含氮物质、粗纤维、盐类等成分增多时,饮水量随之增加。饮水的品质直接影响动物的健康。《无公害食品 畜禽饮用水水质》(NY 5027—2008)中评价畜禽饮水品质的指标有感官性状及一般化学指标、细菌学指标和毒理学指标,见表1-3。

表1-3　畜禽饮用水的水质安全指标

项目		标准值	
		畜	禽
感官性状及一般化学指标	色	≤30°	
	浑浊度	≤20°	
	臭和味	不得有异臭、异味	
	总硬度(以 $CaCO_3$ 计)/(mg·L^{-1})	≤1 500	
	pH	5.5 ~ 9.0	6.5 ~ 8.5
	溶解性总固体/(mg·L^{-1})	≤4 000	≤2 000
	硫酸盐(以 SO_4^{2-} 计)/(mg·L^{-1})	≤500	≤250
细菌学指标	总大肠菌群/(MPN·100 mL^{-1})	成年畜 100,幼畜和禽 10	

续表

项目		标准值	
		畜	禽
毒理学指标	氟化物(以 F⁻ 计)/(mg·L⁻¹)	≤2.0	≤2.0
	氰化物/(mg·L⁻¹)	≤0.20	≤0.05
	砷/(mg·L⁻¹)	≤0.20	≤0.20
	汞/(mg·L⁻¹)	≤0.01	≤0.001
	铅/(mg·L⁻¹)	≤0.10	≤0.10
	铬(六价)/(mg·L⁻¹)	≤0.10	≤0.05
	镉/(mg·L⁻¹)	≤0.05	≤0.01
	硝酸盐(以 N 计)/(mg·L⁻¹)	≤10.0	≤3.0

植物水分含量在5%～95%,是动物获取水分的重要来源。不同种类、不同生长期、不同栽培条件植物的含水量不同,一般水生植物含水量最高,禾本科次之,籽实类含水量最少。代谢水是体内营养物质代谢过程中产生的水,代谢水占水摄入量的5%～10%,脂肪代谢产生的水最多。动物体内的水分在代谢之后经粪和尿的排泄、皮肤和肺脏的蒸发、蛋奶等动物产品排出体外,维持机体水分的平衡。

三、认识畜禽的需水量

动物需水量与种类、年龄、生理状态、生产性能、气温条件、饲料等因素有关。一般保水能力差和喜欢潮湿环境的动物,需水量较多;通常摄取 1 kg 干物质需饮水 2～5 kg,采食蛋白质越多,需要量越大。如牛采食干物质与饮水之比为 1∶4;羊接近于 1∶2.5～3;鸟类低于哺乳动物。

动物生理状况不同,需水量不同。如日泌乳 10 kg 的奶牛,日需水 45～50 kg;日泌乳 40 kg 的高产奶牛,日需水 100～110 kg;适宜环境中,猪每摄入 1 kg 干物质,饮水 2～2.5 kg;马和鸡为 2～3 kg,牛为 2～5 kg,犊牛为 6～8 kg。

四、走进生产

(一)科学合理供水

集约化饲养通常遵循"先喂后饮"的原则,保证饮水次数与饲喂次数相同。饲养过程中要特别关注养殖场水压、水质和水温等,科学合理供水才能保证养殖效率。水压过高容易呛水,过低易导致饮水不足;水的品质直接影响动物的健康,要定期进行检测与消毒。保证断奶仔猪断奶后最初 2 周内、夏季哺乳母猪等处于特殊生理状态下的猪只饮水充足;饮用水水温宜保持在 10～15 ℃;放牧动物通常在放牧前给予充足的饮水量,防止动物饮用脏水、露水、粪尿水等;饲喂易发酵产气的饲料,如豆类、尿素等,应在喂完 1～2 h 后饮水,避免臌胀;役用动物如马、骡等,重役后不能马上饮冷水,应休息至少半小时再饮水;夏季蛋鸡应限制饮水,防止粪便过稀,污染环境;断奶母猪回奶期应限制饮水。

(二)猪场饮水消毒

1.常用饮水消毒方法

猪场常用饮水消毒方法有物理法和化学法两种。物理法有煮沸、紫外线消毒、超声波消

动物生命之源——水

毒等;化学法有漂白粉饮水消毒,每升饮水加 5~10 mg 漂白粉搅拌溶解,每立方米水粉剂 6~10 g 搅拌 30 min 即可饮用;氯胺-T(氧亚明)饮水消毒,每立方米饮水加 2~4 g;碘酊用饮水消毒,每千克水中加 2% 碘酊 5~6 滴,15 min 可杀死主要病原微生物和原虫,即可供饮用;过氧乙酸饮水消毒,每升饮水加 20% 过氧乙酸溶液 1 mL,让猪饮服,30 min 内用完。

具体操作方法有一次投入法和持续消毒法两种。

(1)一次投入法

一次投入法是在蓄水池或水塔内放满水,一次投入蓄水池或水塔中自由饮用。适用于蓄水量不大的小规模猪场和有较大的蓄水池或水塔的猪场。

(2)持续消毒法

持续消毒法一般用持续氯消毒法,将消毒剂用塑料袋或塑料桶等容器装好,装入用于消毒 1 天饮用水 20 倍或 30 倍的消毒剂量,搅拌成糊状,打 0.2~0.4 mm 的小孔若干个,悬挂在供水系统入水口。

2. 饮水注意事项

选择安全有效的消毒剂,并正确掌握其浓度;经常检查饮水量。若药量过多,水有异味,猪饮水量减少;饮水中只能放一种消毒药且不能长期使用一种,应交替使用;某些消毒药如高锰酸钾需现用现配,不能久置;为了避免破坏免疫作用;在饮水中投放疫苗或气雾免疫前后各 2 天(即 5 日内),必须停止饮水消毒,并清洗饮水用具。

五、案例启示

2008 年 5 月 12 日,汶川发生 8.0 级大地震,四川省彭州市龙门山镇团山村村民万某家的大肥猪,在地震发生之后被埋在废墟下 36 天,靠着雨水和木炭坚强地活了下来。2008 年 6 月 22 日下午被建川博物馆收养,馆主樊某为其取名"猪坚强"。"猪坚强"在建川博物馆的精心照料下,于 2021 年 6 月 16 日晚 10 点 50 分因年老体衰而终。

案例评析:"猪坚强"在废墟里能活下来的原因除缺乏运动能量消耗少、木炭充饥等外,还有一条重要的原因是山泉在猪圈附近,加上震后下了几场大雨,雨水渗进猪圈,才没有被渴死。"猪坚强"自被救出后,活了 14 年,相当于人类百岁高龄,可能是世界上最长寿的猪。它凭借坚强的生命力感动了无数人,代表一种锲而不舍的精神,并成为"不抛弃不放弃"的代名词。

📖 任务小结

水是生命之源,是畜禽十分重要的营养物质,饮水的品质直接影响畜禽的健康。不同畜禽在不同环境条件下,对水的需要量不同,畜禽需水量与种类、年龄、生理状态、生产性能、气温条件、饲料等因素有关。饮水品质不好以及供应不足,均会对畜禽生产造成影响。在生产中,利用水的营养知识,做到合理补水、科学消毒,才能提高水的利用效率。

思考与练习............

一、单项选择题

1. 一般畜禽采食 1 kg 日粮需饮水( )。

  A. 1~2 kg   B. 2~5 kg   C. 5~6 kg   D. 6~7 kg

2. 水中可溶性总盐分的含量大于( )时,畜禽在任何情况下均不适应。

  A. 1 000 mg/L   B. 2 999 mg/L   C. 6 999 mg/L   D. 10 000 mg/L

3.动物对硝酸盐的耐受能力是( )。

A.1 100 mg/L　　　　B.1 200 mg/L　　　　C.1 250 mg/L　　　　D.1 320 mg/L

4.水中亚硝酸盐的浓度高于( )时具有毒性。

A.20 mg/L　　　　B.25 mg/L　　　　C.30 mg/L　　　　D.33 mg/L

5.美国国家事务局(1973)建议,家畜饮水中大肠杆菌数应小于( )。

A.80 000 个/L　　　B.70 000 个/L　　　C.60 000 个/L　　　D.50 000 个/L

二、多项选择题

1.水的营养特性有( )。

A.水是重要的溶剂,化学反应的媒介　　　　B.水具有润滑作用

C.参与调节体温　　　　　　　　　　　　D.维持组织器官的形态

2.猪缺水会发生( )现象。

A.妊娠母猪采食量下降　　　　　　　　B.妊娠母猪便秘

C.妊娠母猪返情、流产增加　　　　　　D.保育、育肥猪异食癖、咬尾

3.饮水量与动物( )等因素有关。

A.动物种类　　　　B.环境温度　　　　C.生产性能　　　　D.饲粮组成

4.动物饮水量增加与以下( )因素有关。

A.体型增大　　　　B.环境温度升高　　　　C.泌乳阶段　　　　D.产肉阶段

5.猪场饮水消毒常用的消毒剂有( )。

A.漂白粉　　　　B.碘酊　　　　C.过氧乙酸　　　　D.高锰酸钾

三、判断题

1.动物缺水比缺营养物质的危害更为严重。　　　　　　　　　　　　　( )

2.动物放牧应遵循"先牧后饮"原则。　　　　　　　　　　　　　　　( )

3.豆类、尿素等饲喂后可以立即饮水。　　　　　　　　　　　　　　　( )

4.夏季,役用动物如马、骡等,重役后要马上饮冷水,休息至少半小时。　( )

5.夏季,畜禽都应大量饮水。　　　　　　　　　　　　　　　　　　　( )

6.在饮水中投放疫苗或气雾免疫前后各1天(即3日内),必须停止饮水消毒,并清洗饮水用具。　　　　　　　　　　　　　　　　　　　　　　　　　　　　　( )

7.水的硬度越大越好。　　　　　　　　　　　　　　　　　　　　　　( )

8.体型越大的动物,需水量通常越多。　　　　　　　　　　　　　　　( )

项目二
认识营养需要与饲养标准

项目描述

1. 掌握畜禽营养需要与饲养标准的概念、内容、表示方法等。
2. 会根据营养需要，科学搭配饲粮。
3. 会正确选用饲养标准，科学饲喂。

知识准备

维持是健康动物生存中的一种基本状态，在维持状态下，动物的分解代谢与合成代谢处于动态平衡。体重保持不变，不进行生产活动，体内营养成分的种类维持不变，数量与比例并不完全固定不变，但处于收支平衡状态。维持营养需要就是满足这种动态平衡的需要，用于基础代谢、维持体温。

生产活动一般包括生长、产肉、繁殖、泌乳、产蛋、产毛、役用等。生长是动物体经过物质积累、细胞增殖、组织器官生长发育等，整体体尺与体重增加的过程。各组织器官发育有先后，依次为神经系统、骨骼系统、肌肉组织、脂肪组织。生长是生产的准备过程；产肉过程是肌肉组织不断增长的过程，随着年龄和体重增加，体内组分进行有规律的变化；母畜的繁殖周期包括配种前期及配种期、妊娠期和哺乳期、初情期、排卵、受胎率和胚胎成活率、胎儿生长发育、产后发情间隔、繁殖性能等均与营养成分有关；乳是由血液经乳腺合成的，其成分有水、矿物质、蛋白质、乳糖、乳脂、酶和维生素等，将乳脂含量为 4% 的乳称为标准乳；蛋主要由蛋壳、蛋清和蛋黄 3 个部分组成。蛋壳的主要成分是碳酸钙，蛋清的主要成分是水和蛋白质，蛋黄的主要成分是蛋白质和脂类。毛的主要成分是蛋白质，多为角蛋白。氨基酸含量丰富，尤其是胱氨酸和谷氨酸含量较多；役用动物对能量的需要量大，根据工作量大小分为轻役、中役和重役。

任务一　分析畜禽营养需要

任务描述

1. 掌握畜禽营养需要的概念、组成、衡量指标与表示方法。
2. 能区分畜禽营养需要的特点及影响因素。

任务实施

一、认识营养需要量

营养需要量是动物在适宜的环境条件下，维持正常生理活动、机体健康和达到特定生产性能对营养物质种类和数量的最低需要量,它因动物种类、品种、性别、年龄、生产状况等不同,差异较大,是一个群体平均值,实际生产中常根据营养需求设定保险系数。营养需要一般由维持营养需要和生产营养需要两部分组成。维持营养需要主要用于维持正常体温、血液循环、组织更新等生命活动。生产营养需要主要用于从事繁殖、泌乳、生长、产肉、产蛋、产奶、产毛、役用等生产活动。

二、认识营养需要的衡量指标

营养需要的衡量指标有采食量、能量、蛋白质、维生素、矿物元素、氨基酸和脂肪酸等。畜禽对营养物质的需要既有质的规定,也有量的要求。

(一)采食量

一般指自由采食量,是畜禽自由接触饲料,在一定时间内采食饲料的质量。

(二)能量

能量有消化能、代谢能和净能3种。《猪饲养标准》(NY/T 65—2004)将消化能描述为从饲料总能中减去粪能后的能值,指饲料可消化养分所含的能量,也称表观消化能(ADE),单位为 MJ/kg 或 kcal/kg;《鸡饲养标准》(NY/T 33—2004)将代谢能描述为食入饲料的总能减去粪、尿排泄物中的总能即为代谢能,也称表观代谢能(AME),单位为 MJ 或 kcal;《肉牛饲养标准》(NY/T 815—2004)将净能描述为从动物食入饲料的消化能中扣除尿能和被进食饲料在体内消化代谢过程中的体增热,即饲料净能值(NE),也是单位进食饲料能量在体内的沉积量。

(三)蛋白质

通常用粗蛋白质衡量。粗蛋白质包括真蛋白质和非蛋白质含氮化合物,英文简写为 CP,由含氮量乘以 6.25 得来。

(四)维生素

维生素是一族化学结构不同、营养作用和生理功能各异的有机小分子化合物,既不提供能量,又不构成体组织,主要用于调控物质代谢,需要量极少,以国际单位(IU)或毫克(mg)表示。

(五)矿物元素

饲料或动物组织中的无机元素,包括常量元素和微量元素两种,通常常量元素以百分数(%)表示,微量元素以毫克/千克(mg/kg)表示。

(六)氨基酸和脂肪酸

氨基酸一般是不同生长阶段的必需氨基酸,如蛋氨酸、赖氨酸、胱氨酸、苏氨酸、色氨酸等;脂肪酸为必需脂肪酸,常用亚油酸表示。

三、认识营养需要的表示方法

(一)每日每头养分需要量

用每头动物每天对养分需要的绝对数量表示。一般应用于猪和反刍动物饲料供给、限饲、非全价日粮的供给。

(二)单位质量饲粮中营养物质浓度

按单位饲粮(kg)的营养物质含量(MJ,g,mg)或百分含量表示,适用于自由采食饲养方式与配合饲料生产。

（三）与某主要营养物质的比例关系

如能量蛋白比（kJ/kg 或 kcal/kg）、氨基酸能量比等，便于平衡采食营养物质。

（四）以代谢体重或体重表示

按营养物质需要与体重（自然体重或代谢体重）比表示，如生长猪的氨基酸需要量为 25 g/W$^{0.75}$。

（五）按生产力表示

生产力是动物生产产品所需的养分数量。如奶牛每生产 1 kg 标准奶需要可消化粗蛋白质 55 g。

四、计算营养需要量

（一）综合法

根据"维持需要和生产需要"统一的原理，采用饲养实验、代谢实验及生物学方法确定某种畜禽在特定生理阶段、生产水平下对某一养分的总需要量。

例如，以日增重和料肉比为指标，来评定猪对食盐的需要量（表 2-1），能够明显分析出，猪食盐的添加量在 0.2% ~ 0.3% 为宜，最多不应超过 0.5%，食盐过多对猪只健康不利，同时造成环境污染。

表 2-1　猪食盐需要量试验

食盐/%	0	0.1	0.2	0.3	0.4	0.5	0.6
平均日增重/g	400	630	660	670	670	670	610
饲料/增重	3.45	3.20	3.21	3.26	3.32	3.36	3.37

（二）析因法

根据"维持需要和生产需要"分开的原理，分别测定维持和生产需要，各项需要之和为畜禽的营养需要量。养分总需要量=维持营养需要+生产营养需要。

$$R = aW^{0.75} + cX + dY + eZ + \cdots$$

式中　　R——某营养物质的总需要量，g；

　　　　a——常数，每 kg 代谢体重营养物质的需要量，g；

　　　　$W^{0.75}$——代谢体重，kg；

　　　　X, Y, Z——不同产品中养分的含量，g；

　　　　c, d, e——饲粮养分的利用效率。

五、走进生产

生产中，为了追求高的经济效益，盲目减少或增加饲料用量都是不可取的做法。有些养殖户没有营养需要的概念，想尽办法节省饲料，导致蛋白质、氨基酸等水平满足不了营养需要，降低了肉的品质；为提前出栏，过量饲喂，导致肠道消化系统紊乱，引发疾病。在生产中，应根据营养需要知识，掌握不同畜禽营养需要的计算方法，合理设计饲料配方，科学选择与搭配饲料，保证营养均衡；畜禽生产中，可采取减少自由活动量、合理控制环境温度和湿度、选择热增耗低的饲粮、加强饲养管理等措施，尽可能地减少维持需要。

认识畜禽营养需要——避免盲目饲喂

📖 **任务小结**

营养需要是一个群体平均值,是畜禽最低营养需要量,用采食量、能量、蛋白质、氨基酸、脂肪酸、维生素、矿物元素等指标衡量,常用综合法和析因法来确定营养需要量。生产中,需要根据营养需要合理搭配饲料,避免盲目饲喂。

思考与复习............

一、单项选择题

1. 生长猪的氨基酸需要量为 $25\ g/W^{0.75}$,这种表示方法是(   )。

A. 每日每头养分需要量   B. 单位质量饲粮中营养物质浓度

C. 与某主要营养物质的比例关系   D. 以代谢体重或体重表示

2. 猪饲料中食盐的最佳添加量为(   )。

A. 0.5%   B. 1%~2%   C. 0.2%~0.3%   D. 0.3%~0.4%

3. 下列属于维持生命活动的是(   )。

A. 维持正常体温   B. 妊娠   C. 泌乳   D. 产肉

4. 动物各组织生长速度不尽相同,从胚胎开始,最后完成的是(   )。

A. 神经系统   B. 骨骼系统   C. 肌肉组织   D. 脂肪组织

5. 畜禽生产中可减少维持能量消耗的是(   )。

A. 寒冷季节加大饲养密度   B. 寒冷季节降低饲养密度

C. 冬季剪毛   D. 增加自由活动量

6. (   )含量高的饲粮其热增耗明显高于其他类型的饲粮。

A. 脂肪   B. 蛋白质   C. 碳水化合物   D. 粗纤维

7. "奶牛每生产1 kg标准奶需要可消化粗蛋白质55 g"是应用畜禽营养需要的(   )表示方法。

A. 每日每头需要量   B. 单位质量饲粮中营养物质浓度

C. 代谢体重   D. 生产力

二、多项选择题

1. 以下属于营养需要表示方法的有(   )。

A. 每天每头需要量   B. 营养物质浓度

C. 能量与养分的比例   D. 体重与营养物质的比例

2. 影响维持营养需要的因素有(   )。

A. 动物种类   B. 饲粮营养成分   C. 饲养管理   D. 环境温度

3. 确定营养需要量的研究方法有(   )。

A. 综合法   B. 析因法   C. 维持法   D. 以上均不对

4. 下列属于综合法的有(   )。

A. 饲养试验   B. 平衡试验   C. 生物学法   D. 屠宰试验

5. 下列属于生产活动的有(   )。

A. 组织更新   B. 妊娠   C. 产肉   D. 劳役

三、判断题

1. 营养需要是畜禽在适宜的环境条件下,正常、健康生长或达到理想生产成绩,对各种营养物质种类和数量的最高需要量。　　　　　　　　　　　　　　　　　　　（　　）

2. 畜禽对养分的需要既有质的规定,也有量的要求。　　　　　　　　　　　（　　）

3. 维持是动物生存过程中的一种基本状态。　　　　　　　　　　　　　　　（　　）

4. 通常将乳脂含量为 5% 的乳称为标准乳。　　　　　　　　　　　　　　　（　　）

5. 畜禽总营养需要分为维持营养需要和生产营养需要两个部分。　　　　　　（　　）

任务二　使用畜禽饲养标准

任务描述

1. 掌握畜禽饲料标准的基础知识。

2. 会查阅饲养标准,进行饲料配方设计。

任务实施

一、认识饲养标准

饲养标准是在大量科学饲养试验和实践中总结出的各种动物对能量、蛋白质、氨基酸、矿物元素等营养物质的需要量。它是发展动物生产、制订生产计划、组织饲料供给、设计饲料配方、生产平衡饲粮、对动物实行标准化饲养管理的技术指南和科学依据,具有科学性和先进性、权威性、可变化性、条件性和局限性。一般分为国家标准和专用标准两大类。国家标准常见的有美国国家科学研究委员会制定的饲料营养需求标准、英国农业科学研究委员会制定的农业研究委员会、我国农业部颁布的中国饲养标准等;专用标准如大型育种公司根据培育出的优良品种或品系特点,制定的符合该品种或品系营养需要的饲养标准。

二、认识饲养标准的组成

目前已制定出猪、鸡、肉鸭、肉鹅、肉牛、奶牛、肉羊等多种畜禽饲养标准,并将其应用于指导生产。饲养标准随科学研究和实际生产发展变化在不断更新。例如,现用中华人民共和国农业部发布的《猪饲养标准》(NY/T 65—2004),替代 NY/T 65—1987。

饲养标准一般由序言和研究综述、营养定额、饲料营养价值、典型饲料配方和参考文献 6 部分组成,核心内容是营养定额和饲料营养价值。我国农业部颁发的最新饲养标准包括范围、规范性引用文件、术语和定义、营养需要、饲料成分及营养价值表 5 部分内容。

饲养标准的指标一般包括能量、蛋白质、氨基酸、常量元素、微量元素、维生素等,用每头动物每天的需要量、单位饲粮中养分的浓度、与基本营养物质之间的关系、体重或代谢体重、生产力等表示。能量常用饲粮消化能(DE)含量、代谢能(ME)含量、净能(NE)含量表示,单位 MJ/kg;蛋白质常用粗蛋白质(CP)百分数表示;牛用可消化蛋白质(DCP)百分数表示;氨基酸用每天每头(只)需要量或单位营养物质浓度表示,常列出赖氨酸、蛋氨酸等必需氨基酸,用百分数表示;常量元素,一般列出每千克饲粮钙、磷、钠、氯、镁、钾等常量矿物质元素的含量,用百分数表示。其中,磷列出了总磷和非植酸磷的含量;微量元素,一般列出了每千克饲粮铜、碘、铁、锰、硒、锌等微量矿物质元素的含量,用毫克(mg)表示;维生素列出了每千克饲粮中维生素 A、维生素 D、维生素 E、维生素 K 这 4 种脂溶性维生素的含量,其中,维生素 A、维生素 D、维生素 E 的单位是 IU,维生素 K 的单位是 mg。1 IU 维生素 A=0.344 μg 维生素 A 醋酸酯,1 IU 维生素 D_3=0.025 μg 胆钙化醇,1 IU 维生素 E=0.67 mg D-a-生育酚或 1 mgDL-a-生育酚醋酸酯;列出每千克饲粮中硫胺素、核黄素、泛酸等水溶性维生素的含量,除维生素 B_{12} 的单位是 μg 外,其余单位均是 mg;脂肪酸列出每千克饲粮中的亚油酸含量,用百分数表示。

三、饲养标准的使用

在生产中,要正确使用饲养标准。根据不同饲养对象选择适合的标准,并根据不同饲养情况调整营养定额,平衡营养与生产效益。例如,为 35～60 kg 的瘦肉型生长肥育猪设计全价饲料配方,查饲养标准的步骤如下。

（一）定指标

生长肥育猪为满足肌肉和骨骼的快速增长,对能量、蛋白质、钙、磷水平要求较高;赖氨酸是以玉米-豆粕为主日粮的第一限制性氨基酸,缺乏最严重,需优先满足需要。蛋氨酸是第二限制性氨基酸,缺乏较为严重,需优先满足需要;胱氨酸依靠蛋氨酸的转化。因此,根据能量（消化能）、蛋白质（粗蛋白）、钙、磷、赖氨酸、蛋氨酸+胱氨酸的需要水平来确定。

（二）查标准

查阅我国农业行业标准《猪饲养标准》（NY/T 65—2004）,该标准列出了所定指标的需要量,见表2-2。

表2-2　35～60 kg 的瘦肉型生长肥育猪的营养需要

消化能/(MJ·kg^{-1})	粗蛋白质/%	钙/%	总磷/%	赖氨酸/%	蛋氨酸+胱氨酸/%
13.39	16.4	0.55	0.48	0.82	0.48

（三）调整营养定额

生产中可根据猪只生理状态、生产水平、饲养水平等,在综合考虑饲料成本的基础上,适当增加一定的保险系数,但不能低于此标准。

📖 **任务小结**

饲养标准是对动物实行标准化饲养管理的技术指南和科学依据。一般由序言、研究综述、营养定额、饲料营养价值、典型饲料配方和参考文献 6 个部分组成,其核心内容是营养定额和饲料营养价值。熟悉饲养标准,在生产中才能正确选择与使用标准,合理设计饲料配方。

学饲养标准——科学养殖有依据

思考与练习..............

一、单项选择题

1. 饲养标准中猪的能量指标通常用（　　　）。

A. 消化能　　　　　B. 代谢能　　　　　C. 净能　　　　　D. 粪能

2. 饲养标准中家禽的能量指标通常用（　　　）。

A. 消化能　　　　　B. 代谢能　　　　　C. 净能　　　　　D. 粪能

3.饲养标准中反刍动物的能量指标通常用( )。

A.消化能　　　　　B.代谢能　　　　　C.净能　　　　　D.粪能

4.脂肪酸标准中主要列出必需脂肪酸,一般只列出( )。

A.亚油酸　　　　　B.亚麻油酸　　　　C.花生四烯酸　　　D.丙酸

5.饲养标准中,常量元素下列除了( ),一般全部列出。

A.钙　　　　　　　B.磷　　　　　　　C.钠　　　　　　　D.硫

6.饲养标准中,粗蛋白质的量用( )表示。

A.百分数　　　　　B.MJ/kg　　　　　C.IU　　　　　　　D.g

7.饲养标准中,维生素 A、维生素 D、维生素 E 的单位是( )。

A.J　　　　　　　 B.MJ/kg　　　　　C.IU　　　　　　　D.mg

8.饲养标准中,维生素 K 的单位是( )。

A.J　　　　　　　 B.MJ/kg　　　　　C.IU　　　　　　　D.mg

二、多项选择题

1.饲养标准中的能量指标有( )。

A.消化能　　　　　B.代谢能　　　　　C.净能　　　　　　D.粪能

2.饲养标准的基本特性有( )。

A.科学性和先进性　　　　　　　　　　B.权威性

C.可变化性　　　　　　　　　　　　　D.条件性和局限性

3.蛋白质指标常用( )表示。

A.粗蛋白质　　　B.可消化粗蛋白质　C.非蛋白氮　　　　D.氨基酸

4.为猪设计配方时,通常需要查阅的指标并列出的有( )。

A.消化能　　　　　B.粗蛋白质　　　　C.蛋氨酸+胱氨酸　D.赖氨酸

5.饲养标准中数值的表达方式有( )。

A.每头动物每天需要量　　　　　　　　B.单位饲粮中营养物质的浓度

C.代谢体重　　　　　　　　　　　　　D.生产力

三、判断题

1.饲养标准规定的是畜禽每头每天给予的能量、蛋白质、矿物质等营养物质的最高需要量。
( )

2.饲养标准组成结构中没有序言。( )

3.我国猪的现用饲养标准是 NY/T 65—1987。( )

4.氨基酸指标主要用于反映动物对蛋白质质量的要求。( )

5.饲养标准中能量的单位是 MJ/kg 或 J/kg。( )

6.饲养标准中微量元素的单位一般用 IU。( )

7.不同种类动物、不同国家或地区的饲养标准中,用的能量指标是一样的。( )

8.所有饲养标准中均没有有效磷指标。( )

项目三
认识饲料原料

项目描述

1. 了解饲料原料与编码。
2. 掌握国际分类法中八大类饲料的分类、营养特点及使用方法。
3. 能根据生产需要,选择合适的饲料并有效利用。

知识准备

《饲料工业术语》(GB/T 10647—2008)将饲料定义为:能提供动物所需营养素,促进动物生长、生产和健康,且在合理使用下安全、有效的可饲物质。饲料种类繁多、养分组成复杂、营养价值差别较大。

2012年6月1日,中华人民共和国农业部公告第1773号发布《饲料原料目录》,饲料原料是指源于动物、植物、微生物或矿物质,用于加工制作饲料但不属于饲料添加剂的饲用物质(含载体和稀释剂)。《饲料原料目录》自发布以来,分别于2013年12月19日、2014年7月24日、2015年4月22日、2017年12月28日、2018年4月27日、2020年11月16日、2021年8月17日、2021年8月27日发布修订公告,先后经过8次修订,增减饲料原料品种及修订相关要求,且一直在更新中。饲料生产中使用的饲料原料品种应在目录中且符合使用要求。

任务一　饲料原料分类与编码

任务描述

1. 了解饲料原料的分类。
2. 熟知饲料原料的编码方法。

任务实施

饲料原料的分类与编码是建立饲料数据库、进行饲料检索以及饲料验收、贮存和利用最基础的工作。认识饲料应从认识饲料分类与编码开始。

一、认识饲料分类与编码

(一)国际饲料分类与编码

1. 国际饲料分类

目前国际上主要采用美国学者哈里斯的饲料命名及分类体系。根据饲料营养特性将饲料分为粗饲料、青绿饲料、青贮饲料、能量饲料、蛋白质饲料、矿物质饲料、维生素饲料、饲料添加剂8大类,见表3-1。

表3-1 国际饲料分类

饲料编号	饲料类别	饲料分类依据/%		
		水分 (自然含水量)/%	粗纤维 (干物质)/%	粗蛋白质 (干物质)/%
1	粗饲料	<45	≥18	—
2	青绿饲料	≥45	—	—
3	青贮饲料	≥45	—	—
4	能量饲料	<45	<18	<20
5	蛋白质补充料	<45	<18	≥20
6	矿物质饲料	—	—	—
7	维生素饲料	—	—	—
8	饲料添加剂	—	—	—

①粗饲料(1-00-000):饲料干物质中粗纤维含量大于或等于18%(CF≥18% DM),以风干形式饲喂的一类饲料。常见的有干草和农作物秸秆等。

②青绿饲料(2-00-000):天然植物中水分含量大于60%($H_2O>60\%$)的一类饲料,饲喂方式为鲜喂或放牧。包括青绿多汁饲料、叶类饲料、非淀粉块根、块茎、瓜果等。

③青贮饲料(3-00-000):以新鲜植物为原料,在厌氧条件下,经微生物发酵制成的饲料。

④能量饲料(4-00-000):饲料干物质中粗纤维含量小于18%、粗蛋白质的含量小于20%(CF<18% DM、CP<20% DM)的一类饲料。主要是谷物、糠麸、淀粉质的块根、块茎等。

⑤蛋白质饲料(5-00-000):饲料干物质中粗纤维含量小于18%、粗蛋白质的含量大于或等于20%(CF<18% DM、CP≥20% DM)的一类饲料。主要是豆类及饼粕、动物性饲料及其他。

⑥矿物质饲料(6-00-000):天然或化工合成的矿物盐及经处理的动物产品。例如,石粉、骨粉、贝壳粉、磷酸氢钙、食盐、小苏打、沸石粉、饲用微量元素等。

⑦维生素饲料(7-00-000):工业合成或提纯的单一或复合的维生素制剂,不包括富含维生素的天然青绿饲料在内。

⑧饲料添加剂(8-00-000):用于强化饲料饲养效果、有利于配合饲料生产和贮存而加入到饲料中的少量或微量营养或非营养性物质。

2.国际饲料编码

国际上一般采用3节、6位数、八大类编码体系,IFN0-00-000。每一类饲料可供99 999种饲料编号,八大类可供799 992种饲料编号。首位数代表饲料归属的类别,后5位数根据饲料的重要属性给定。第一节为1位数,代表八大类中的1种;第二节为2位数,代表该种饲料所属亚类;第三节为3位数,为同种饲料根据不同饲用部分、加工处理方法、成熟阶段、茬次、等级和质量保证进行的编号。例如,玉米的分类编码是4-01-324,4表示能量饲料,01表示谷物,324表示玉米。

（二）我国饲料分类与编码

我国饲料分类法将饲料分成八大类、17 个亚类,编码采用 3 节、7 位数。八大类编码系统,见表 3-2。其中,第一节为 1 位数(1 ~ 8),表示国际标准饲料分类号;第二节为 2 位数(1 ~ 17),表示饲料亚类;第三节为 4 位数,表示饲料号。可供 8×17×9999,共计 1 359 864 种饲料编码。例如,吉双 4 号玉米的分类编码是:4-07-6302,其中,4 是能量饲料,07 是谷实类饲料,6302 是该玉米籽实的个体编号。

表 3-2 我国饲料分类与编码

序号	饲料亚类	可能类型	编码	水分	粗纤维	粗蛋白质
1	青绿饲料		2-01-0000	>45%	—	—
2	树叶	鲜树叶	2-02-0000	>45%	—	—
		风干树叶	1-02-0000	—	≥18%	
3	青贮饲料	常规青贮饲料	3-03-0000	65% ~ 75%	—	—
		半干青贮饲料	3-03-0000	45% ~ 55%	—	—
		谷实青贮饲料	3-03-0000	28% ~ 35%	<18%	<20%
4	块根、块茎、瓜果	含天然水分的块根、块茎、瓜果	2-04-0000	≥45%	—	—
		脱水块根、块茎、瓜果	4-04-0000	—	<18%	<20%
5	干草	第一类干草	1-05-0000	<15%	≥18%	—
		第二类干草	4-05-0000	<15%	>18%	<20%
		第三类干草	5-05-0000	<15%	<18%	≥20%
6	农副产品	第一类农副产品	1-06-0000	—	≥18%	—
		第二类农副产品	4-06-0000	—	<18%	<20%
		第三类农副产品	5-06-0000	—	<18%	≥20%
7	谷实		4-07-0000	—	<18%	<20%
8	糠麸	第一类糠麸	4-08-0000	—	<18%	<20%
		第二类糠麸	1-08-0000	—	≥18%	—
9	豆类	第一类豆类	5-09-0000	—	<18%	≥20%
		第二类豆类	4-09-0000	—	<18%	<20%
10	饼粕	第一类饼粕	5-10-0000	—	<18%	≥20%
		第二类饼粕	5-10-0000	—	≥18%	≥20%
		第三类饼粕	4-10-0000	—	<18%	<20%
11	糟渣	第一类糟渣	1-11-0000	—	≥18%	—
		第二类糟渣	4-11-0000	—	<18%	<20%
		第三类糟渣	5-11-0000	—	<18%	≥20%

续表

序号	饲料亚类	可能类型	编码	水分	粗纤维	粗蛋白质
12	草籽、树实	第一类草籽、树实	1-12-0000	—	≥18%	—
		第二类草籽、树实	4-12-0000	—	<18%	<20%
		第三类草籽、树实	5-12-0000	—	<18%	≥20%
13	动物性饲料	第一类动物性饲料	5-13-0000	—	—	≥20%
		第二类动物性饲料	4-13-0000	—	—	<20%
		第三类动物性饲料	6-13-0000	—	—	<20%
14	矿物质饲料		6-14-0000	—	—	—
15	维生素饲料		7-15-0000	—	—	—
16	饲料添加剂		8-16-0000	—	—	—
17	油脂类饲料及其他		8-17-0000	—	—	—

二、走进生产

生产中,饲料的分类方法多样。按饲料的理化性质可分为粗饲料、青绿多汁饲料、精饲料和饲料添加剂4类。粗饲料一般容积大、粗纤维含量高、营养价值低,如秸秆、荚壳、干草等;青绿多汁饲料一般指含水量高的绿色植物、蔬菜等,如绿色蔬菜、苜蓿等;精饲料一般容积小、无氮浸出物含量高、营养价值高,如谷物籽实、饼粕等;饲料添加剂不属于前三类,如矿物质、维生素等。

按来源分可分为植物性饲料、动物性饲料、维生素饲料、矿物质饲料、人工合成饲料。植物性饲料源于植物,是用量最多的一类,如青绿饲料、青贮饲料、籽实等;动物性饲料源于动物,利用动物性产品加工而成,营养价值高于植物性饲料,如乳粉、肉骨粉、鱼粉等;微生物饲料一般用细菌、真菌、酵母、藻类等生产的饲料;矿物质饲料源于天然矿物质和化工合成矿物质,用以补充动物矿物质,如石粉、食盐、硫酸镁等;人工合成饲料是利用微生物发酵、化学合成等方法生产的饲料,如合成氨基酸、尿素、维生素等。

饲料编码 化繁
为简

饲料原料的
外观识别

饲料原料的
品质认识

📖 **任务小结**

饲料种类繁多,分类方法多样。国际上一般采用3节、6位数、八大类编码体系;我国饲料分类法将饲料分成八大类、17个亚类,编码采用3节、7位数;生产中也按理化特性和来源进行饲料分类。对饲料进行分类和编码是建立饲料数据库、进行饲料检索以及饲料验收、贮存和利用的基础。

思考与练习...............

一、单项选择题

1. 我国现行饲料分类将饲料分成八大类,选用( )位数字分3节编码。

A. 5   B. 6   C. 7   D. 8

2. 我国饲料分类中第二节划分为( )亚类。

A. 15   B. 16   C. 17   D. 18

3. 国际饲料分类依据:粗饲料的粗纤维含量大于等于( )。

A. 18%   B. 20%   C. 45%   D. 50%

4. 国际饲料分类依据:蛋白质补充料的粗蛋白质含量大于等于( )。

A. 18%   B. 20%   C. 45%   D. 50%

5. 饲料编码4-07-6302,其中4表明此饲料属于( )大类。

A. 粗饲料   B. 青绿饲料   C. 能量饲料   D. 矿物质

6. 饲料编码5-05-0000,其中05表明此饲料属于( )亚类。

A. 块根、块茎类   B. 树叶类   C. 干草类   D. 农副产品类

二、多项选择题

1. 饲料原料源于以下哪些物质( )?

A. 动物   B. 植物   C. 微生物   D. 矿物质

2. 下列饲料属于青绿饲料的是( )。

A. 叶类饲料   B. 瓜果

C. 非淀粉块根、块茎   D. 豆类及其饼粕

3. 下列饲料属于能量饲料的是( )。

A. 淀粉块根、块茎   B. 糠麸

C. 谷物   D. 草颗粒(块)、干草、秸秆

4. 下列饲料属于粗饲料的是( )。

A. 淀粉块根、块茎   B. 生物素、钴胺素

C. 草颗粒(块)、干草、秸秆   D. 苜蓿渣

5. 下列饲料属于蛋白质饲料的是( )。

A. 糠麸   B. 叶类饲料

C. 动物性饲料   D. 豆类及其饼粕

6. 下列饲料属于矿物质饲料的是( )。

A. 叶类饲料   B. 烟酸、泛酸、吡哆醇

C. 石粉、骨粉、贝壳粉、磷酸氢钙   D. 食盐、小苏打、沸石粉

三、判断题

1. 生产中饲料分类方法多样,按理化性质可分为八大类。   (   )

2. 我国饲料编码一般采用4节、6位数。   (   )

3. 生产中饲料分类方法多样,按来源分类可分为7种。   (   )

4. 蛋白质饲料是用量最多的一类饲料。   (   )

5. 饲料中的氨基酸和维生素属于人工合成饲料。   (   )

6. 尿素在国际饲料分类中的编码是 5。　　　　　　　　　　　　　　　　　　（　　）

7. 天然水分含量在 60% 以上的是青绿牧草、饲用作物、树叶类及淀粉质的根茎、瓜果类。

　　　　　　　　　　　　　　　　　　　　　　　　　　　　　　　　　（　　）

任务二　认识粗饲料

任务描述

1. 熟知粗饲料的营养特性。

2. 能根据生产需要,选择合适的饲料并有效利用。

任务实施

一、认识粗饲料的定义

国际饲料分类法主要是以饲料中水分、粗纤维、蛋白质的含量来划分,粗饲料属于第一大类:水分含量<45% ,粗纤维含量≥18% 。《饲料工业术语》(GB/T 10647—2008)将粗饲料定义为:天然水分含量在 60% 以下,干物质中粗纤维含量不低于 18% 的饲料原料,主要包括干草、农副产品、糟渣、饲用林产品 4 类,如农作物秸秆、牧草、稻壳等。

二、认识粗饲料的营养特性

1. 有效能值低

粗饲料中碳水化合物含量高,一般为 60.52% ~83.30% ,主要是结构性碳水化合物。此外,粗饲料的消化率低于 65% ,消化能含量不超过 10.5 MJ/kg。

2. 粗蛋白质含量不高

豆科干草、甘薯蔓等粗蛋白质含量在 8% ~18% ,禾本科干草为 6% ~10% ,秸秆、秕壳仅为 3% ~5% 。

3. 钙、磷与维生素含量不均衡

钙少磷多,磷多为植酸磷。豆科干草与秸秆含钙量约为 1.5% ,禾本科干草与秸秆含钙量为 0.2% ~0.4% ;豆科干草中富含维生素 D、维生素 B、胡萝卜素等,秸秆和秕壳中缺乏维生素 B 和胡萝卜素。

三、粗饲料的识别与利用

(一)识别《饲料原料目录》中的粗饲料

在最新修订的《饲料原料目录》中,粗饲料归属于饲草、粗饲料及其加工产品。粗饲料分为干草及其加工产品、秸秆及其加工产品、青绿饲料、青贮饲料、其他粗饲料 5 类。

1. 干草及其加工产品

此类粗饲料包括草颗粒(块)、干草、干草粉、苜蓿渣。草颗粒(块)是收割的牧草经自然干燥或烘干脱水、粉碎及制粒或压块后获得的产品。不得含有有毒、有害草。产品名称应标明草的品种,如苜蓿草颗粒、苜蓿草块等;干草是收割的牧草经自然干燥或烘干脱水后获得的产品,不得含有有毒、有害草。产品名称应标明草的品种,如苜蓿干草;干草粉是收割的牧草经自然干燥或烘干脱水、粉碎后获得的产品。不得含有有毒、有害草。产品名称应标明草的品种,如苜蓿干草粉;苜蓿渣是苜蓿干草粉用水提取苜蓿多糖等成分后获得的副产品。可经烘干、粉碎或挤压成颗粒状。

2. 秸秆及其加工产品

此类粗饲料包括氨化秸秆、碱化秸秆、秸秆、秸秆粉、秸秆颗粒(块)。氨化秸秆是以收获籽实后的玉米秸、麦秸、稻秸为原料,在密闭条件下按一定比例喷洒氨、尿素、碳铵等氨源,在适宜的温度下经一定时间发酵而获得的产品。产品名称应标明作物的品种,如玉米氨化秸秆。若原料为多种秸秆,产品名称直接标注氨化秸秆;碱化秸秆是用烧碱(氢氧化钠)或石灰水(氢氧化钙)浸泡或喷洒玉米秸、麦秸、稻秸等粗饲料而获得的产品。产品名称应标明作物的品种,如玉米碱化秸秆。若原料为多种秸秆,产品名称直接标注碱化秸秆;秸秆是成熟农作物的茎叶(穗)。产品名称应标明作物的品种,如玉米秸秆;秸秆粉是成熟农作物的茎叶(穗)经自然或人工干燥、粉碎后获得的产品。产品名称应标明作物的品种,如玉米秸秆粉;秸秆颗粒(块)是成熟农作物的茎叶(穗)经自然或人工干燥、粉碎、制粒或压块后获得的产品。产品名称应标明作物的品种,如玉米秸秆颗粒或玉米秸秆块。

3. 青绿饲料

此类粗饲料包括青绿粗饲料。青绿粗饲料是指可饲用的植物新鲜茎叶,主要包括天然牧草、栽培牧草、田间杂草、菜叶类、水生植物。产品不得含有有毒、有害草。产品名称应标明植物品种,如苜蓿。

4. 青贮饲料

此类粗饲料包括半干青贮饲料、黄贮饲料、青贮饲料。半干青贮饲料又称低水分青贮饲料,是将青贮原料经过预干蒸发,使水分降低到40%～50%时进行青贮而获得的产品。有可能使用青贮添加剂。产品名称应标明青贮原料的品种,如玉米半干青贮饲料;黄贮饲料是以收获籽实后的农作物秸秆为原料,通过添加微生物菌剂、酸化剂、酶制剂等添加剂,有可能添加适量水,在密闭缺氧的条件下,通过厌氧乳酸菌的发酵作用而获得的一类粗饲料产品。包括压缩袋装产品。产品名称应标明农作物的品种,如玉米黄贮饲料。青贮饲料是将含水率65%～75%的青绿粗饲料切碎后,在密闭缺氧的条件下,通过厌氧乳酸菌的发酵作用而获得的一类粗饲料产品。产品名称应标明粗饲料的品种,如玉米青贮饲料。

5. 其他粗饲料

其他粗饲料包括灌木或树木茎叶、灌木或树木茎叶粉、灌木与树木茎叶颗粒(块)。灌木或树木茎叶是指可饲用的3 m以下的多年生木本植物的成熟植株及各种树木新鲜或干燥的茎叶。产品名称应标明灌木或树木的品种,如大叶杨茎叶;灌木或树木茎叶粉是指可饲用的3 m以下的多年生木本植物的成熟植株及各种树木的茎叶经干燥、粉碎后获得的产品。产品名称应标明灌木与树木的品种,如松针粉;灌木与树木茎叶颗粒(块)是指可饲用的3 m以下的多年生木本植物的成熟植株及各种树木的茎叶经干燥、粉碎、制粒后获得的产品。产品名称应标明灌木与树木的品种,如大叶杨茎叶颗粒。

(二)识别常见的粗饲料

常见的粗饲料根据来源可分为干草类、农副产品类、高纤维糟渣类、林业饲料资源等。

1. 干草类

干草类是牧草或其他青绿饲料在未结籽实前,将茎叶干燥(自然晒干或人工干燥)制成的粗饲料(图3-1)。干草是青绿饲料贮存和利用的方式之一。优质青干草青绿、叶量丰富,并具有较多的花序和嫩枝,蛋白质、维生素和矿物质等营养成分含量丰富,适口性好,颜色深绿,具有芳香气味。

图 3-1　干草

　　一般多采取切短后再饲喂的方法。禾本科牧草饲喂羊一般切成 2～3 cm,豆科牧草切成 1～2 cm;禾本科的青干草可任其自由采食,但豆科青干草用于饲喂羊的比例一般不宜超过日粮的 30%;禁止饲喂发霉的干草。干草的营养素含量会随时间的延长而减少,不适宜长时间贮存或隔年贮藏,要求当年收获的牧草当年使用。存放过程中应注意防水、防潮、防小动物破坏。

　　2. 农副产品类

　　农副产品类主要为农作物秸秆和农作物脱粒后的秕壳,又称为秸秕饲料(图 3-2)。秸秕饲料主要包括秸秆和秕壳两大类。秸秆有稻草秸、玉米秸、麦秸、豆秸、甘薯藤等,其中,豆秸的粗蛋白质含量和消化率最高。秕壳有豆荚壳、谷类秕壳、花生壳、棉籽壳等。

　　用甘薯藤喂牛时,甘薯藤中淀粉含量多,不可长期喂牛;宜新鲜饲喂,或切碎晒干后与精饲料同喂;禁止饲喂发蔫的、半干不湿的甘薯藤,因半干不湿的红薯藤纤维变得柔软,牛吃下后容易缠绕成团,形成坚硬的粪球,从而堵塞在小肠里,造成肠道阻塞而便秘,严重者会导致死亡。

图 3-2　秸秕饲料

3.高纤维糟渣类

糟渣是食品或药品工业加工后的副产品。主要有酒糟、醋糟、酱油糟、豆渣、粉渣、玉米面筋、药渣、甜菜渣等(图 3-3)。

鲜酒糟可直接饲喂,不需进行其他处理,饲喂效果较好;新鲜甜菜渣催肥效果好,但含有游离有机酸,易引起羊腹泻,应控制饲喂量;豆腐渣中还含有一些有害的物质,如抗胰蛋白酶、红细胞凝集素等,应酌量使用,最好经适当的热处理后再使用;酱油渣和醋糟饲喂时应注意控制用量,宜添加一定量的小苏打,调节瘤胃内的 pH 环境。

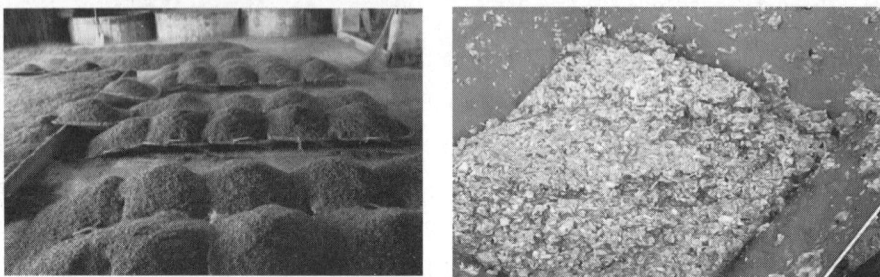

图 3-3　糟渣类饲料

4.林业饲料资源

林业饲料资源主要包括树叶、树籽、嫩枝和木材加工副产品(图 3-4)。树叶根据形态可分为针叶和阔叶两种。一般青绿树叶为青绿饲料,干树叶为粗饲料。常见的有槐树叶、松树叶和杨树叶。针叶有云杉、侧柏和木麻黄等;阔叶有柳树枝、胡枝子、羊柴、银合欢、合欢、苹果、梨、杏、柿、柑橘、泡桐、梧桐等;籽实类如橡籽、漆树籽、棕榈籽、橡胶籽等。

教你识别与利用粗饲料

树叶和嫩枝可大量喂肉牛,但不宜单独饲喂;各类树叶需适时采集利用。一方面随生长期延长,适口性和营养价值降低;另一方面桐树、柏树等树叶到秋季叶中单宁含量增加,需提前采摘或少量配合饲喂;核桃、山桃、橡、桐、柿、毛白杨等树叶含单宁,需经加工调制后饲喂;严禁饲喂夹竹桃等含剧毒的树木。

图 3-4　林业饲料

📖 **任务小结**

　　粗饲料是天然水分含量在60%以下,干物质中粗纤维含量不低于18%的饲料原料。粗饲料粗纤维含量高,单胃动物的利用率不如反刍动物,认识粗饲料的营养特性、分类、饲喂注意事项,才能合理利用,提高利用效率。

思考与练习·····················

一、单项选择题

1.国际饲料分类法中定义粗饲料的水分含量(　　　),粗纤维含量(　　　)。

A. <45%,≥18%　　　　　　　　　　　　B. <60%,≥18%

C. >45%,≥18%　　　　　　　　　　　　D. <45%,≥20%

2.青草或其他青绿饲料作物在结籽实前刈割,经天然或人工干燥而成的一种粗饲料称为(　　　)。

A. 青干草　　　　　B. 秸秆　　　　　C. 秕壳　　　　　D. 糟渣

3.优质干草的颜色是(　　　)。

A. 鲜绿色　　　　　B. 淡绿色　　　　　C. 黄褐色　　　　　D. 暗褐色

4.豆渣属于粗饲料中的(　　　)。

A. 干草类　　　　　B. 农副产品类　　　　　C. 糟渣类　　　　　D. 饲用林产品类

5.树籽属于粗饲料中的(　　　)。

A. 干草类　　　　　B. 农副产品类　　　　　C. 糟渣类　　　　　D. 饲用林产品类

6.麦秸属于粗饲料中的(　　　)。

A. 干草类　　　　　B. 农副产品类　　　　　C. 糟渣类　　　　　D. 饲用林产品类

二、多项选择题

1.下列属于粗饲料的有(　　　)。

A. 玉米秸秆　　　　　B. 花生壳　　　　　C. 甜菜渣　　　　　D. 干槐树叶

2.粗饲料按来源可分为(　　　)。

A. 干草类　　　　　B. 农副产品类　　　　　C. 糟渣类　　　　　D. 林产品类

3.林业类饲料资源主要包括(　　　)。

A. 树叶　　　　　B. 树籽　　　　　C. 嫩枝　　　　　D. 木材加工副产物

4.干草的调制方法有(　　　)。

A. 地面干燥法　　　　　B. 发酵干燥法　　　　　C. 低温烘干法　　　　　D. 化学添加剂干燥法

5.下列属于秸秕类饲料的有(　　　)。

A. 玉米秸秆　　　　　B. 稻草　　　　　C. 豌豆荚　　　　　D. 豆粕

三、判断题

1.豆科干草、甘薯蔓等粗蛋白质含量在8%～18%,属于蛋白质饲料。　　　　　　　(　　　)

2.天然水分含量在60%以上的青绿牧草、饲用作物、树叶类都属于粗饲料。　　　(　　　)

3.树叶和嫩枝可单独大量喂肉牛。　　　　　　　　　　　　　　　　　　　　(　　　)

4.各类树叶作为反刍动物的粗饲料,可以一年四季随时采集,直接饲喂节省大量成本。

　　　　　　　　　　　　　　　　　　　　　　　　　　　　　　　　　　　(　　　)

5. 酒糟、醋糟、酱油糟、豆渣、粉渣、玉米面筋、药渣、甜菜渣等高纤维糟渣,可直接饲喂,不需进行其他处理,饲喂效果较好。　　　　　　　　　　　　　　　　　（　　）

6. 鲜酒糟可直接饲喂,不需进行其他处理,饲喂效果较差。　　　　　　　（　　）

任务三　认识青绿饲料

任务描述

1. 熟知青绿饲料的营养特性。

2. 能根据生产需要,选择合适的饲料并有效利用。

任务实施

一、认识青绿饲料的定义

国际饲料分类法主要是以饲料中的水分、粗纤维、蛋白质的含量来划分。青绿饲料属于第二大类:水分含量≥45%。青绿饲料种类多、来源广、产量高、营养丰富,被人们誉为"绿色能源"。这里主要指天然水分含量高于60%的青绿多汁类饲料。主要包括天然牧草、栽培牧草、青饲作物、叶菜类饲料、树枝、树叶及水生植物等。青绿饲料适口性好、来源广泛、成本低廉。我国也有政策文件明确大力鼓励发展草食动物,大规模种植牧草。发展牧草,可有效解决环保、人畜争粮等国内社会问题,从而节约成本。

二、认识青绿饲料的营养特性

（一）水分含量高

陆生植物的水分含量在60%～90%,水生植物的水分含量在90%～95%。

（二）蛋白质含量较高

一般禾本科牧草和叶菜类饲料的粗蛋白质含量为1.5%～3.0%,豆科牧草为3.2%～4.4%。

（三）粗纤维含量较低

幼嫩的青绿饲料含粗纤维较少,木质素低、无氮浸出物高。

（四）矿物质含量高,钙磷比例适宜

钙为0.25%～0.50%,磷为0.20%～0.35%,比例较为适宜。

（五）维生素含量丰富

胡萝卜素含量较高,每千克饲料含50～80 mg。

（六）易于消化

青绿饲料幼嫩、柔软和多汁,适口性好,还含有各种酶、激素和有机酸,易于消化。

三、青绿饲料的识别与调制技术

（一）认识常用青绿饲料

青绿饲料一般包括天然牧草、人工栽培牧草、青饲作物、叶菜类饲料、非淀粉质块根、块茎类和水生类。

1. 天然牧草

天然牧草分为禾本科、豆科、菊科、莎草科 4 类。其中,禾本科牧草适口性较好、采食量高;豆科牧草如紫花苜蓿,营养价值最高;而菊科牧草如苦荬菜、沙蒿等往往有特殊的气味,除羊外,一般家畜都不喜采食。

2. 人工栽培牧草

人工栽培牧草包括作绿肥的苕子、紫芸英和青玉米、燕麦、大麦等。它们的粗纤维含量较低,可溶性碳水化合物含量高,适口性较好,动物喜食。

3. 青饲作物

青饲作物主要是作物在结实前或结实期刈割作为青绿饲料饲用的,如大豆苗、豌豆苗、蚕豆苗等。

4. 叶菜类饲料

叶菜类饲料,如白菜、油菜、菠菜、甜菜叶等。

5. 非淀粉质块根、块茎类

非淀粉质块根、块茎类,如白萝卜、胡萝卜等。

6. 水生类

水生类包括水浮莲、水葫芦、水花生、红萍等。

(二)青绿饲料的加工调制

青绿饲料的加工调制方法有鲜喂调制、加工青干草和青贮 3 种。

1. 鲜喂调制

(1)切短或切碎

用刀将青绿饲料切短或切碎,切碎后方便畜禽采食,有利于混合。切碎长度取决于畜禽种类、饲料类别和含水量状况。通常反刍动物饲料的切碎长度比单胃动物长。

(2)打浆

用打浆机将青绿饲料打成草浆,适口性好,消化率高。注意打浆前应除去杂质,清洗干净;打浆时加水量要根据饲料的含水量添加,避免含水过多。

(3)浸泡

部分青绿饲料带有苦涩、辛辣或异味,用冷水浸泡和热水闷泡 4 ~ 6 h 后,去掉水分,可改善适口性,提高利用率。浸泡后需搭配其他饲料饲喂;浸泡时间不宜过长,防止腐败。

(4)发酵

在有氧或厌氧的环境下贮存青绿饲料,增殖有益菌,分解细胞壁,产生菌体蛋白或其他特定的代谢产物,有芳香气味,适口性好,消化率高。

2. 加工青干草

(1)青干草调制

青干草调制分收割和干燥两步。干燥分自然干燥和人工干燥两种方法。自然干燥法是晒干法,先将青草摊开暴晒 4 ~ 5 h,待水分降至 40% 左右,再将青草堆集成约 1 m^3 的小堆,逐渐风干,直至水分降至 14% ~ 17%,堆垛保存;人工干燥法常借助鼓风机、烘干机等干燥设备,使青干草中的水分迅速降至 15% 以下。

(2)青干草贮藏

散干草一般采用露天堆垛和草棚堆藏的方法。堆垛时每隔 50 ~ 60 cm 垫一层硬秸秆或树枝,堆藏时注意与地面、棚顶保持一定距离,便于通风散热;生产中常把青干草压缩成长方形或圆形的草捆,叠放贮藏,一般长 20 m,宽 5 m,高 18~20 层干草捆,每层应有 0.3 m³ 的通风道。

(3)青干草的品质鉴定

根据饲草品种、叶片保有量和感官评定将青干草分为优等、中等、劣等 3 个级别。青干草中豆科牧草占比大于 5%、叶片保有量在 75% 以上、色泽青绿、香味浓郁,没有霉变和雨淋,紧握或搓揉无干裂声,干草拧成草辫松开时散开缓慢且不完全散开,弯曲茎上部不易折断,为优等;青干草中禾本科及杂草占比大于 80%、叶片保有量为 50%~75%、色泽灰绿、香味较淡,没有霉变,紧握发出破裂声,松开迅速散开,茎易折断,为中等;有毒杂草含量占比大于 10%、叶片保有量低于 25%、色泽黄褐,无香味,有轻度霉变,紧握松开,干草不散开,为劣等。

3. 青贮

青贮是将青绿植物切碎,放入容器内压实排气,在缺氧条件下进行乳酸发酵,以供长期储存。详见项目三任务二青贮饲料的调制及品质鉴定。

四、走进生产

生产中根据动物种类、年龄、生产用途等选用青绿饲料,以求达到最佳利用效果;适时收割。生长后期,粗纤维含量增加,营养价值下降。一般禾本科牧草应在抽穗期利用,豆科牧草应在始花期利用;合理搭配精饲料、添加剂。因青绿饲料营养不均衡,如牧草缺钠和氯,需额外添加食盐;青绿饲料含有一定量的粗纤维,对于猪而言,只可作补充料。生长肥育猪一般可替代精料的 10%~15%(以干物质计算),母猪可替代精料的 20%~25%,仔猪适量自由采食;喂量适宜。尽管草食动物对青绿饲料利用率高,但不可大量饲喂。如牧草水分含量高、体积大,肉牛采食后有饱感,导致干物质及其他养分的摄入不足,不利于肉牛生长、育肥潜力的发挥;放牧动物要注意防止毒草、霉草、农药等引起中毒;防止过食豆科牧草、幼嫩牧草、带霜牧草或有露水的牧草,引起瘤胃膨气;若直接饲喂,一定要保证新鲜干净,久存易腐烂变质;叶菜类禁止长期堆放,产生亚硝酸盐危害健康;若想长期保存,可选择青贮;此外,饲喂水生饲料时要定期驱虫。

📖 任务小结

青绿饲料是天然水分含量高于 60% 的青绿多汁饲料,适口性好,营养丰富,易于消化,但不易久存,需要进行鲜喂调制、加工青干草和青贮。认识青绿饲料的营养特性,会识别与调制常用青绿饲料、掌握饲喂禁忌,才能充分发挥青绿饲料的饲用价值。

认识青绿饲料

思考与练习...........

一、单项选择题

1. 紫花苜蓿属于( )。

A. 青饲作物 　　　 B. 栽培牧草 　　　 C. 水生植物 　　　 D. 叶菜类饲料

2. 大豆苗属于( )。

A. 天然牧草 　　　 B. 青饲作物 　　　 C. 水生植物 　　　 D. 叶菜类饲料

3. 白菜属于( )。

A. 天然牧草 B. 青饲作物 C. 水生植物 D. 叶菜类饲料

4. 水葫芦属于( )。

A. 天然牧草 B. 青饲作物 C. 水生植物 D. 叶菜类饲料

5. 胡萝卜属于( )。

A. 天然牧草 B. 青饲作物 C. 水生植物 D. 叶菜类饲料

6. 在有氧或厌氧的环境下贮存青绿饲料,属于调制技术( )。

A. 打浆 B. 浸泡 C. 发酵 D. 切碎

二、多项选择题

1. 青绿饲料的营养特点有( )。

A. 水分多,粗纤维少 B. 粗纤维少,粗蛋白质多

C. 粗纤维含量少,易于消化 D. 维生素含量丰富

2. 下列饲料属于青绿饲料的有( )。

A. 天然牧草 B. 栽培牧草 C. 青饲作物 D. 叶菜类饲料

3. 常见禾本科牧草有( )。

A. 紫花苜蓿 B. 黑麦草 C. 苏丹草 D. 狼尾草

4. 常见豆科牧草有( )。

A. 紫花苜蓿 B. 豌豆、蚕豆 C. 黑麦草 D. 紫云英

5. 常见叶菜类青绿饲料有( )。

A. 白菜、油菜、菠菜 B. 甜菜叶 C. 苦荬菜 D. 籽粒苋

6. 饲喂青绿饲料要注意( )。

A. 搭配精饲料 B. 防止毒草、霉草

C. 不可过食豆科牧草 D. 水生饲草要定期驱虫

7. 青干草加工的方法是,先将青草摊开暴晒( ),水分降至( )左右,再将青草集成约( )的小堆,逐渐风干,直至水分降至堆垛保存。( )

A. 4~5 h B. 40% C. 1 m³ D. 14%~17%

三、判断题

1. 禾本科牧草蛋白质含量极低,远比豆科牧草含量低很多。 ( )

2. 鲜嫩青绿饲料粗纤维和木质素含量高,无氮浸出物含量也高。 ( )

3. 青绿饲料矿物质含量高,钙磷比例适宜。 ( )

4. 大豆苗、豌豆苗、蚕豆苗等作物,都是在结实前刈割饲喂,结实期间不再作为青饲作物使用。 ( )

5. 草食动物对青绿饲料的利用率高,应大量饲喂。 ( )

6. 甜菜叶喂猪适宜鲜饲。 ( )

7. 发芽的马铃薯不能饲喂动物,防止龙葵碱中毒;熟喂比生喂效果好。 ( )

8. 热喷处理的薯片育肥猪使用效果好,仔猪也可以大量饲喂。 ( )

9. 胡萝卜、芜菁、马铃薯、甘薯可以整个、整根饲喂牛。 ( )

任务四　认识青贮饲料

任务描述

1. 熟知青贮饲料的营养特性。
2. 能根据生产需要,合理选择与有效利用饲料。

任务实施

一、青贮饲料的定义

国际饲料分类法主要以饲料中的水分、粗纤维、蛋白质的含量划分,青贮饲料属于第三大类:水分含量≥45%。青贮饲料是以天然新鲜青绿植物性饲料为原料,在密闭的适宜乳酸菌发酵的厌氧环境下,采用青贮技术,经乳酸菌等微生物发酵后加工制作的青绿多汁饲料,如青贮玉米、青贮牧草、青贮秸秆等。

二、青贮饲料的营养特性

(一)青贮饲料最大限度地保持青绿饲料的营养特性,适口性好

青贮饲料的营养价值与青贮原料接近,在青贮密封厌氧的环境条件下,有机养分的氧化分解作用下降,损失仅为3%~10%,有效保存了青绿饲料中的蛋白质和维生素。此外,青贮饲料还保持了青绿饲料原料的鲜嫩汁液,含水量高达70%,保存了青绿饲料的鲜嫩;青贮过程中,微生物发酵产生大量乳酸和芳香物质,增强适口性与消化率。

(二)青贮饲料可调节青饲料供应的不平衡,延长青饲季节

青绿饲料生长有一定的季节性,我国农作物大多是一季一熟,在秋冬季会出现饲草料缺乏的现象,无法保证一年四季均衡供应,将青绿饲料做成青贮料,柔软多汁、气味酸香、营养价值较高,可保存2~3年以上,有效弥补冬春季节青饲料的缺乏。

(三)青贮饲料可改善饲料品质,扩大饲料资源

一些适口性较差的野草、树叶等无毒青绿饲料以及质地粗硬的秸秆,经青贮后,适口性提高,质地软化,可食部分增多;青贮可破坏饲料中的有毒物质与抗营养因子,提高饲料利用率。

(四)青贮饲料可消灭害虫及杂草,保护环境

青贮可杀死青饲料中危害农作物的病菌、害虫虫卵,破坏杂草种子的再生能力,减少对畜禽和农作物的危害;青贮可有效利用秸秆,减少秸秆焚烧对环境的污染。

三、制作青贮饲料

(一)认识青贮原理

一般青贮是在厌氧的条件下,利用乳酸菌对饲料发酵,使部分糖源转化成乳酸,使环境pH值降至4.2以下,所有微生物停止活动,不再继续分解或消耗原料养分,达到保存饲料营养价值的目的。青贮大致分为植物细胞有氧呼吸与好气性菌活动、乳酸菌厌氧发酵、青贮饲料稳定3个步骤,细分为创造厌氧环境、产生乙酸、开始产生乳酸、乳酸菌增殖和乳酸形成、稳定5个阶段。

第一阶段：创造厌氧环境。青贮原料入窖密封的初始阶段，窖内残存有少量空气，植物细胞并未死亡，可利用氧气进行呼吸作用，直至氧气消耗完才停止。呼吸作用分解有机物质，可产生二氧化碳、水和一定热量。另外，在初始阶段，酵母菌、醋酸菌、腐败菌、霉菌等好氧型微生物，可利用植物细胞间的液汁，迅速繁殖，破坏蛋白质，形成吲哚、气体和醋酸等，同时释放热量。植物细胞的呼吸作用和好氧型微生物的活动会很快耗尽窖内氧气，窖内逐渐转成厌氧与温暖的环境，为乳酸菌繁殖创造有利条件。生产中要尽可能地缩短第一阶段的时间，因为植物细胞呼吸时间过长会导致青贮饲料养分损失过多，品质下降。好氧型微生物活动太旺盛会导致窖内温度过高，削弱乳酸菌的竞争能力。可通过选择蛋白质含量低，富含碳水化合物的饲料原料、及时青贮、切短压紧密封等方式缩短第一阶段的时间。

第二阶段：产生乙酸。青贮初期，在有空气的环境中，酵母菌和醋酸菌会大量繁殖。酵母菌可分解可溶性糖，产生乙醇及其他芳香类物质。醋酸菌可将乙醇转化成乙酸和水。伴随酸浓度的增加，其他不耐酸的微生物活动逐渐被抑制，乳酸菌可大量繁殖。

第三阶段：开始产生乳酸阶段。随着酸性浓度越来越高，醋酸菌活动受到限制，乳酸菌开始发酵产生乳酸。大量的乳酸为乳酸菌本身生长繁殖创造了条件，同时抑制腐败菌、酪酸菌等不耐酸微生物的活动。

以上3个阶段需3~5天，三者相互交叉，无明显界限。

第四阶段：乳酸菌增殖和乳酸形成阶段。随着乳酸菌的繁殖，窖内温度由33 ℃降至25 ℃，pH值由6降至3.4~4.0，此阶段持续15~20天。当pH值下降到4.2以下时，有害微生物无法生存，只有乳酸菌活动；当pH值降至3时，乳酸菌的活动也受到抑制。

第五阶段：稳定阶段。此阶段只有少量乳酸菌存在，养分不再损失。密封条件良好的青贮饲料可长期保存，20~30年不会变质。通常玉米、高粱等含糖量高的饲料青贮后，20~30天进入稳定阶段，而豆科牧草则需要3个月以上的时间。

（二）选择青贮原料

青贮原料一般要求有适当的水分，一般为65%~75%；要求含糖量高，至少为鲜重的1.0%~1.5%；要求蛋白质含量少。蛋白质含量高的原料，较难青贮成功。常用的青贮原料有玉米、黑麦草等禾本科青绿作物，苜蓿、三叶草等豆科作物，甘薯、水生植物等根茎叶类作物。

（三）选择青贮设备

常用的青贮设备有青贮塔、青贮窖、青贮壕和青贮袋。青贮塔是用砖、水泥或钢建成的圆形塔，直径为3~6 m，高10~15 m，有1.2~1.4 m的窗口便于装取饲料，底部有排液结构或装置。青贮塔分为全塔式和半塔式两种。青贮塔具有密闭性能好、耐压性好、贮存量大等特性，是目前保存青贮饲料最好的一种设备，但成本较高；青贮窖通常是用砖和水泥做成的圆形或方形窖，直径2~3 m，深2.5~3.5 m，窖底预留排水口。分为地下式、半地下式和地上式3种。青贮窖构造简单、成本低，是目前应用最普遍的一种设备；青贮壕一般是用砖石和水泥做成的坑道式结构，大型青贮壕长30~60 m，宽5 m左右，高5 m左右，两侧有斜坡，便于车辆运输。底部是混凝土结构，两侧墙与底部结合处有一条水沟，便于排出青贮料渗出液。青贮壕便于装填、压紧和取料，造价低，国外多数牧场选用青贮壕；青贮袋材料要求使用透光好、无毒、耐用、厚度为0.8~1.0 mm的聚乙烯双幅塑料筒膜。塑料袋青贮简单方便，适用于小规模青贮调制。

（四）青贮流程

青贮分为收割、运输、切短、装填、密封、管护、取用 7 个步骤。收割一般采用机械收割和人工收割两种方式,栽培牧草和农作物宜选择机械收割,野生牧草多选择人工收割。不同的青贮原料收割期有差异,一般玉米青贮以蜡熟期至黄熟期为宜,豆科牧草以开花初期为宜;收割后的原料要及时运回,防止水分流失,一般适宜青贮的含水量约为 70%。现场估测水分含量,若含水量较高,需降低水分,可加入干草、秸秆或晾晒;若含水量较低,可加入嫩绿原料混装。估测水分的方法有:用手握紧切碎的原料,若不散开且渗出液少,水分为 70% ~ 75%;若慢慢散开,无渗出液,水分为 60% ~ 70%;若很快散开,水分小于 60%;切短原料一般选用切碎机,不宜过短,也不宜过长。粗硬的原料尽量切短,细软的原料可稍长,但不要超过 1.5 cm,一般切成 1 ~ 2 cm 为宜;切碎后应尽快装填,装填前先将青贮设备清理干净,底部铺一层 15 cm 厚的秸秆、软草或吸水性强的草粉,便于吸收青贮汁液体。一般每个青贮设备在 1 ~ 2 天装满,边装填边压实,形成厌氧环境,用履带式拖卡机或人力层层压实,每装填 30 ~ 50 cm 压实一遍;装满后,原料需高出设备边沿 1 m 左右,及时密封和覆盖。一般盖上塑料薄膜,再覆上 30 ~ 50 cm 的土,踩踏成型;密封后注意看护,检查是否有裂缝、漏气、破损等现象,发现及时修补;一般青贮 40 ~ 50 天可取用,取用时先除去最上层覆盖物和霉烂物,再从表层取出一层青贮饲料后取用。从一端开始逐段取用,取料面平滑,范围不要太大,不要全面打开或掏心打洞,每日取料厚度应为 10 cm,取料后严格密封,按畜禽采食量随取随用。

四、走进生产

青贮饲料可作为反刍动物和草食动物的主要饲料。青贮饲料柔软多汁,含有大量有机酸,饲喂量不宜过大,过大易造成轻泻,产前产后 20 ~ 30 天不宜饲喂,以免引起流产。一般产奶成年母牛每天饲喂 25 kg,断奶犊牛每天饲喂 5 ~ 10 kg,成年绵羊每天饲喂 10 kg,成年妊娠母猪每天饲喂 3 kg;青贮饲料营养不均衡,不宜单独饲喂,一般与干草、秸秆和精饲料搭配使用;饲喂时,注意过渡适应,喂量逐渐增加;奶牛一般在挤奶后饲喂,以免影响牛奶的适口性。

五、案例启示

某养殖场有 200 多只绵羊,陆续发病,均表现为食欲下降,精神萎靡不振,50% 左右的羊出现腹泻症状,少数羊食欲丧失,肌肉震颤,口吐白沫,死前躺卧在地,张口吐舌,四肢呈划水状,死亡大羊 15 只,羔羊 7 只。经兽医解剖、问诊,得知饲养人员给羊群饲喂的粗饲料主要为青贮玉米、麦草、葵花子皮等,因饲草缺乏,就将青贮饲料用量增加至 80% ~ 90%,结合发病症状及剖检结果,兽医综合诊断为羊急性瘤胃酸中毒。对病羊进行 5 天治疗,部分羊治愈,全群无新增病例,恢复正常。

案例评析:青贮饲料适口性好,营养价值较高,但酸度大,饲喂量并不是多多益善。绵羊长期饲喂大量的青贮饲料,容易引发瘤胃酸中毒病。要尊重科学,尊重生命,树立"预防为主"的理念,既要注意保证青贮饲料的卫生和质量,又要加强饲养管理,减少营养代谢病的发生。

📖 任务小结

青贮饲料是通过青贮技术,微生物发酵加工制作的青绿多汁饲料,柔软多汁,易于消化,可长期贮存。青贮在厌氧条件下,原料水分一般应控制在 65% ~ 75%,pH 值为 3.8 ~ 4.2,常用青贮塔、青贮窖、青贮壕、青贮袋等设备,青贮过程分为收割、运输、切短、装填、密封、管护、取用7个步骤,每个过程都要严谨细致。熟悉青贮过程,才能制作出优质青贮饲料,在生产中合理利用,提高养殖效率。

思考与练习..............

一、单项选择题

1. 青贮饲料的水分含量(　　)。
A. ≥15%　　　　　B. ≥25%　　　　　C. ≥45%　　　　　D. ≥60%

2. 青贮饲料的 pH 值范围为(　　)。
A. <3.8　　　　　B. <4　　　　　　C. <3　　　　　　D. <4.2

3. 含糖量高的禾本科牧草青贮需要(　　)才能进入稳定期。
A. 3~5 天　　　　B. 10 天　　　　　C. 15~20 天　　　D. 20~30 天

4. 豆科牧草需要(　　)才能进入稳定期。
A. 3~5 天　　　　B. 15~20 天　　　C. 2~3 个月　　　D. 3 个月以上

5. 青贮进入稳定期后,当 pH 值降至(　　)时,乳酸菌的活动也受到抑制。
A. 2　　　　　　　B. 3　　　　　　　C. 4　　　　　　　D. 5

6. 一般玉米等禾本科牧草青贮以(　　)至完熟期刈割为宜。
A. 出苗期　　　　B. 分蘖期　　　　C. 孕穗期　　　　D. 蜡熟期

7. 当前保存青贮饲料最好的一种设备是(　　)。
A. 青贮塔　　　　B. 青贮窖　　　　C. 青贮壕　　　　D. 青贮袋

8. 结构简单、成本低,(　　)是目前应用最普遍的一种青贮设备。
A. 青贮塔　　　　B. 青贮窖　　　　C. 青贮壕　　　　D. 青贮袋

9. 小规模青贮饲料应选用(　　)。
A. 青贮塔　　　　B. 青贮窖　　　　C. 青贮壕　　　　D. 青贮袋

二、多项选择题

1. 常用的青贮原料有(　　)。
A. 玉米　　　　　B. 黑麦草　　　　C. 苜蓿　　　　　D. 甘薯

2. 常用的青贮设备有(　　)。
A. 青贮塔　　　　B. 青贮窖　　　　C. 青贮壕　　　　D. 青贮袋

3. 青贮步骤包括(　　)。
A. 切短　　　　　B. 装填　　　　　C. 密封　　　　　D. 管护

三、判断题

1. 青贮饲料柔软多汁,营养价值较高,便于长期贮存。　　　　　　　　　　(　　)

2. 将青绿饲料做成青贮料,可保存 2~3 年以上,能有效弥补冬春季节青饲料的缺乏。
　　　　　　　　　　　　　　　　　　　　　　　　　　　　　　　　(　　)

3. 蛋白质含量高的原料,最容易青贮成功。　　　　　　　　　　　　　　(　　)

4. 青贮可破坏饲料中的有毒物质与抗营养因子,提高饲料利用率。　　　　(　　)

5. 若青贮原料含水量较高,可加入干草、秸秆或晾晒,降低水分。　　　　　(　　)

6. 青贮饲料柔软多汁,可大量饲喂。　　　　　　　　　　　　　　　　　(　　)

任务五　认识能量饲料

任务描述

1. 了解能量饲料的分类。

2. 熟知常用能量饲料的营养特点与使用方法。

任务实施

国际饲料分类法主要是以饲料中水分、粗纤维、蛋白质的含量来划分的,能量饲料属于第四大类:水分含量<45%,粗纤维含量<18%,粗蛋白含量<20%。《饲料工业术语》(GB/T 10647—2008)将能量饲料定义为:干物质中粗蛋白质含量低于20%,粗纤维含量低于18%,每千克饲料干物质含消化能在1.05 MJ以上的饲料原料。能量饲料主要包括谷实类、糠麸类、块根、块茎、瓜果类和动植物油脂、乳清粉等。

一、认识谷实类饲料

(一)谷实类饲料的概念

谷实类饲料是饲用禾本科作物籽实的统称,是畜禽精饲料的主要组成部分。富含淀粉,能值高,易被畜禽消化利用。谷实类饲料主要包括玉米、高粱、稻谷、小米、小麦等。

(二)谷实类饲料的营养特性

饲料的营养特性是指饲料对畜禽所必需的各种营养物质、矿物质元素等的保障能力。结合概略养分分析方案中的饲料分类以及饲料中的营养成分,列出谷实类饲料的7种主要营养物质和营养特性,见表3-3。

表3-3　谷实类饲料的营养特性

营养物质	含量	营养特点
水分	14%左右	水分含量低
粗脂肪	2%~5%	不饱和脂肪酸为主;亚油酸、亚麻油酸含量较多
粗蛋白质	8.9%~13.5%	氨基酸不平衡,缺赖氨酸、蛋氨酸、色氨酸
无氮浸出物	70%~80%	主要是淀粉
粗纤维	<5%	存在于秕壳、颖壳中
矿物质	钙<0.1% 磷0.31%~0.45%	钙少磷多,磷多为植酸磷,不易利用
维生素	胡萝卜素16.6 mg/kg 核黄素1.0~2.2 mg/kg	维生素B_1和维生素E丰富,维生素C和维生素D缺乏,不含维生素B_{12};维生素B多存在于糊粉层与胚质中

(三)认识常用谷实类饲料

1.认识玉米籽实

玉米是禾本科的一年生草本植物,又名苞谷、苞米棒子、玉蜀黍、珍珠米等。玉米是畜牧业、养殖业、水产养殖业等的重要饲料来源,用量最大,被誉为"饲料之王"。

（1）玉米籽实的结构

玉米籽实的基本结构包括果皮和种皮、胚、胚乳 3 个主要部分(图 3-5),胚是由胚根、胚芽、胚轴、子叶组成的,它们紧密相连。沿胚乳正中纵切成两半,位于最外层透明的是果皮和种皮,含有粗纤维、维生素和矿物质等营养物质,占 6% ~ 8%;种皮以内大部分是胚乳,含有淀粉、单糖和二糖、蛋白质等营养物质,占 80% ~ 85%,背侧基部一角的一块弹性组织是胚芽,含脂肪、蛋白质、矿物质、维生素 E 等营养物质,占 10% ~ 15%。

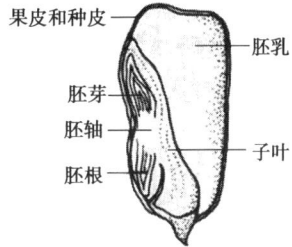

图 3-5　玉米籽实

（2）玉米籽实的分类

玉米籽实可根据颜色、形态结构、品质特性、生育期的不同,结合应用目的进行分类。

①按颜色分类:《玉米》(GB 1353—2018)规定:玉米按颜色分为黄玉米、白玉米、混合玉米 3 种。黄玉米种皮为黄色,或略带红色;白玉米种皮为白色,或略带淡黄色或略带粉红色;混合玉米是黄、白玉米互混的玉米。

②按形态结构分类:可分为硬粒型、马齿型、半马齿型、粉质型、甜质型、甜粉型、蜡质型、有稃型、爆裂型等。

③按品质特性分类:可分为常规玉米、特用玉米、甜玉米、糯玉米、高油玉米、高赖氨酸玉米、紫玉米、其他品种改良玉米等。

④按生育期分类:不同玉米从播种到成熟,生育期差异较大。按生育期长短,将玉米分为早熟、中熟、晚熟 3 种类型。

（3）玉米籽实的营养特性

①有效能值高:玉米的代谢能为 14.06 MJ/kg,高者可达 15.06 MJ/kg,碳水化合物中无氮浸出物含量在 70% 以上,玉米能值居谷实类饲料之首,且利用率高。

②粗脂肪含量高:一般玉米粗脂肪含量在 3.5% ~4.5%,高油玉米可达 8% 以上,玉米脂肪主要存在于胚芽中;必需脂肪酸中亚油酸含量可达 2%,主要是十八碳二烯酸,可提高动物生长和繁殖性能,含量位居谷实类之首。

③蛋白质品质稍差:玉米中蛋白质含量较低,约为 8.6%;氨基酸不平衡,缺乏赖氨酸、蛋氨酸、色氨酸等必需氨基酸。

④粗灰分含量不高:玉米粗灰分含量较少,矿物质约 80% 存在于胚部。矿物质中钙少磷多,钙含量约为 0.02%,磷约为 0.25%,磷多以植酸磷的形式存在,不易利用;其他矿物质元素如微量元素含量也不高。

⑤维生素含量不均衡:脂溶性维生素中维生素 E 的含量较高,一般为 20 ~ 30 mg/kg,胡萝卜素含量较高,但维生素 D 和维生素 K 缺乏,几乎没有;水溶性维生素中维生素 B_1 含量较多,维生素 B_2、维生素 B_5 等缺乏。

⑥色素含量较多:黄玉米中含较多的色素,大多存在于胚乳中,主要有叶黄素、玉米黄素等,有助于蛋黄、皮肤和脚胫着色。

（4）走进生产

①玉米的饲用:玉米适口性好,易消化,是鸡的重要饲料原料。玉米喂鸡应注意尽量使用

收获一个月以上的新玉米,适当老化,可降低抗性淀粉的含量;用新玉米与优质老玉米搭配使用,过渡饲喂半个月,让鸡有一个适应过程;尽量不要饲喂过多的陈玉米,必须饲喂时,注意霉菌毒素的含量不能超标;不能一直饲喂熟玉米,一方面会导致鸡的消化功能越来越差,另一方面维生素在加热过程中会遭到破坏,营养价值下降;玉米也是猪的优质饲料。不同日龄的猪,玉米粉碎粒度差异较大。如20 kg以内的小猪,玉米需粉碎,最好熟化,但不能粉碎过细,以防止胃溃疡的发生。此外,玉米中的色素含量较高,长期饲喂过量的玉米,黄色素会在脂肪中沉积,产生"黄膘肉"。因此,玉米可作为牛、羊等草食动物的精料补充料。不可单独饲喂,应与粗饲料搭配饲喂,防止瘤胃酸中毒。小牛或奶牛一般建议用粉状饲喂,直径在2 mm左右最佳;肉牛可用蒸汽压片饲喂,厚度控制在0.7~1.2 mm最佳;育肥后期,饲喂整粒煮熟的玉米效果较好。

②玉米籽实的验收:《饲料用玉米》(GB/T 17890—2008)中规定了饲料用玉米质量的要求:色泽、气味正常;杂质含量≤1.0%;生霉粒≤2.0%;粗蛋白质(干基)≥8.0%;水分含量≤14.0%。以容重、不完善粒为定等级指标,见表3-4。

表3-4　饲料用玉米等级质量指标(GB/T 17890—2008)

等级	容重/(g·L⁻¹)	不完善粒/%
一级	≥710	≤5.0
二级	≥685	≤6.5
三级	≥660	≤8.0

③玉米籽实的贮存:玉米在潮湿的环境中极易感染黄曲霉,入仓贮存的玉米最好是烘干的玉米,验收合格后方可入仓,以防霉变,影响玉米品质。对于筒仓内玉米每周进行至少3次的测温,测温时间通常在14:00—15:00,通过筒仓测温检查筒仓存储是否有发热的热点,若有发热的热点,就要启动筒仓的风机进行通风,直到筒仓内热点的温度降下来才能停止通风。

玉米籽实原料的验收(上)　玉米籽实原料的验收(下)

2.认识高粱籽实

高粱是禾本科高粱属一年生草本,脱壳后即为高粱米,俗称蜀黍、芦稷、茭草、茭子、芦穄、芦粟等,是我国传统的五谷之一,主产东北地区、内蒙古东部以及西南地区丘陵山地,也是世界上四大粮食作物之一。

玉米霉变知多少——改造

(1)高粱籽实的结构

成熟高粱种子由果皮、种皮、胚乳和胚4部分组成。果皮由子房壁发育,包括外、中和内果皮;种皮与果皮紧密相连,由内珠被发育。色素在种皮中沉积,主要有花青素、类胡萝卜素和叶绿素。多酚化合物单宁也存在于种皮中;胚乳有糊粉层和淀粉层两种。糊粉层含有大量的糊粉粒和脂肪。淀粉层分为胚乳外层、角质胚乳和粉质胚乳。根据糊粉层和淀粉层的相对比例把胚乳分成角质型、粉质型和中间型。此外,还有爆裂类型胚乳(角质外的胶状物质遇热膨胀开裂)和黄胚乳高粱(含大量胡萝卜素);胚一般为淡黄色,位于腹部下端,稍隆起,呈青白半透明状。

（2）高粱籽实的分类

①按颜色分类：《高粱》（GB/T 8231—2007）中规定，根据高粱的外种皮色泽分为红高粱、白高粱、其他高粱 3 类。红高粱种皮色泽为红色，白高粱种皮色泽为白色，其他高粱是除上述两类以外的高粱。

②按形态结构分类：成熟的高粱籽实有圆形、椭圆形、卵形、长圆形等多种形态。

③按用途分类：可分为粒用、糖用、帚用、饲用 4 类。粒用高粱主要用作饲料和酿酒；糖用高粱主要用于生产糖浆和酒精；帚用高粱用于制作扫帚；饲用高粱用于生产牧草或干草。

（3）高粱籽实的营养特性

①有效能值略低于玉米：饲用高粱粗纤维主要存在于高粱壳中，无氮浸出物含量为 17.4% ~71.2%，主要是淀粉。淀粉含量与玉米相当，但淀粉颗粒受蛋白质覆盖程度高，有效能值相当于玉米的 90% ~95%。

②粗脂肪含量略低于玉米：一般粗脂肪含量约 3%；饱和脂肪酸含量较高；必需脂肪酸中亚油酸含量约 1.13%。

③蛋白质品质稍差：高粱中蛋白质含量较低，为 9% ~11%；氨基酸不平衡，缺乏赖氨酸、蛋氨酸、色氨酸、胱氨酸等必需氨基酸。

④粗灰分含量不高：矿物质中磷、镁、钾含量多，钙少，40% ~70% 的磷以植酸磷的形式存在，不易利用；其他矿物质元素如微量元素，含量也不高。

⑤维生素含量不均衡：青贮或青饲用高粱，含脂溶性维生素胡萝卜素；水溶性维生素中维生素 B_1、维生素 B_6 含量与玉米相当，维生素 B_2、维生素 B_3、维生素 B_5、生物素等含量高于玉米。

⑥含有抗营养成分：高粱含有毒物质单宁，也称鞣酸或单宁酸，具有强烈的苦涩味，影响适口性。单宁能与蛋白质和消化酶结合，影响蛋白质、淀粉等的利用；单宁可影响骨有机质的代谢，引起腿异常缺乏症。通常单宁含量与籽实颜色有关，褐高粱的单宁含量较高，为 1% ~2%。

（4）走进生产

高粱的营养成分含量与玉米相当，饲用时可取代部分玉米，但要注意单宁的含量。褐高粱用量应控制在 15% 以下，低单宁高粱用量可达 40% ~50%，甚至更大，一般不会影响饲喂效果；高粱饲喂鸡时，因色素含量低，对鸡的皮肤和蛋黄没有着色作用，不可单独饲喂，需添加苜蓿粉、叶粉等；高粱是牛、马、兔等草食动物良好的能量饲料。

3. 认识稻谷籽实

水稻是禾本科一年生水生草本，是人类重要的粮食作物之一。水稻产量居谷实类首位，占全国粮食总产量的 1/3 以上。我国产稻区主要分布在东北地区、长江流域、珠江流域等。

（1）稻谷籽实的结构

稻谷是指没有去除稻壳的籽实，主要由颖壳（稻壳）和颖果（糙米）组成（图 3-6）。由外到内分别是颖壳、米糠层（果皮、种皮、糊粉层的总称）、胚及胚乳等。颖壳的厚度为 25 ~30 μm，质量占谷粒的 18% ~20%；颖果是去壳的稻谷，糙米属于颖果。果皮、种皮位于颖果外层，占 2%，部分糙米种皮中含有色素呈现黄、紫、黑等颜色。胚在糙米的下腹部，占 2.5% ~3.5%，包含胚芽、胚根、胚轴和盾片 4 个部分。胚乳在种皮内，占 88% ~93%，包括糊粉层和淀粉细胞。

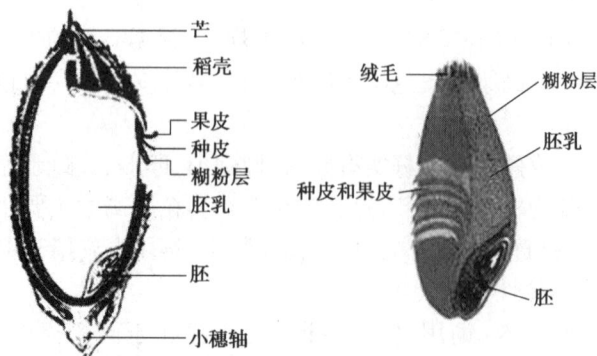

图 3-6　稻谷籽实的结构

（2）稻谷籽实的分类

《稻谷》（GB 1350—2009）中规定：根据粒型、粒质、栽培季节，将稻谷分为早籼稻谷、晚籼稻谷、早粳稻谷、籼糯稻谷、粳糯稻谷 5 类。早籼稻谷生长期较短、收获期较早，一般米粒腹白较大，角质部分较少；晚籼稻谷生长期较长、收获期较晚，一般米粒腹白较小或无腹白，角质部分较多；早粳稻谷是粳型非糯性稻的果实，糙米一般呈椭圆形，米质黏性较大、胀性较小；籼糯稻谷是籼型糯性稻的果实，糙米一般呈长椭圆形或细长形，米粒呈乳白色，不透明或半透明状，黏性大；粳糯稻谷是粳型糯性稻的果实，糙米一般呈椭圆形，米粒呈乳白色，不透明或半透明状，黏性大。

（3）稻谷籽实的营养特性

①有效能值较高：稻谷的消化能约 10.28 MJ/kg，糙米可达 13.48 MJ/kg，碳水化合物中无氮浸出物含量在 60% 以上，含量最多的是淀粉，存在于胚乳中，为稻谷籽实最有价值的部分。粗纤维约 8.94%，主要存在于颖壳中，50% 以上为木质素，很难被单胃动物消化利用。

②粗脂肪含量较低：一般稻谷粗脂肪含量约为 2%，主要存在于糊粉层和胚中；不饱和脂肪酸含量较大。

③蛋白质品质稍差：稻谷中蛋白质含量较低，为 8% ~ 10%；氨基酸不平衡，组成与玉米相似，赖氨酸、苏氨酸、异亮氨酸缺乏较严重。

④矿物质含量不高：稻谷矿物质含量较少，约占 1.3%，主要存在于稻壳、种皮及胚中，大米加工精度越高，矿物质含量越低。矿物质中钙少磷多，磷多以植酸磷的形式存在，不易利用。

⑤维生素含量不均衡：胚中含有较多的维生素 B_1 和维生素 E，但几乎没有胡萝卜素。

（4）走进生产

①稻谷籽实的饲用：稻壳中粗纤维含量较高，生产中一般不直接给猪、鸡等单胃动物饲喂稻谷；饲喂牛、羊、兔等草食动物，效果较好，需粉碎后饲喂；糙米可取代玉米饲喂断奶仔猪、肉猪等，改善饲料效率、降低成本、提高效率，以粉碎较细为宜；不能给畜禽饲喂变质的稻米，影响适口性和增重。

②《饲料原料 稻谷》（NY/T 116—2023）中规定了饲料原料稻谷的术语和定义，技术要求，取样，试验方法，检验规则，标签、包装、运输和储存要求。要求饲料原料稻谷呈黄色颗粒，色泽一致，无霉变、无结块及异味。饲料用稻谷的理化指标见表 3-5。

表 3-5　饲料原料稻谷理化指标(NY/T 116—2023)

项目	指标		
	一级	二级	三级
粗蛋白质/%	≥7.0	≥6.0	≥5.0
粗纤维/%	≤9.0	≤11.0	≤12.0
粗灰分/%	≤5.0	≤6.0	≤7.0
水分%	≤14.0		
杂质%	≤1.0		
脂肪酸值, KOH/(mg · 100 g^{-1})	≤37.0		

③稻谷籽实的贮存:稻谷种子含水量控制在14%以下,确保安全贮存;稻谷籽实有内稃保护,较耐贮存,入库的籽实要做好经常检查温湿度、加强通风管理、注意治虫防霉等工作,一般可安全贮藏。

4.认识小米籽实

小米又称为粟、谷子,脱壳为小米,是世界上最古老的栽培农作物之一。《小米》(GB/T 11766—2008)中规定:小米是由粟加工而成的成品粮,按粒质不同又分为粳性小米和糯性小米两种。

(1)小米籽实的结构

粟种子由子房受精后逐渐膨大成熟,种子成熟后依然包裹在内外颖中,称假颖果,去除谷壳后的果实为颖果,俗称小米。小米籽粒较小,粒重为 1.9～3.6 g,由果皮、种皮、胚、胚乳等组成;谷粒呈圆形或椭圆形,果皮很薄,不易分清;种皮和糊粉层均由单层细胞组成,胚的长度占谷粒的 1/2～2/3,有种脐的面比较平坦,胚乳细胞内充满大量的角质淀粉粒。

(2)小米籽实的分类

①按粒型粒质分类:可将小米分为粳性小米、糯性小米和混合小米 3 类。

②按颜色分类:小米品种繁多,俗称"粟有五彩",分为白、红、黄、黑、橙、紫等。具体地说,粒色是颖壳的颜色,有黄、白、灰、红、黑等,粒色间有过渡色泽类型,小米颜色为黄、白、灰、黑等。

(3)认识小米籽实的营养特性

①有效能值较高:碳水化合物含量为 72.0%～79.5%,主要成分是淀粉(59.4%～70.2%)。其中抗性淀粉约占 2.9%。

②粗脂肪含量高:小米粗脂肪含量约为 5.2%,不饱和脂肪酸含量较多,约占 74.4%,含亚麻酸、亚油酸等必需脂肪酸。

③蛋白质品质较好:小米中蛋白质含量为 4.88%～15.58%,氨基酸不太平衡,缺乏赖氨酸,含有丰富的色氨酸、甲硫氨酸、异亮氨酸、亮氨酸、苯丙氨酸等必需氨基酸,其中色氨酸含量为谷实之首。

④矿物质种类丰富:小米中矿物质为 2.5%～3.5%,含有钠、镁、钙、磷、钾等常量矿物质元素以及铁、锌、硒、碘等微量矿物质元素。

⑤维生素比较均衡:脂溶性维生素中维生素 E 的含量较高,胡萝卜素含量较高;有丰富的水溶性维生素,如维生素 B_1、维生素 B_2、维生素 B_5 等,其中,维生素 B_1 含量最高,居粮食之首。

（4）走进生产

①小米籽实的饲用:小米适口性好、营养价值较高,是畜禽良好的能量饲料来源。小米中含有叶黄素,有助于蛋黄、皮肤和脚胫着色,是家禽优质的饲料;小米中缺乏赖氨酸,在饲喂时应与蛋白质饲料搭配使用。

②小米籽实的验收与贮存:《饲料用粟(谷子)》(NY/T 213—1992)规定了饲料用未经脱壳的粟(谷子)的质量指标及分级标准,要求籽粒整齐、均匀,色泽鲜亮、呈黄色或少量黑色,无发酵、霉变、结块和异味异嗅;水分含量不得超过 13.5%;不得掺入饲料用谷子以外的物质;以粗蛋白质、粗纤维及粗灰分为质量控制指标,见表 3-6。

表 3-6　饲料用粟(谷子)质量控制指标(NY/T 213—1992)

质量指标	含量
粗蛋白质/%	≥8.0
粗纤维/%	<8.5
粗灰分/%	<3.5

饲料用谷子的包装、运输和贮存必须符合保质、保量、运输安全和分类、分级储存的要求,严防污染。

5. 认识小麦籽实

小麦是禾本科小麦属一年生或越年生草本植物,在世界各地广泛种植,大约 1/6 被用作饲料。我国是世界较早种植小麦的国家之一。

（1）小麦籽实的结构

小麦籽实由果皮、种皮、胚和胚乳等组成,如图 3-7 所示,果皮、种皮和糊粉层约占 14.5%,含较多粗纤维;胚占 2%~3.9%,含有较多的脂肪、蛋白质、糖和维生素;胚乳占 78%~84%,胚乳是面粉的主要成分,胚乳组织的紧密程度与角质、粉质数量的不同决定小麦质地的软硬。

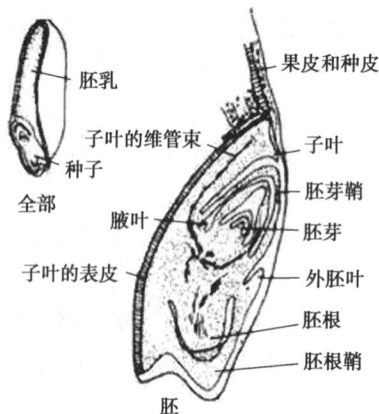

图 3-7　小麦籽实的结构

（2）小麦籽实的分类

①按播种季节分类：分为冬小麦和春小麦两种，春小麦皮层较厚，出粉率不及冬小麦，我国以冬小麦为主。

②按种皮颜色分类：分为白皮和红皮两种。白皮小麦呈黄色或乳白色，出粉率较高；红皮小麦呈深红色或红褐色，出粉率较低。

③按粒型粒质分类：分为硬质和软质两种。硬质小麦胚乳结构紧密，含角质粒70%以上，软质小麦胚乳结构疏松，含粉质粒70%以上。

④按国家标准分类：《小麦》（GB 1351—2023）中，把小麦分为硬质白小麦（种皮为白色或黄白色的籽粒不低于90%，硬度指数不低于60）、软质白小麦（种皮为白色或黄白色的籽粒不低于90%，硬度指数不高于45）、硬质红小麦（种皮为深红色或红褐色的籽粒不低于90%，硬度指数不低于60）、软质红小麦（种皮为深红色或红褐色的籽粒不低于90%，硬度指数不高于45）、混合小麦（不符合以上标准）5类。

（3）小麦籽实的营养特性

①有效能值高：小麦的消化能为14.18 MJ/kg，代谢能为12.72 MJ/kg，产奶净能为7.49 MJ/kg，比玉米略低。碳水化合物中无氮浸出物含量在75%以上，利用率高。

②粗脂肪含量较低：小麦粗脂肪含量约1.7%，是玉米的1/2。

③蛋白质品质稍差：小麦中蛋白质含量高，约为13.9%，位居谷实类之首；氨基酸不平衡，同玉米一样缺乏赖氨酸，但色氨酸较丰富，是玉米的两倍。

④粗灰分含量多：小麦矿物质含量高于其他谷实，含钙量约0.17%，比玉米高，但钙、磷不平衡，钙少磷多；微量元素铁、铜、锰、锌、硒等含量比玉米高。

⑤维生素含量不均衡：脂溶性维生素中维生素E、维生素K的含量较多，维生素A、维生素D缺乏；水溶性维生素中富含维生素B，维生素C含量很少。

⑥含抗营养因子：小麦中含有较多的有黏性的非淀粉多糖，主要是阿拉伯木聚糖，很难被体内消化酶消化，约占小麦干重的6%以上。

（4）走进生产

①小麦籽实的饲用价值：小麦适口性好，可作为猪、牛、羊等能量饲料。小麦含有非淀粉多糖、植酸磷等，大量使用时，需添加以阿拉伯木聚糖酶为主的复合酶和植酸酶，提高利用率；小麦有效能值不如玉米，需搭配脂肪、能量饲料等提高能值；粉碎太细，会增加黏性，影响采食量，建议适合粒度为700～900 μm，一粒小麦破碎成4～5个碎粒即可；饲喂反刍动物，用量不应超过50%，防止瘤胃酸中毒；小麦喂鸡效果不如玉米，仅为玉米的90%左右。如用小麦代替玉米，用量超过15%时，应添加以阿拉伯木聚糖酶为主的复合酶；同时将亚油酸作为最重要的营养指标；不要粉得太细，一粒小麦破碎成3～4个碎粒即可；喂量注意：逐渐增加添加量，7～10天换完料。4周龄以下，用量不超过15%，加酶后不超过35%；4周龄以上，用量不超过20%，加酶后不超过40%；在蛋禽或种禽，用量一般不超过15%，加酶后一般不超过30%；幼龄阶段用量应相对较少。

②小麦籽实的验收与贮存：《饲料原料　小麦》（NY/T 117—2021）中规定了饲料原料小麦的术语和定义，要求，采样，试验方法，检验规则，标签，包装，运输和储存。要求饲料原料小麦色泽、气味正常，不得掺入小麦以外的物质。饲料原料小麦理化指标见表3-7。

表 3-7　饲料原料小麦理化指标（NY/T 117—2021）

项目	等级		
	一级	二级	三级
容重/(g·L⁻¹)	≥770	≥730	≥710
杂质/%	≤1.0	≤2.0	
无机杂质/%	≤0.5		
粗蛋白质/%	≥11.0		
水分/%	≤13.0		

饲料用小麦的包装、运输和贮存必须符合保质、保量、运输安全和分类、分级贮存的要求，严防污染。

二、认识糠麸类饲料

（一）糠麸类饲料的概念

糠麸是由稻谷、米粒等谷物加工成的副产品，主要由果种皮、外胚乳、糊粉层、胚芽、颖稃纤维残渣等组成。糠是从稻、麦等谷皮上脱下的皮、壳，即谷的外壳；麸是麦粒的外皮、麦粒壳的碎屑。通常糠麸包括玉米加工的副产品玉米糠、高粱加工的副产品高粱糠、稻谷加工的副产品稻糠、小米加工的副产品小米糠、小麦加工的副产品小麦麸。

（二）糠麸类饲料的营养特性

糠麸类饲料的营养成分与加工程度关系较大。原粮加工越精细，糠麸中胚芽、胚乳等含量越多。糠麸类饲料与原粮相比，结构疏松、容重小、吸水膨胀性强，同籽实类饲料搭配可改善日粮的物理性状；粗脂肪、粗蛋白质、粗纤维、维生素 B、矿物质等含量较高；无氮浸出物含量较低，有效能值较低，缺乏维生素 D 和胡萝卜素。

（三）认识常用糠麸类饲料

1. 稻糠

稻糠是稻谷加工成大米的过程中去除稻壳和净米后的产品，包括米皮、稻壳碎屑、米粉等。根据加工方法的不同，可将稻糠分为砻糠、米糠和统糠 3 个部分。砻糠是稻谷加工糙米时脱下的谷壳（颖壳）粉，粗纤维可达 44.5%；米糠是糙米制成精米时的副产品，脂肪含量较高，不易保存；统糠有两种类型：一种是稻谷一次加工生产成精米时分离出的稻壳、碎米和米糠的混合物，粗纤维可达 28.7% ~ 37.6%；另一种是将加工分离出的米糠与砻糠人为按一定比例混合，如一九统糠、二八统糠、三七统糠等。

（1）米糠

米糠的营养特性。粗脂肪含量较高。米糠粗脂肪含量约 15%，位居糠麸类饲料之首。米糠中脂肪酶活性较高，容易氧化酸败，不宜久存；蛋白质品质较好。米糠蛋白质品质优于玉米，含粗蛋白质约 13%；氨基酸组成合理，含赖氨酸 0.55%，含有较多的含硫氨基酸；粗灰分含量高；米糠粗灰分含量高，但钙、磷不平衡，钙少磷多，约 86% 的磷是植酸磷；微量元素镁、锰、钾、铁、锌等含量丰富；维生素含量不均衡。脂溶性维生素中维生素 E 含量丰富，维生素 A、维生素 D 缺乏。水溶性维生素中富含维生素 B，维生素 C 含量很少；含抗营养因子。米糠中含有较多的植酸、胰蛋白酶抑制因子、非淀粉多糖等抗营养因子，影响营养物质的利用。

米糠应用于生产。新鲜米糠是猪优质的能量饲料,除仔猪阶段不建议饲用外,其余各阶段均可饲喂。用量宜控制在15%以下,不能过大,过大易导致猪背膘变软,胴体品质变差;建议使用高压蒸汽处理过的米糠喂鸡,破坏抗营养因子,提高饲料利用效率,用量应控制在5%～10%;米糠适合饲喂牛、羊、马、兔等,用量可达20%～30%;米糠的验收与贮存。《饲料用米糠》(NY/T 122—1989)规定了饲料用米糠的质量指标及分级标准。要求呈淡黄灰色的粉状,色泽新鲜一致,无酸败、霉变、结块、虫蛀及异味异嗅;水分含量不得超过13%;不得掺入饲料用米糠以外的物质;以粗蛋白质、粗纤维、粗灰分为质量控制指标,按含量分为3级(表3-8),3级质量指标必须全部符合相应等级的规定。

表3-8 饲料用米糠质量控制指标(NY/T 122—1989)

质量指标	等级		
	一级	二级	三级
粗蛋白质/%	≥13.0	≥12.0	≥11.0
粗纤维/%	<6.0	<7.0	<8.0
粗灰分/%	<8.0	<9.0	<10.0

饲料用米糠的包装、运输和贮存必须符合保质、保量、运输安全和分类、分级贮存的要求,严防污染。

(2)砻糠与统糠

砻糠的营养价值不高,不适合饲喂单胃动物。粗纤维含量高达46%,是品质较差的粗饲料;粗灰分中硅酸盐含量较高,影响钙、磷等矿物质元素的吸收利用;有机物质的消化率约为16.5%。

统糠的营养价值取决于砻糠与米糠的比例,两者比值越小,营养价值越高。

2. 小麦麸

小麦麸是小麦加工面粉的副产品,主要由种皮、糊粉层、胚和胚乳组成。

(1)小麦麸的营养特性

①有效能值较低:小麦麸的消化能是9.37 MJ/kg,代谢能是6.82 MJ/kg。粗纤维含量达10%左右,能值较低。

②粗脂肪含量较高:小麦麸粗脂肪含量约4%,不饱和脂肪酸含量较多。

③蛋白质品质较差:小麦麸蛋白质含量较高,含粗蛋白约44%;氨基酸组成不合理,含赖氨酸约0.6%,缺蛋氨酸、色氨酸等必需氨基酸。

④粗灰分含量高:小麦麸粗灰分含量高,但钙、磷不平衡,一般钙少磷多,约86%的磷是植酸磷;微量元素锰、铁、锌等含量丰富。

⑤维生素含量不均:脂溶性维生素中维生素E含量丰富,维生素D和胡萝卜素缺乏;水溶性维生素中富含维生素B,维生素C含量很少。

(2)小麦麸应用于生产

①小麦麸的饲用价值:小麦麸粗纤维含量较高,不适合饲喂幼龄动物;小麦麸有效能值低,在畜禽日粮中,用量不宜过多,不适合育肥,适合限饲,一般用量为5%～15%;小麦麸含有轻泻类盐类,有助于家畜胃肠蠕动,防止便秘,适用于妊娠后期和哺乳母畜;小麦麸是反刍动

物优良的饲料原料,在奶牛中用量可达 25%～30%,肉牛中可达 50%。

②小麦麸的验收与贮存:《饲料原料 小麦麸》(NY/T 119—2021)中规定了饲料原料小麦麸产品的要求,采样,试验方法,检验规则,标签、包装、运输、储存和保质期。要求饲料原料小麦麸呈细碎屑状,色泽气味正常,无霉变、无结块,不得掺有小麦麸以外的物质。饲料原料小麦麸理化指标见表3-9。

表3-9 饲料原料小麦麸理化指标(NY/T 119—2021)

质量指标	等级	
	一级	二级
粗蛋白质/%	≥17.0	≥15.0
水分/%	≤13.0	
粗纤维/%	≤12.0	
粗灰分/%	≤6.0	

饲料用的小麦麸包装、运输和贮存必须符合保质、保量、运输安全和分类、分级贮存的要求,严防污染。

三、认识块根、块茎和瓜果类饲料

(一)块根、块茎和瓜果类饲料的概念

块根是由营养繁殖的植株不定或实生苗侧根膨大形成的,一株上可形成多个块根,它的组成不含下胚轴和茎的部分,完全由根构成,如甘薯、何首乌等;块茎是植物茎的一种变态,呈块状,具有植物茎的主要特征,如芽、叶痕等。瓜果类饲料包括胡萝卜、南瓜、甜菜等。

(二)块根、块茎和瓜果类饲料的营养特性

块根、块茎和瓜果类饲料含水量大,干物质含量为10%～30%;干物质中无氮浸出物含量高,占90%以上,粗纤维不足10%,有效能值与谷实类饲料相当;粗蛋白含量较少,占5%～10%;粗灰分含量少,钙磷缺乏;维生素含量丰富,含有较多的胡萝卜素和维生素C。

(三)认识常用块根、块茎和瓜果类饲料

1. 甘薯

甘薯又名甜薯、红薯、红苕等,薯蓣科薯蓣属缠绕草质藤本。鲜薯多汁,水分高达60%～80%;有甜味,含有柠檬酸、延胡索酸等有机酸和酶,易消化;淀粉含量高,占鲜重的15%～30%,可溶性糖类占3%左右,属于能量饲料;维生素含量丰富、矿物质相对缺乏;鲜甘薯含抗营养因子胰蛋白酶抑制因子,加热可失活,甘薯熟喂可提高蛋白质的消化率;甘薯保存不当,易受微生物侵染,腐烂变质,患黑斑病,黑斑甘薯有毒,不能饲喂动物。

2. 马铃薯

马铃薯属茄科,又名洋芋、洋山芋、洋芋头、地蛋、土豆等,一年生草本植物,是仅次于小麦、稻谷和玉米的第四大重要粮食作物。马铃薯中无氮浸出物含量多,占80%～85%,脱水块茎是较好的能量饲料;粗蛋白质主要是球蛋白,约占干物质的9%;维生素C含量丰富,其他维生素与矿物质相对缺乏;对于单胃动物,马铃薯熟喂效果更好;发芽的马铃薯中含有较多的有毒物质龙葵素,动物采食后易引起中毒。

3. 木薯

木薯是全球第六大粮食作物,被称为"淀粉之王",干物质中含淀粉高达73%～83%,有效能值较高;鲜木薯蛋白质含量仅为0.4%～1.5%;鲜薯中脂肪含量为0.1%～0.3%;维生素和矿物质含量丰富,钾在薯皮矿物元素中最高;木薯中含有毒物质氢氰酸和抗营养成分单宁,需限量使用。脱皮、干燥、加热和水煮可破坏有毒成分,从而提高利用率。

4. 南瓜

南瓜是葫芦科南瓜属的一个种,一年生,蔓生草本植物。南瓜中淀粉含量较高,占53%,有效能值较高;南瓜含有苏氨酸、亮氨酸、赖氨酸等必需氨基酸;含丰富的维生素,如胡萝卜素和维生素C;矿物质元素如钙磷相对缺乏。南瓜喂猪需控制用量,一般每头猪每天生喂4～6 kg;饲喂前注意检查南瓜有无腐烂现象。

四、认识其他能量饲料

(一)认识糖蜜

糖蜜是制糖工业的副产品,一般为黄色或黑褐色、半流动的黏稠液体,含有大量可发酵糖(蔗糖),包括甜菜甜蜜、甘蔗糖蜜、高粱糖蜜、葡萄糖蜜等。糖蜜的营养成分与制糖原料、环境、工艺等有关。糖蜜的主要成分是糖类,有效能值较高。甜菜糖蜜的蔗糖含量约为47%;甘蔗糖蜜的蔗糖含量为24%～36%,其他糖含量为12%～24%;粗蛋白质含量较少,一般为3%～6%,必需氨基酸较缺乏;矿物质含量为8%～10%,常量矿物质元素钾、钠、氯、镁含量高,钙、磷含量不高;维生素含量较低,但维生素B_3含量高,可达37 mg/kg;糖蜜具有轻泻性。

糖蜜有甜味,饲料中添加糖蜜,可提高适口性;糖蜜有效能值高,可为动物提供可利用的能源;糖蜜有黏性,可减少饲料加工过程中产生的粉尘,还可作为颗粒饲料的黏结剂;糖蜜具有轻泻性,用量不宜过多;糖蜜不易贮存,使用时要注意测定营养成分与检查质量。

(二)认识油脂

油脂是油和脂肪的统称,在体内代谢提供的能量约为糖类和蛋白质的两倍,且有增能效应,是一种高能量的饲料。饲用油脂根据来源可分为动物性脂肪、植物油、饲料级混合油脂、饲料级水解油脂、粉末状油脂5类。

1. 动物性脂肪

动物性脂肪主要有猪油、牛油、鱼肝油等,通常呈固态,是以肉类屠宰与加工厂的脂肪、皮肤、内脏等副产品为原料,经加热加压分离处理或浸提而成。以甘油三酯为主,含有的脂肪酸大部分是饱和脂肪酸。

2. 植物油

植物油主要有大豆油、玉米油、花生油、菜籽油、葵花油等,通常呈液态,是从植物种子或果实中提炼的脂肪。以甘油三酯为主,不饱和脂肪酸含量高,熔点低,消化率高。

3. 饲料级混合油脂

饲料级混合油脂由不同种类的动物性脂肪、植物油混合而成,能值较低,消化率较低,品质不可控。

4. 饲料级水解油脂

饲料级水解油脂是制取食用油或生产肥皂的副产物,含大量脂肪酸,易被消化利用。

5. 粉末状油脂

粉末状油脂采用特殊技术将油脂加工成粉末状,以便包装、贮存和利用。

油脂能值高,日粮中添加油脂是提高能量浓度的最佳方式。油脂适口性好,添加油脂可提高畜禽采食量;油脂可延长食糜在肠道内的排空时间,可提高养分在体内的消化吸收效率,从而提高畜禽的生长性能;油脂产生体增热少,炎热夏季添加油脂效果更好;油脂在瘤胃内降解形成的脂肪酸能抑制瘤胃微生物活性,采用脂肪酸钙包被油脂,防止油脂在瘤胃内降解;油脂易氧化酸败,最好现调现喂,或添加抗氧化剂,贮存在阴凉密闭处。

（三）认识乳清粉

乳清粉是以牛乳生产酸凝乳干酪和酪蛋白的副产物乳清为原料干燥制成的粉末状物质。乳清粉中乳糖含量较高,可达65%~75%;粗蛋白质含量较高,约为12%,主要是β-乳球蛋白质,氨基酸平衡;矿物质元素含量丰富,钠、氯、钙、磷等含量较多,钙磷比例适宜;富含水溶性维生素,缺乏脂溶性维生素。

乳清粉主要用作幼畜的能量饲料。可提供高含量的乳糖,是幼龄动物的能量来源;可促进乳酸的合成,提供多种氨基酸、矿物质元素、维生素等,改善饲料质地与口感;用于乳猪的乳清粉分为高蛋白和低蛋白两类,高蛋白乳清粉含65%~75%的乳糖和12%的粗蛋白质,低蛋白乳清粉含75%~80%的乳糖和约3%的粗蛋白质;乳清粉中食盐含量高,需控制用量,以防止食盐中毒。

📖 任务小结

能量饲料中碳水化合物含量高,有效能值高,是畜禽良好的能量来源。熟悉玉米、高粱、稻谷、小米、小麦等谷实类饲料与稻糠、小麦麸等糠麸类饲料的结构、营养特性、饲用价值与验收标准,确保饲料原料的安全选用,才能最大程度地发挥其饲用价值;认识甘薯、马铃薯、木薯、南瓜等块根、块茎、瓜果类饲料与饲料糖蜜、油脂、乳清粉等其他能量饲料的营养特性与饲喂价值,在生产中做到合理选择与饲喂,可提高利用效率。

认识能量饲料

思考与练习............

一、单项选择题

1. 国际饲料分类法将能量饲料归于第（　　　）大类。

A. 一　　　　　　　B. 二　　　　　　　C. 三　　　　　　　D. 四

2. 能量饲料的水分、粗纤维、蛋白质含量分别是（　　　）。

A. 水分含量<45%,粗纤维含量<18%,粗蛋白质含量<20%

B. 水分含量<65%,粗纤维含量<20%,粗蛋白质含量<18%

C. 水分含量<40%,粗纤维含量<20%,粗蛋白质含量<20%

D. 水分含量<45%,粗纤维含量<18%,粗蛋白质含量<25%

3. 色氨酸含量在谷物中最高的是（　　　）。

A. 大麦　　　　　　B. 稻谷　　　　　　C. 玉米　　　　　　D. 小米

4. 维生素 B_1 含量居粮食之首的是（　　　）。

A. 大麦　　　　　　B. 稻谷　　　　　　C. 玉米　　　　　　D. 小米

5. 蛋白质含量居谷实类饲料之首的是（　　　）。

A. 大麦　　　　　　B. 小麦　　　　　　C. 稻谷　　　　　　D. 玉米

6. 用小麦饲喂鸡时,建议1粒小麦破碎成（　　　）个碎粒即可。

A. 1~2　　　　　　　B. 2~3　　　　　　　C. 3~4　　　　　　　D. 4~5

7. 下列块根、块茎饲料中,(　　　)被称为粮食中的"淀粉之王"。

A. 马铃薯　　　　　　B. 菊芋　　　　　　　C. 红薯　　　　　　　D. 木薯

8. 高粱的颜色与单宁含量有关,一般(　　　)色的高粱单宁含量最高,影响蛋白质和淀粉利用,也影响骨的有机质代谢。

A. 红　　　　　　　　B. 白　　　　　　　　C. 黄　　　　　　　　D. 褐或紫

二、多项选择题

1. 能量饲料主要包括(　　　)等。

A. 谷实类　　　　　　B. 糠麸类　　　　　　C. 块根　　　　　　　D. 块茎

2. 常见谷实类饲料有(　　　)等。

A. 大麦　　　　　　　B. 小麦　　　　　　　C. 稻谷　　　　　　　D. 玉米

3. 谷实类饲料维生素存在状况正确的是(　　　)。

A. 维生素 B_1 和维生素 E 丰富　　　　　B. 维生素 C 和维生素 D 缺乏

C. 不含维生素 B_{12}　　　　　　　　　　D. 维生素 B 多存在于糊粉层与胚质中

4. 高粱饲喂量下列叙述正确的是(　　　)。

A. 鸡饲喂褐高粱 10% 以下　　　　　　　B. 猪饲喂白高粱 40%~50%

C. 可以用高粱单独饲喂鸡　　　　　　　D. 不可单独饲喂鸡,需添加苜蓿粉、叶粉等

三、判断题

1. 用玉米长期饲喂鸡,应使用熟化后的玉米。　　　　　　　　　　　　　　　(　　　)

2. 小麦含有非淀粉多糖、植酸磷等,大量使用时,需添加以阿拉伯木聚糖酶为主的复合酶和植酸酶,提高利用。　　　　　　　　　　　　　　　　　　　　　　　　　　　(　　　)

3. 新鲜米糠是猪优质的能量饲料,各生长阶段均可饲喂,用量控制在 15% 以上。(　　　)

4. 块根、块茎和瓜果类饲料的营养特点是钙磷缺乏,维生素含量丰富,含有较多的胡萝卜素和维生素 C。　　　　　　　　　　　　　　　　　　　　　　　　　　　　(　　　)

5. 南瓜喂猪需控制用量,一般每头猪每天生喂 4~6 kg,在饲喂前要注意检查有无腐烂现象。　　　　　　　　　　　　　　　　　　　　　　　　　　　　　　　　　(　　　)

6. 糖蜜较耐贮存,使用时不需要测定营养成分与检查质量。　　　　　　　　　(　　　)

7. 饲料级混合油脂能值高,消化率高,品质可控。　　　　　　　　　　　　　(　　　)

8. 粉末状油脂贮存使用方便,不易氧化变质。　　　　　　　　　　　　　　　(　　　)

9. 乳清粉含乳糖较高,是幼龄动物的能量来源,可促进乳酸的合成,提供多种氨基酸、矿物质元素、维生素等,改善饲料质地与口感,可以大量饲喂。　　　　　　　　　　　(　　　)

10. 木薯中含有毒物质氢氰酸和抗营养成分单宁,需限量使用。脱皮、干燥、加热、水煮可破坏有毒成分,提高利用率。　　　　　　　　　　　　　　　　　　　　　　　(　　　)

任务六　认识蛋白质补充料

任务描述

1. 了解蛋白质补充料的分类。

2.熟知常用蛋白质补充料的营养特点与使用方法。

📞 **任务实施**

国际饲料分类法主要是以饲料中的水分、粗纤维、蛋白质的含量来划分,蛋白质补充料属于第五大类:水分含量<45%,粗纤维含量<18%,粗蛋白质含量≥20%。《饲料工业术语》(GB/T 10647—2008)将蛋白质补充料定义为:干物质中粗蛋白质含量等于或高于20%,粗纤维含量低于18%的饲料原料。蛋白质补充料主要包括植物性蛋白质饲料、动物性蛋白质饲料、单细胞蛋白质饲料、非蛋白氮饲料。

一、认识植物性蛋白质饲料

(一)植物性蛋白质饲料的概念

植物性蛋白质饲料是蛋白质补充料的一种,干物质中粗蛋白质含量等于或高于20%,粗纤维含量低于18%的植物性饲料原料包括其副产品均属于此类。豆制品一般包括豆类籽实、饼粕类、籽实加工的副产品等。

(二)植物性蛋白质饲料的营养特性

植物性蛋白质饲料在生产中用量最大。无氮浸出物约占30%,粗纤维含量也不高;粗蛋白质含量高,一般为20%～50%,必需氨基酸含量比较平衡,具有较高的饲用价值;不同种类的饲料粗脂肪差异较大,油籽类含量在15%～30%以上,饼粕类含量在1%～7%,非油籽类只有1%左右;矿物质也不平衡,钙少磷多,磷多为植酸磷;维生素含量不平衡,富含维生素B,胡萝卜素、维生素C、维生素D较缺乏;大多数含有抗营养成分,影响饲用价值。

(三)认识常用植物性蛋白质饲料

1.认识豆类籽实

(1)大豆籽实

大豆是双子叶植物纲豆科大豆属一年生草本植物,原产于中国,是我国重要的粮食作物之一,主产区为黑龙江、河北、河南等地。

①大豆籽实的结构。

大豆是双子叶植物,在种子发育过程中,将营养物质转移至子叶,无胚乳,籽实主要结构包括种皮和胚两个部分。其中,胚包括胚芽、胚轴、胚根和子叶(双子叶),如图3-8所示。

②大豆籽实的分类。

按种皮颜色分类:《大豆》(GB 1352—2023)

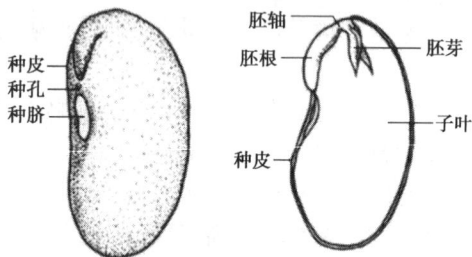

图3-8　大豆籽实的结构

中根据大豆皮色将其分为黄大豆、青大豆、黑大豆、其他大豆和混合大豆5个部分。黄大豆种皮为黄色、淡黄色,脐为黄褐、淡褐或深褐色;青大豆种皮为绿色,按子叶颜色分为青皮青仁大豆和青皮黄仁大豆;黑大豆种皮为黑色,按子叶颜色分为黑皮青仁大豆和黑皮黄仁大豆;其他大豆种皮为褐色、棕色、赤色等单一颜色的大豆及双色大豆(种皮为两种颜色,其中一种为棕色或黑色,并且覆盖粒面1/2以上)等;混合大豆为不符合以上特征的大豆;按籽实外部形态分类。大豆籽实的形状可分为圆球形、椭圆形、长椭圆形、扁圆形等。大小差别比较大,百粒重从7～20 g以上。

③大豆籽实的营养特性。

有效能值不高:大豆籽实碳水化合物含量不高,无氮浸出物含量约为26%,淀粉含量极少,仅占0.4%~0.9%,纤维素占18%;阿拉伯木聚糖、半乳聚糖等结合成半纤维,有黏性,存在于细胞膜中,不利于消化利用。

脂肪含量高:大豆籽实脂肪含量为17%~20%;脂肪中有1%的不皂化物于1.8%~3.2%的磷脂类,具有乳化作用;不饱和脂肪酸含量多,亚油酸和亚麻油酸约占55%。

蛋白质含量高:大豆籽实中的蛋白质多为水溶性,含量为32%~40%。

氨基酸均衡:赖氨酸含量较高,黄豆中约占2.3%,缺乏蛋氨酸等含硫氨基酸。

矿物质种类丰富:常量矿物质元素钠、钾、磷含量较多,钙较少,磷多为植酸磷;微量矿物质元素铁、锰、锌、铜等含量较多。

维生素不均衡:比谷实类饲料略好,维生素B含量丰富,胡萝卜素、维生素D、维生素C等比较缺乏。

含较多抗营养因子:生大豆中含有多种抗营养因子。其中,高温加热能破坏的有胰蛋白酶抑制因子、血细胞凝集素、抗维生素因子、脲酶等;高温加热无法破坏的有皂苷、胃肠胀气因子等。大豆中还含有大豆抗原蛋白,可引起仔猪腹泻。

④大豆籽实应用于生产。

大豆籽实的饲用价值:生大豆中含有抗营养因子和抗原蛋白,直接饲喂可导致生产性能下降,经焙炒、干式挤压、湿式挤压、微波处理等方式加工处理后,饲喂效果改善;饲喂肉鸡,粉料宜控制在10%以下;饲喂生长肥育猪,添加量一般为10%~15%,过高会影响胴体品质;可使用生大豆饲喂牛、羊等反刍动物,但不宜超过精料的50%,需搭配胡萝卜素含量高的粗料饲喂;生大豆中含有脲酶,不能与尿素同用;大豆喂鱼效果好,大豆中含有亚油酸和亚麻酸,可为鱼类提供大量的不饱和脂肪酸;大豆籽实的验收与贮存。《饲料用大豆》(GB/T 20411—2006)要求:色泽、气味正常,杂质含量≤1.0%,生霉粒≤2.0%,水分≤13%,以不完善粒、粗蛋白质为定等级指标,见表3-10。

表3-10 饲料用大豆等级质量指标(GB/T 20411—2006)

等级	不完善粒/%		粗蛋白质/%
	合计	热损伤粒	
1	≤5	≤0.5	≥36
2	≤15	≤1.0	≥35
3	≤30	≤3.0	≥34

《大豆》(GB 1352—2023)中要求大豆应储存在清洁、干燥、防雨、防潮、防虫、防鼠、无异味的仓库内,不应与有毒有害物质或水分较高的物质混存。

(2)豌豆籽实

豌豆又名小寒豆、麦豆、毕豆等,豆科一年生攀援草本,是世界上重要的栽培作物之一,原产地中海和中亚细亚地区。

①豌豆籽实的结构。

豌豆籽实的结构与大豆类似,属于双子叶植物,由种皮和胚两部分组成。胚包括胚芽、胚轴、胚根和子叶(双子叶)。

②豌豆籽实的分类。

按豌豆千粒重和皮色分类:《豌豆》(GB/T 10460—2008)中按豌豆千粒重和皮色分为大粒白色豌豆、大粒绿色豌豆、大粒紫色豌豆、中粒白色豌豆、中粒绿色豌豆、中粒紫色豌豆、小粒白色豌豆、小粒绿色豌豆、小粒紫色豌豆、混合豌豆10类。

大粒白色豌豆为千粒重大于250 g,种皮为白色或黄白色。

大粒绿色豌豆为千粒重大于250 g,种皮为绿色。

大粒紫色豌豆为千粒重大于250 g,种皮为紫色或褐紫色。

中粒白色豌豆为千粒重为150~250 g,种皮为白色或黄白色。

中粒绿色豌豆为千粒重为150~250 g,种皮为绿色。

中粒紫色豌豆为千粒重为150~250 g,种皮为紫色或褐紫色。

小粒白色豌豆为千粒重小于150 g,种皮为白色或黄白色。

小粒绿色豌豆为千粒重小于150 g,种皮为绿色。

小粒紫色豌豆为千粒重小于150 g,种皮为紫色或褐紫色。

按籽实外部形态分类:种子可呈圆形、圆柱形、椭圆、扁圆、凹圆形,每荚2~10颗,多为青绿色,也有黄白、红、玫瑰、褐、黑等颜色的品种。也可根据表皮分为皱皮及圆粒,干后变为黄色。

③豌豆籽实的营养特性。

有效能值高:豌豆籽实碳水化合物含量较高,无氮浸出物含量为50%以上,淀粉含量比大豆高,能值与大麦和稻谷相当;粗脂肪含量低。豌豆粗脂肪含量为1.1%~2.8%,大部分以油的状态存在于子叶中;60%以上的脂肪酸为不饱和脂肪酸;粗蛋白含量高。豌豆粗蛋白质含量22%~25%,主要为球蛋白、清蛋白和谷蛋白;含有较多的赖氨酸、苏氨酸、色氨酸等,含硫氨基酸、精氨酸、亮氨酸等比较缺乏;矿物质和维生素含量较低。常量矿物质元素、微量矿物质元素、维生素A、维生素C、维生素D含量都偏低;含抗营养因子。豌豆中含有胰蛋白酶抑制因子、凝集素、胃肠胀气因子等。

豌豆籽实应用于生产:豌豆籽实的饲用价值。豌豆饲喂鸡,一般添加10%~20%;豌豆粉碎喂肉猪,可添加12%,但需补充蛋氨酸;豌豆煮熟饲喂种猪,用量可达20%~30%;豌豆饲喂反刍动物,乳牛控制在20%以下,肉牛在12%以下,肉羊在25%以下。《饲料用豌豆》(NY/T 136—1989)规定了饲料用豌豆的质量指标及分级指标,该指标要求:豌豆色泽新鲜一致,无发酵、霉变、结块及异味异嗅;水分含量不得超过13.5%;不得掺入饲料豌豆以外的物质;以粗蛋白质、粗纤维和粗灰分为质量控制指标,将产品分为3级,见表3-11。

表3-11　饲料用豌豆等级质量指标(NY/T 136—1989)

质量指标	等级		
	一级	二级	三级
粗蛋白质/%	≥24.0	≥22.0	≥20.0
粗纤维/%	<7.0	<7.5	<8.0
粗灰分/%	<3.5	<3.5	<4.0

《豌豆》（GB/T 10460—2008）中要求豌豆应储存在清洁、干燥、防雨、防潮、防虫、防鼠、无异味的仓库内，不应与有毒有害物质或水分较高的物质混存。

（3）羽扇豆

羽扇豆俗称鲁冰花，一年或多年生草本，澳大利亚、英国、加拿大等地均有种植。

①羽扇豆的营养特性：粗蛋白质含量较高，为32%～42%，氨基酸平衡，亮氨酸、赖氨酸、缬氨酸等必需氨基酸含量高；钙少磷多，钾、镁、硫含量较高，微量元素硒、锌、铁含量较高；脂肪含量较低，多不饱和脂肪酸占总脂肪酸的32.4%；水溶性维生素B与维生素C含量较高，脂溶性维生素缺乏；有些品种含生物碱多，味苦、有毒。

②羽扇豆应用于生产：生物碱含量超过0.3%的羽扇豆品种不能用作饲料；因粗纤维含量较高，未经处理的羽扇豆不适合大量饲喂畜禽，用去壳、细磨和加酶等方式处理后，可提高利用率。

2. 认识饼粕类

（1）大豆饼粕

大豆饼粕是以大豆为原料提取油后的副产品。通常以压榨法取油后所得的饲料为大豆饼，以浸提法提取豆油后的副产品为豆粕。根据提取工艺，又将豆粕分为一浸豆粕和二浸豆粕两种：一浸豆粕是直接以浸提法提取油后的副产品；二浸豆粕是先后用压榨法和浸提法提取油后的副产品。

①大豆饼粕的营养特性。

有效能值不高：无氮浸出物中淀粉含量低，主要是蔗糖、棉籽糖、其他多糖类。

粗纤维含量不高：主要来自豆皮。

粗蛋白质含量高：粗蛋白质一般为40%～50%。

氨基酸组成平衡：赖氨酸为2.4%～2.8%，异亮氨酸为2.39%，两者含量位居饼粕类饲料之首；色氨酸与苏氨酸含量较高，赖氨酸与精氨酸的比值约为1∶1.3，比例恰当，与谷实类饲料搭配，具有互补作用；但蛋氨酸含量不足，在玉米-豆粕型日粮中，需额外添加蛋氨酸；矿物质含量较低。

矿物质中钙少磷多，磷多为植酸磷，硒含量较低。

维生素含量不均衡：维生素B中烟酸和泛酸（15～30 mg/kg）、胆碱（2 200～2 800 mg/kg）含量丰富，核黄素和硫胺素（3～6 mg/kg）含量少，为3～6 mg/kg。

脂溶性维生素E含量较高，胡萝卜素（0.2～0.4 mg/kg）含量较低。

含有部分抗营养因子：大豆加工过程中部分抗营养因子会被破坏，加热不足，胰蛋白酶抑制因子、脲酶等破坏不充分；温度过高、时间过长又会发生美拉德反应，减少游离氨基酸含量。

②大豆饼粕应用于生产。

大豆饼粕的饲用价值：大豆饼粕经适当加热后加入蛋氨酸，是畜禽补充蛋白质的最佳途径；大豆饼粕粗纤维含量较多，饲喂幼畜用量应控制在10%以下或直接饲喂熟化的脱皮大豆粕，否则会引起下痢；未经加热处理的大豆饼粕可直接饲喂反刍动物；草食及杂食鱼类水产动物对豆粕蛋白质的利用率达90%，可用作蛋白质的主要来源。

大豆饼粕的验收与贮存：《饲料原料 大豆饼》（NY/T 130—2023）中规定了饲料原料大豆饼的术语和定义、技术要求、取样、试验方法、检验规则、标签、包装、运输、储存和保质期。要求饲料原料大豆饼呈色泽一致的饼或片状，无霉变、无虫蛀、无异味异嗅，不应掺有大豆饼以外的物质。饲料原料大豆饼理化指标见表3-12。

表 3-12　饲料原料大豆饼理化指标

项目	指标		
	一级	二级	三级
粗蛋白质/%	≥43.0	≥40.0	≥37.0
粗灰分/%	≤7.0		
粗纤维/%	≤7.0		
粗脂肪/%	≥4.0		
水分/%	≤12.0		

《饲料原料 豆粕》（GB/T 19541—2017）中规定了饲料原料豆粕的相关术语和定义，要求，试验方法，检验规则，标签、包装、运输和贮存。要求饲料原料豆粕应呈浅黄色或淡棕色或红褐色，不规则的碎片状或粗颗粒状或粗粉状，无发酵、霉变、虫害及异味异嗅。饲料原料豆粕质量等级指标见表3-13。

表 3-13　饲料原料豆粕质量等级指标（GB/T 19541—2017）

项目	等级			
	特级品	一级品	二级品	三级品
粗蛋白质/%	≥48.0	≥46.0	≥43.0	≥41.0
粗纤维/%	≤5.0	≤7.0	≤7.0	≤7.0
赖氨酸/%	≥2.50		≥2.30	
水分/%	≤12.5			
粗灰分/%	≤7.0			
尿素酶活性/(U·g^{-1})	≤0.30			
氢氧化钾蛋白质溶解度/%	≥73.0			

豆粕的掺假鉴别：

感官检查法：一观，纯豆粕呈不规则碎片状，浅黄色到淡褐色，色泽一致，偶有少量结块，粉碎入玻璃瓶，无粉尘黏附；掺假豆粕（加入沸石粉、玉米）颜色暗淡，色泽不一，结块多，颗粒僵硬，可见白色粉末状物，粉碎入玻璃瓶可见粉尘黏附于瓶壁。二闻，纯豆粕有浓郁豆香味，掺假豆粕稍有豆香味或无豆香味。三尝，纯豆粕用牙咬发粘，掺假豆粕脆而有粉末。

检查外包装：豆粕掺假后，包装体积变小，重量增加。豆粕通常以 50 kg 包装，若掺杂了大量沸石之类物质后，包装体积比正常小。

水浸鉴别法：将 5 g 经过标准采样、分样的豆粕倒入 200 mL 左右的高脚烧杯内，加入 150 mL 左右的蒸馏水，浸泡 30 min，用玻璃棒剧烈搅拌，静置 5 min 观察。经浸泡，未掺假豆粕水质澄清，掺假豆粕水质浑浊；未掺假豆粕蓬松感强，掺假豆粕无此现象；若有掺假，因比重不同，会出现分层现象：若掺入稻壳或秸秆类，会漂浮在上层；若掺入泥沙，会沉入杯底。

化学鉴别法:豆粕经标准采样分样后,称取 5 g 左右放在培养皿内,称取时勺子在样品内搅动,滴加 1 : 1 的盐酸仔细观察样品,如出现微小气泡则可能有碳酸钙类物质掺入;也可滴加碘酒鉴别,若有物质变成蓝黑色,可能掺有玉米、麸皮、稻壳等。

显微镜检查法:取待检样品和纯豆粕样品各 1 份,置于培养皿中,并使之分散均匀,分别放于显微镜下观察。在显微镜下可观察到:纯豆粕外壳的外表面光滑,有光泽,并有被针刺时的印记,豆仁颗粒无光泽,不透明,呈奶油色;玉米粒皮层光滑,半透明,并带有似指甲纹路和条纹,这是玉米粒区别于豆仁的显著特点,另外玉米粒的颜色也比豆仁深,呈橘红色。

容重测量法:用四分法取样,然后将样品轻轻地放入容重器内,倒出并称重。每一样品重复做 3 次,取其平均值为容重。一般纯大豆粕容重为 594.1 ~ 610.2 g/L,将测得的结果与之比较,如果超出较多,说明该豆粕掺假。

营养成分测定法:主要测定粗蛋白质、粗纤维、粗灰分 3 个指标,正常豆粕粗蛋白质不低于 40%,粗纤维不高于 7%,粗灰分不高于 8%,超出范围则可能掺假。

(2)菜籽饼粕

油菜籽是十字花科芸薹属植物,又称芸薹子,油脂含量为 37.5% ~ 46.3%。

菜籽饼粕是以油菜籽为原料取油后的副产品,呈淡灰褐色。

①菜籽饼粕的营养特性。

有效能值不高:碳水化合物中淀粉含量不高且难消化,其中含有 8% 不易消化的戊聚糖。

粗纤维含量较高:主要在菜籽壳中,为 12% ~ 13%。

粗蛋白质含量高:粗蛋白质一般为 34% ~ 38%。

氨基酸组成平衡:含硫氨基酸和赖氨酸含量位居饼粕类饲料第二;精氨酸含量低;矿物质含量较高。矿物质中钙磷含量均较高,富含铁、锰、锌、硒等微量元素,硒含量高达 1 mg/kg,位居常用植物性饲料之首。

维生素含量丰富:胆碱、维生素 B_1、维生素 B_2、维生素 B_5、叶酸等维生素 B 含量丰富,胆碱与芥子碱呈结合状态,不易被肠道吸收。

含有抗营养因子:含硫葡萄糖甙、芥子碱、单宁、植酸等抗营养因子,主要是硫葡萄糖甙,影响适口性和消化率。

②菜籽饼粕应用于生产。

菜籽饼粕的饲用价值:"双低"菜籽饼粕,是指低硫葡萄糖甙、低芥酸,抗营养因子含量明显下降,赖氨酸、精氨酸、蛋氨酸等必需氨基酸含量略高,饲喂效果好。《饲料用低硫苷菜籽饼(粕)》(NY/T 417—2000)将油菜籽中硫苷含量 ≤45 μmol/g 的饼粕定义为低硫苷油菜籽;低毒品种菜籽饼粕在鸡配合饲料中,应限制用量,一般用量为 8% ~ 15%,为防止鸡肉味或蛋味变劣,通常用量低于 10%;用未经处理的菜籽饼粕喂猪,应减少用量,最多不超过 5%,低毒品种菜籽饼粕喂猪,用量最好不超过 10%;低毒品种菜籽饼粕在奶牛中用量可降至 25%,而在肉牛中用量一般控制在 5% ~ 10%。

菜籽饼粕的验收与贮存:《饲料用低硫苷菜籽饼(粕)》(NY/T 417—2000)中要求菜籽饼粕应为褐色或浅褐色,小瓦片状、片状或饼状、粗粉状,具有低硫苷菜籽饼(粕)油香味,无溶剂味,引爆试验合格,不焦不糊,无发酵、霉变、结块;以异硫氰酸酯和恶唑烷硫酮、粗蛋白质、粗纤维、粗灰分及粗脂肪为质量控制指标,按粗蛋白质含量分为 3 级,见表 3-14。

表 3-14　低硫苷饲料用菜籽饼(粕)质量指标(NY/T 417—2000)

质量指标	产品名称					
	低硫苷菜籽饼			低硫苷菜籽粕		
	一级	二级	三级	一级	二级	三级
ITC+OZT/(mg·kg^{-1})	≤4 000	≤4 000	≤4 000	≤4 000	≤4 000	≤4 000
粗蛋白质/%	≥37.0	≥34.0	≥30.0	≥40.0	≥37.0	≥33.0
粗纤维/%	<14.0	<14.0	<14.0	<14.0	<14.0	<14.0
粗灰分/%	<12.0	<12.0	<12.0	<8.0	<8.0	<8.0
粗脂肪/%	<10.0	<10.0	<10.0	—	—	—

饲料用低硫苷菜籽饼(粕)的包装、运输和储存,必须符合保质、保量、运输安全和分类、分级储存的要求,严防污染。

(3)棉籽饼粕

棉籽是锦葵科棉属植物草棉、树棉、陆地棉等的种子,籽仁含油量可达 35%～45%,棉籽饼粕是棉籽经脱壳提取油后的副产物,通常将完全去壳的称为棉仁饼粕。

①棉籽饼粕的营养价值。

有效能值不高:棉籽饼粕粗纤维在 13% 以上,棉仁饼粕粗纤维含量约 12%,有效能值与脱壳程度关系较大。

粗蛋白质含量高:粗蛋白质达 34% 以上。

氨基酸组成不平衡:精氨酸含量高,为 3.6%～3.8%,位居饼粕类第二位;赖氨酸、蛋氨酸含量较低。棉籽饼粕与菜籽饼粕搭配饲喂,饲喂效果有良好的互补效应。

矿物质含量不高:矿物质中钙少磷多,硒元素缺乏。

维生素含量不均衡:维生素 B 含量丰富,胡萝卜素和维生素 D 较缺乏。

含有抗营养因子:含棉酚、环丙烯类脂肪酸、单宁、植酸等抗营养因子。

②棉籽饼粕的应用生产。

棉籽饼粕的饲用价值:主要取决于游离棉酚和粗纤维含量。未经脱毒处理的棉籽饼粕,饲喂单胃动物,要限制用量,一般不得超过 5%;当棉籽饼粕中棉酚含量在 0.05% 以下时,肉鸡可添加饲粮的 10%～20%,产蛋鸡可添加 5%～15%,注意防止"桃红蛋";肉猪饲粮可用至 10%～20%,母猪 3%～5%;反刍动物饲喂棉酚,不存在中毒现象,一般奶牛用量在精料中占 20%～35%,幼牛低于 20%,肉牛可占 30%～40%,注意搭配优质粗饲料。

棉籽饼粕的验收与贮存:《饲料原料 棉籽饼》(NY/T 129—2023)中规定了饲料原料棉籽饼的技术要求,取样,试验方法,检验规则,标签、包装、运输、储存和保质期。要求饲料原料棉籽饼呈小瓦片状或饼状,色泽呈新鲜一致的黄褐色,无霉变、虫蛀及异味异臭,不应含有饲料原料棉籽饼以外的物质。饲料原料棉籽饼理化指标见表 3-15。

表 3-15　饲料原料棉籽饼理化指标（NY/T 129—2023）

项目	等级		
	一级	二级	三级
粗蛋白质/%	≥40.0	≥32.0	≥25.0
粗纤维/%	≤10.0	≤14.0	≤23.0
粗灰分/%	≤6.0	≤7.0	
粗脂肪/%	≥3.0		
水分/%	≤10.0		

饲料用棉籽饼的包装、运输和储存，必须符合保质、保量、运输安全和分类、分级储存的要求，严防污染。

（4）棕榈籽

棕榈籽是棕榈科植物棕榈的成熟果实，在亚洲、南美洲和澳大利亚等地种植广泛，棕榈粕是棕榈籽提取棕榈油后的副产品，常用于肉鸡生产。粗蛋白质含量为 14%～21%，蛋氨酸、赖氨酸等必需氨基酸含量较低，但氨基酸利用率高，可显著降低畜牧养殖的生产成本，是一种很受欢迎的原料，使用时注意添加赖氨酸、蛋氨酸等；81% 的碳水化合物是非淀粉多糖，通过发酵处理可提高能量利用率，被广泛应用于肉鸡日粮中。

3. 认识籽实加工的副产品

（1）玉米蛋白粉

玉米蛋白粉是玉米麸经淀粉提取加工后形成的副产物。含粗蛋白质约 60%，消化率较高，为 81%～98%，与玉米类似；含有叶黄素等大量色素，可使肉鸡皮肤着色，是一种天然着色剂；氨基酸组成不平衡，蛋氨酸含量较高，赖氨酸与色氨酸严重不足，在畜禽饲料中用量受限；选用时不要将玉米蛋白粉和玉米麸（粗蛋白质含量约为 20%）混淆，或将两者的混合物充当玉米麸。

（2）玉米酒精糟及可溶物

玉米酒糟蛋白饲料产品有干粗酒糟（DDG）、干酒糟可溶物（DDS）和干全酒糟（DDGS）3 种。

①DDG 是去掉滤清液，只对滤渣粗渣单独干燥。

②DDS 是去掉滤清液，对滤渣中细小可溶物进行浓缩干燥。

③DDGS 将滤清液干燥浓缩后与滤渣混合干燥，营养价值高于 DDG 和 DDS。

DDGS 饲料，是酒糟蛋白饲料的商品名，即含有可溶固形物的干酒糟，是玉米酿酒残渣，含有粗蛋白质、粗脂肪、粗纤维、维生素 B、氨基酸以及微生物发酵产生的未知促生长因子等营养成分，是一种广泛使用的新型蛋白饲料原料；DDGS 粗蛋白质含量在 26% 以上，缺乏赖氨酸和蛋氨酸；含粗脂肪约 10%，亚油酸含量较高；钙少磷多，维生素 B 和维生素 E 含量丰富；DDGS 水分含量高，注意防止霉菌污染。

在畜禽及水产配合饲料中通常用来替代豆粕，在日粮中占比为 20%～50%，注意补充赖氨酸和蛋氨酸。

二、认识动物性蛋白质饲料

（一）动物性蛋白质饲料的概念

动物性蛋白质饲料是蛋白质补充料的一种，干物质中粗蛋白质含量等于或高于 20%，粗纤维含量低于18%的动物性饲料原料包括其副产品均属于此类。这包括水产、畜禽加工、缫丝和乳业加工等动物性产品加工的副产品。

（二）动物性蛋白质饲料的营养特性

蛋白质含量高，氨基酸组成平衡。蛋白质含量为40%～85%，氨基酸组成合理，在植物性饲料中普遍缺乏赖氨酸、蛋氨酸、色氨酸，在动物性饲料中含量较高；碳水化合物含量少，不含粗纤维，有效能值高；脂肪含量较高，但易氧化酸败，不适合长期贮存；粗灰分含量高，钙磷比适宜，利用率高，微量元素含量丰富；维生素 B 含量丰富，尤其是维生素 B_2 和维生素 B_{12}；含有动物性蛋白生长因子，有利于动物生长。

（三）认识常用动物性蛋白质饲料

1. 鱼粉

《饲料工业术语》（GB/T 10647—2008）中鱼粉的定义是：以新鲜的全鱼或鱼品加工过程中所得的鱼杂碎为原料，经或不经脱脂，加工制成的洁净、干燥和粉碎的产品。鱼粉根据加工部位，可分为全鱼粉和鱼骨粉两类。全鱼粉是将全鱼干燥粉碎后得到的产品，鱼骨粉是将鱼骨和内脏干燥粉碎后得到的产品。

（1）鱼粉的营养特性

蛋白质含量高，全鱼粉蛋白质含量约为60%，品质好，氨基酸组成平衡，赖氨酸、蛋氨酸、色氨酸、胱氨酸含量高，但精氨酸相对缺乏。与大多数饲料氨基酸组成不同，用鱼粉配制日粮，互补效果好，容易平衡；脂肪含量高，脂肪酸多为不饱和脂肪酸；鱼粉中不含粗纤维，其有效能主要取决于粗脂肪含量，在粗脂肪含量达标的情况下，进口鱼粉的代谢能水平可达11.72～12.55 MJ/kg，而国产鱼粉的代谢能水平可达10.25 MJ/kg；此外，鱼粉中维生素 B 含量丰富，包括维生素 B_2、维生素 B_{12}、烟酸、生物素等，脂溶性维生素 A、维生素 D、维生素 E、维生素 K；钙磷含量高，比例适宜，含微量元素碘、铁、锌、硒、砷等，其中硒含量最高，达 2 mg/kg。

（2）鱼粉应用于生产

①鱼粉的饲用价值：因鱼粉带有鱼腥味，用量过多会导致产品带有鱼腥味且增加成本，在畜禽饲粮中需要限制用量，通常用量控制在10%以下；加工、运输、贮存不当，鱼粉会产生自燃现象，也会产生较多的肌胃糜烂素；生鱼粉中含有维生素 B_1 分解酶，会影响维生素 B_1 的营养功能；鱼粉脂肪含量高，易氧化酸败，不宜长期贮存；鱼粉易掺入玉米、豆粕等植物性原料，应注意识别。

②鱼粉的验收与贮存：《饲料原料 鱼粉》（GB/T 19164—2021）中规定了鱼粉的要求、检验规则、标志、包装、运输及贮存。要求：原料应保持新鲜，不得使用已腐败变质的原料，见表3-16—表3-18。贮存仓库必须清洁、干燥、阴凉通风，堆放时应离开墙壁20 cm，底面应有垫板与地面隔开。防止受潮、霉变、虫、鼠害及有害物质的污染，产品保质期为12个月。

表3-16　鱼粉的感官要求（GB/T 19164—2021）

项目	特级品	一级品	二级品	三级品
色泽	红鱼粉呈黄棕色、黄褐色等为正常颜色；白鱼粉呈黄白色			
组织	膨松、纤维状组织明显、无结块、无霉变	较膨松、纤维状组织较明显、无结块、无霉变		松软粉状物、无结块、无霉变
气味	有鱼香味、无焦灼味和油脂酸败味	具有鱼粉正常气味，无异臭、无焦灼味和明显油脂酸败味		

表 3-17　鱼粉的理化指标(GB/T 19164—2021)

项目	指标			
	特级品	一级品	二级品	三级品
粗蛋白质	≥65%	≥60%	≥55%	≥50%
粗脂肪	≤11%(红鱼粉) ≤9%(白鱼粉)	≤12%(红鱼粉) ≤10%(白鱼粉)	≤13%	≤14%
水分	≤10%	≤10%	≤10%	≤10%
盐分(以 NaCl 计)	≤2%	≤3%	≤3%	≤4%
灰分	≤16%(红鱼粉) ≤18%(白鱼粉)	≤18%(红鱼粉) ≤20%(白鱼粉)	≤20%	≤23%
砂分	≤1.5%	≤2%	≤3%	
赖氨酸	≥4.6%(红鱼粉) ≥3.6%(白鱼粉)	≥4.4%(红鱼粉) ≥3.4%(白鱼粉)	≥4.2%	≥3.8%
蛋氨酸	≥1.7%(红鱼粉) ≥1.5%(白鱼粉)	≥1.5%(红鱼粉) ≥1.3%(白鱼粉)	≥1.3%	
胃蛋白酶消化率	≥90%(红鱼粉) ≥88%(白鱼粉)	≥88%(红鱼粉) ≥86%(白鱼粉)	≥85%	
挥发性盐基氮(VBN) /(mg·100 g^{-1})	≤110%	≤130%	≤150%	
油脂酸价(KOH) /(mg·kg^{-1})	≤3%	≤5%	≤7%	
尿素	≤0.3%	≤0.7%		
组胺/(mg·kg^{-1})	≤300%(红鱼粉)	≤500%(红鱼粉)	≤1 000% (红鱼粉)	≤1 500% (红鱼粉)
	≤40%(白鱼粉)			
铬(以六价铬计) /(mg·kg^{-1})	≤8%			
粉碎粒度	≥96%(通过筛孔为 2.80 mm 的标准筛)			
杂质	不含非鱼粉原料的含氮物质(如植物油饼粕、皮革粉、羽毛粉、尿素、血粉肉骨粉等)以及加工鱼露的废渣			

表 3-18　鱼粉的微生物指标

项目	指标			
	特级品	一级品	二级品	三级品
霉菌/(CFU·g^{-1})	≤3×10^3			
沙门氏菌/(CFU·25 g^{-1})	不得检出			
寄生虫	不得检出			

③鉴别掺假鱼粉:一般用感官鉴别、物理检验和化学分析 3 种。

感官鉴别:一看,色泽为黄棕色、黄褐色或黄白色,形态为粉状或颗粒状,蓬松,细度均匀,无结块,无霉变。二摸,用手捻,质地柔软,呈肉松状。三闻,有鱼香味,无焦灼味和油脂酸败味。

物理检验:用体视显微镜鉴别,鱼粉有固有特征,可明显看见鱼肌肉束、鱼骨、鱼眼等,若特征相差远,即为掺假;根据密度大小、形态结构差异,用水浸泡,鉴别麦麸、稻壳等。

化学分析:通过分析纯蛋白质与粗蛋白质含量的比值,判断是否掺入高氮化合物;通过分析粗灰分含量和钙磷比例,参照粗灰分含量为 16% ~20%,钙磷比(1.5 ~2):1,进行比对分析;通过分析粗纤维含量,参照鱼粉粗纤维含量不得超过 0.5%,鱼粉无淀粉,辨别有无掺入植物饼粕或淀粉物质;还可通过化学显色反应,辨别有无掺入尿素、血粉等杂质。

2. 肉骨粉

《饲料工业术语》(GB/T 10647—2008)中肉骨粉的定义是:由洁净、新鲜的动物组织和骨骼(不得含排泄物、胃肠内容物及其他外来物质)经高温高压蒸煮灭菌、干燥、粉碎制成的产品。

(1)肉骨粉的营养特性

粗蛋白质含量较高,氨基酸不平衡。粗蛋白质含量随原料及骨比例的不同差异较大,通常含量为 20% ~50%,氨基酸不如鱼粉平衡,蛋氨酸(3% ~6%)含量丰富,赖氨酸(1% ~3%)和色氨酸(小于 0.5%)含量较低;有效能值适中,干物质消化能(猪)为 11.72 MJ/kg;粗脂肪含量为 8% ~18%;粗灰分含量高达 26% ~40%,钙磷比约为 2:1,为动物提供良好的钙磷来源;维生素 B 含量高,尤其是维生素 B$_{12}$、维生素 B$_5$、胆碱等含量丰富,缺乏维生素 A 和维生素 D。

(2)肉骨粉应用于生产

①肉骨粉的饲用价值:肉骨粉的饲用效果没有鱼粉好,尤其是当骨粉比例提高时,粗蛋白质含量会下降,影响饲用价值,可与谷物饲料配合饲喂,补充蛋白质的不足;用病患家畜加工成的肉骨粉不要饲喂同类动物;禁止给反刍动物饲喂带致病菌或毒素的肉骨粉,防止疯牛病的发生;贮存时要注意防止肉骨粉氧化酸败。

②肉骨粉的验收与贮存:《饲料用骨粉及肉骨粉》(GB/T 20193—2006)中规定了肉骨粉的要求、检验规则及贮存。要求:饲料用肉骨粉为黄色至黄褐色油性粉状物,具肉骨粉固有气味,无腐败气味。除不可避免的少量混杂外,不应添加毛发、蹄、角、羽毛、血、皮革、胃肠内容物及非蛋白氮物质,不得使用发生疫病的动物废弃组织及骨加工饲料用肉骨粉;应符合《动物源性饲料产品安全卫生管理办法》(中华人民共和国农业部令〔2004〕40 号)的有关规定;同时

也应符合国家检疫的有关规定;应符合《饲料卫生标准》(GB 13078—2017)的规定。沙门氏杆菌不得检出,铬含量≤5 mg/kg;总磷含量≥3.5%、粗脂肪含量≤12.0%、粗纤维含量≤3.0%、水分含量≤10.0%、钙含量应为总磷含量的180%～220%;以粗蛋白质、赖氨酸、胃蛋白酶消化率、酸价、挥发性盐基氮、粗灰分为定等级指标,见表3-19。

表3-19　饲料用肉骨粉等级质量指标(GB/T 20193—2006)

等级	质量指标					
	粗蛋白质/%	赖氨酸/%	胃蛋白酶消化率/%	酸价(KOH)(mg/g)/%	挥发性盐基氮(mg/100 g)/%	粗灰分/%
1	≥50	≥2.4	≥88	≤5	≤130	≤33
2	≥45	≥2.0	≥86	≤7	≤150	≤38
3	≥40	≥1.5	≥84	≤9	≤170	≤43

应贮存在阴凉干燥处,防潮、防霉变、防虫蛀。在符合规定的条件下,保质期为180天。

3.血粉

《饲料工业术语》(GB/T 10647—2008)中鱼粉的定义是:洁净、新鲜的动物血液(不得含有毛发、胃内容物及其他外来物质)经干燥等加工处理制成的产品。

(1)血粉的营养特性

血粉的营养价值与来源和加工处理方式有关,不同动物血粉的营养成分含量不同,高温会使蛋白质、氨基酸等营养物质利用率下降。血粉中粗蛋白质含量在80%以上,但蛋白质可消化性不好。

氨基酸比例不合理:赖氨酸含量为6%～9%,位居天然饲料之首,色氨酸、缬氨酸、亮氨酸含量较高,蛋氨酸、精氨酸、胱氨酸、异亮氨酸缺乏。

血粉中常量矿物质元素钙、磷比较缺乏:含有钠、钴、铜、铁、锌、硒等多种微量元素,其中含铁量最高,约2 800 mg/kg;血粉中含有维生素 A、维生素 B 和维生素 C,维生素 B_{12} 和维生素 B_2 含量较低。

(2)血粉应用于生产

①血粉的饲用价值:血粉适口性不好,氨基酸组成不平衡,通常混合血粉质量优于单一血粉;过量饲喂会引起畜禽腹泻,饲喂需控制用量,一般控制在2%～8%,幼龄畜禽用量应小于2%,反刍家畜可控制在6%～8%;受非洲猪瘟疫情影响,2018 年《中华人民共和国农业农村部公告第64 号》明确规定:饲料生产企业暂停使用以猪血为原料的血液制品生产猪用饲料。

②血粉的验收与贮存:《饲料用血粉》(LS/T 3407—1994)中规定了血粉的检验方法、检验规则及贮存、感官指标和理化指标,见表3-20、表3-21。

表3-20　血粉的感官指标(LS/T 3407—1994)

项目	指标
性状	干燥粉粒状物
气味	具有本制品固有的气味;无腐败变质气味
色泽	暗红色或褐色

续表

项目	指标
粉碎粒度	能通过 2~3 mm 孔筛
杂质	不含砂石等杂质

表 3-21   血粉的理化指标（LS/T 3407—1994）

项目	等级	
	一级	二级
粗蛋白质/%	≥80	≥70
粗纤维/%	<1	<1
水分/%	≤10	≤7
灰分/%	≤4	≤6

包装好的血粉应贮存在干燥、通风良好、阴凉常温的仓库中。产品贮存保质期为半年。

4. 水解羽毛粉

《饲料工业术语》（GB/T 10647—2008）中水解羽毛粉的定义是：家禽屠宰所得的羽毛，经清洗、水解处理、干燥、粉碎制成的产品。

（1）水解羽毛粉的营养特性

粗蛋白质含量高达 80%~85%，氨基酸组成不平衡。甘氨酸、丝氨酸、缬氨酸、亮氨酸、异亮氨酸含量丰富，高于其他动物性蛋白饲料，胱氨酸含量居天然饲料之首，赖氨酸、蛋氨酸和色氨酸相对缺乏；粗脂肪含量小于 45%，鸡代谢能可达 10.04 MJ/kg；除富含维生素 B_{12} 外，其他维生素含量均不高；矿物质元素中含硫量最高，位居饲料之首，钙、磷含量较少，硒含量约为 0.84 mg/kg，仅次于鱼粉。

（2）水解羽毛粉应用于生产

①水解羽毛粉的饲用价值：水解羽毛粉胱氨酸含量高，且胱氨酸在代谢过程中可代替 50% 蛋氨酸，生产中主要用于补充蛋氨酸不足；水解羽毛粉过瘤胃蛋白含量约为 70%，是反刍动物良好的"过瘤胃"蛋白源；与含赖氨酸、蛋氨酸、色氨酸等高的蛋白质搭配饲喂，能获得良好的饲喂效果。

②水解羽毛粉的验收与贮存：《饲料原料 水解羽毛粉》（NY/T 915—2017）中规定了饲料原料水解羽毛粉的要求、试验方法检验规则及标签、包装、储存、运输和保质期要求。要求：呈黄色、黄褐色或褐色粉末状颗粒，具有水解羽毛粉的正常气味，无结块、无异味，无霉变；在显微镜下观察为黄色、黄褐色的半透明状颗粒以及少量的羽干、羽枝和羽根，技术指标见表 3-22。

表 3-22   水解羽毛粉的技术指标（NY/T 915—2017）

项目	等级	
	一级	二级
水分/%	≤10.0	

续表

项目	等级	
	一级	二级
粗蛋白质/%	≥78.0	
粗脂肪/%	≤5.0	
胱氨酸/%	≥3.0	
粗灰分/%	≤2.0	≤5.0
赖氨酸/%	≥1.5	≥1.2
胃蛋白酶消化率/%	≥80.0	≥75.0

注:表中所列项目(除水分以原样为基础计算外)以干物质含量88%为基础计。

储存的仓库应干燥、通风;储存过程中应注意防雨淋、防暴晒、防虫蛀、防霉变。不应与有毒有害物质混储;在符合规定的储存和运输条件下,保质期为90天。

5.蚕蛹粉

《饲料工业术语》(GB/T 10647—2008)中蚕蛹粉的定义是:蚕蛹经干燥、粉碎后的产品。

(1)蚕蛹粉的营养特性

①蚕蛹粉粗蛋白质含量高,在60%以上,必需氨基酸种类齐全,组成平衡,富含赖氨酸、蛋氨酸、色氨酸等。

②蚕蛹含少量粗纤维,不脱脂蚕蛹有效能值高。

③脂肪含量较高,约30%,富含亚油酸、亚麻酸等不饱和脂肪酸;钙、磷、镁等含量丰富,钙磷比为1:(4~5),是较好的动物性磷源饲料,含铁、锌、硒等微量元素。

④富含维生素A、维生素B、维生素D,维生素B_2含量较多。

(2)蚕蛹粉应用于生产

①蚕蛹粉的饲用价值:蚕蛹粉是高能值高蛋白饲料,可同时补充能量和蛋白质,在生产中被广泛使用;可鲜喂也可脱脂后再喂,但不可使用劣质品;用量不宜过大;与血粉搭配使用,效果较好。

②蚕蛹粉的验收与贮存:《饲料用柞蚕蛹粉》(NY/T 137—1989)中规定了饲料用蚕蛹粉的要求、检验规则、贮存等。要求:呈淡褐色粉状,无霉变及异味异嗅;水分不得超过12.0%;不得掺入饲料用柞蚕蛹粉以外的物质;以粗蛋白质、粗纤维、粗灰分为质量控制指标,按含量分为3级,见表3-23。

表3-23　饲料用柞蚕蛹粉的质量指标(NY/T 137—1989)

项目	等级		
	一级	二级	三级
粗蛋白质/%	≥55	≥50	≥45.0
粗纤维/%	<6.0	<6.0	<6.0
粗灰分/%	<4.0	<5.0	<5.0

饲料用柞蚕蛹粉的包装、运输和储存,必须符合保质、保量、运输安全和分类、分级储存的要求,严防污染。

6.脱脂奶粉

脱脂奶粉是牛奶经脱脂加工干燥而成的,色泽为乳白色或淡黄色,有乳香味,除脂肪降至1%左右外,其余营养成分含量基本无变化。乳蛋白不低于非脂乳固体的34%,脂肪不高于2%,含有乳糖、维生素 B 和矿物质。脱脂奶粉适口性较好,消化率高,是幼龄哺乳动物最佳蛋白质饲料,一般添加量为3% ~5%;是配制人工乳料的原料,在人工乳中一般添加10% ~20%。

三、认识单细胞蛋白质饲料

(一)单细胞蛋白质饲料的概念

《饲料工业术语》(GB/T 10647—2008)中单细胞蛋白质的定义是:通过工业方法增殖培养酵母、非病原细菌以及单细胞藻类等微生物而获得的菌体蛋白质。主要包括细菌、酵母、非病原菌、微型藻、真菌等。单细胞蛋白不是一种纯蛋白质,按生产原料不同,可分为石油蛋白、甲烷蛋白等;按菌的种类,可分为细菌蛋白、真菌蛋白等。

(二)单细胞蛋白质饲料的营养特性

粗蛋白质含量高,为50% ~85%,氨基酸组成合理,利用率高,营养价值与优质豆饼相当,蛋氨酸含量稍低;含有脂肪和糖类;富含维生素 B 和铁、锌、硒等微量元素。

(三)认识常用单细胞蛋白质饲料

1.饲料酵母

生产中饲料酵母应用得最多,《饲料酵母》(QB/T 1940—1994)将饲料酵母定义为:以碳水化合物(淀粉、糖蜜,以及味精、造纸、酒精等高浓度有机废液)为主要原料,经液态通风培养酵母菌,并从其发酵醪中分离酵母菌体(不添加其他物质),酵母菌体经干燥后制得的产品。酵母菌主要指产朊假丝酵母菌(*Candida utilis*)、热带假丝酵母菌(*Candida tropicalis*)、圆拟酵母菌(*Torula utilis*)、球拟酵母菌(*Torulopsis utilis*)和酿酒酵母菌(*Saccharomyces cerevisiae*)等。

(1)饲料酵母的营养特性

粗蛋白质含量高,为40% ~65%,可利用率高,氨基酸齐全且平衡,含有 20 多种氨基酸,蛋氨酸、精氨酸的含量低于鱼粉;脂肪含量为1% ~8%,碳水化合物含量为25% ~40%,粗灰分含量为6% ~9%,维生素 B 含量丰富,高于鱼粉,尤其是胆碱含量较高;酵母中含有酶和激素,可促进动物新陈代谢,增强抗病能力。

(2)饲料酵母应用于生产

饲料酵母的饲用价值。畜禽配合饲料中添加酵母,能大大提高饲料的利用率,但适口性不好,味苦,在日粮中添加比例不宜过高,一般添加量为2% ~10%;饲用酵母时,添加蛋氨酸和精氨酸,效果更好;酵母细胞膜不易被消化酶破坏,可添加自溶酶破坏细胞膜,加工成酵母粉饲喂。

饲用酵母的验收与贮存。以饲料原料啤酒酵母粉为例,《饲料原料 啤酒酵母粉》(NY/T 3970—2021)规定了饲料原料啤酒酵母粉的技术要求、取样、试验方法、检验规则、标签、包装、运输、储存和保质期等内容。

外观与性状:应为灰白色至棕褐色粉末,色泽均一,无肉眼可见外来杂质、异物,无结块,无酸腐气味或异臭味。在体视显微镜下观察,应呈现为色泽、形状均一的粉末;在生物显微镜下进行观察,应为纯净的啤酒酵母细胞,除酵母细胞外,观察不到其他杂质。碘反应不得呈蓝色。理化指标应符合表3-24的规定。

表 3-24　饲料原料啤酒酵母粉理化指标(NY/T 3970—2021)

项目	指标
水分	≤9.0
粗蛋白质	≥40.0
粗纤维	≤1.5
粗灰分	≤10.0

卫生指标:符合《饲料卫生标准》(GB 13078—2017)的规定。

产品在运输、贮存过程中不得与有毒、有害、有异味等物品混装、混运、混贮;贮存仓库要保持干燥、通风,防潮湿,不得露天堆放;仓库要定期进行检查,应防止鼠咬、虫蛀等现象;饲料酵母产品的保质期为12个月。

2.单细胞藻类

单细胞藻类是一种生活在水中的低等小型单细胞浮游生物体,无胚,以阳光为能源自养,以孢子进行繁殖。常见的单细胞藻类主要有绿藻和蓝藻两类。

螺旋藻俗称蓝绿藻,属于蓝藻。《饲料用螺旋藻粉》(GB/T 17243—1998)中将螺旋藻定义为:属蓝藻门、颤藻科、螺旋藻属。螺旋藻属原核生物,由于其植物体为螺旋形,因而称它为螺旋藻。它是由单细胞或多细胞组成的丝体,无鞘,圆柱形,呈疏松或紧密的有规则的螺旋状弯曲。细胞间的横隔壁常不明显,不收缩或收缩。顶端细胞呈圆形,外壁不增厚。目前世界上应用于生产的螺旋藻主要为钝顶螺旋藻(*Spirulina platensis*)和极大螺旋藻(*Spirulina maxima*)(图3-9、图3-10)。它是一种古老的低等原核单细胞或多细胞水生植物,体长200～500 μm,宽5～10 μm。形如钟表发条,呈螺旋状蓝绿色。

图 3-9　钝顶螺旋藻

图 3-10　极大螺旋藻

(1)螺旋藻的营养特性

粗蛋白质含量高,通常为60%～70%,氨基酸种类齐全且平衡;碳水化合物中粗纤维主要含胶原蛋白和半纤维素,通常为2%～4%,吸收率高;脂肪含量低,通常为干重的5%～6%,不饱和脂肪酸含量丰富,尤其是亚麻酸;此外,还含有水溶性维生素 B_1、维生素 B_2、维生素 B_6、维生素 B_{12} 和脂溶性维生素 E、维生素 K 等;富含常量矿物质元素钾、钙、镁、磷等,富含锌、铁、硒、碘等微量矿物质元素;含叶绿素、胡萝卜素等色素成分;含生物活性多糖,可调节机体机能,如藻蓝蛋白(CPC)、藻多糖(PSP)、γ-亚麻酸甲酯(GLAME)等。

(2)螺旋藻应用于生产

①螺旋藻的饲用价值:螺旋藻营养价值高,易消化,是畜禽优质的蛋白质饲料,能明显改善肉质,提高生产性能;富含胡萝卜素,可改善畜禽体毛的质量和观赏鱼的体色;富含生物活

性多糖,可增强抗病力,作为抗生素替代品。

②螺旋藻的验收与贮存:《饲料用螺旋藻粉》(GB/T 17243—1998)中规定了螺旋藻粉的技术要求,见表3-25—表3-26。

表3-25　饲料用螺旋藻粉感官要求(GB/T 17243—1998)

项目	要求
色泽	蓝绿色或深蓝绿色
气味	略带海藻鲜味,无异味
外观	均匀粉末
粒度	0.25 mm

表3-26　饲料用螺旋藻粉理化指标(GB/T 17243—1998)

项目	指标
水分/%	≤7
粗蛋白质/%	≥50
粗灰分/%	≤10

表3-27　饲料用螺旋藻粉每千克产品重金属限量(GB/T 17243—1998)

项目	指标
铅/%	≤6.0
砷/%	≤1.0
镉/%	≤0.5
汞/%	≤0.1

表3-28　饲料用螺旋藻粉微生物学指标(GB/T 17243—1998)

项目	指标
细菌总数/(个·g^{-1})	≤5×10^4
大肠菌群/(个·100 g^{-1})	≤90
霉菌/(个·g^{-1})	≤40
致病菌(沙门氏菌)	不得检出

产品应存放在避光、干燥的专用仓库中,不得与有害、有毒物品同时贮存。运输时严格防雨、防潮、防晒;产品保质期不少于18个月。

四、认识非蛋白氮饲料

(一)非蛋白氮饲料的概念

非蛋白氮是饲料中蛋白质外含氮化合物的总称,是一类简单的化学物质。《饲料添加剂品种目录》中的非蛋白氮饲料有尿素、碳酸氢铵、硫酸铵、液氨、磷酸二氢铵、磷酸氢二胺、缩二脲、异丁叉二脲和磷酸脲。

(二)非蛋白氮饲料的营养特性

非蛋白氮饲料含有氮元素,不供应能量,主要为反刍动物提供氮源,在瘤胃微生物的作用下合成菌体蛋白,补充蛋白质的营养,节约成本。

(三)认识常用非蛋白氮饲料

1. 尿素

尿素又名脲、碳酰胺,由碳、氢、氧、氮 4 种元素组成,化学式为 $CO(NH_2)_2$。它是一种白色结晶状有机化合物,易溶于水。尿素在反刍动物瘤胃微生物的作用下可合成菌体蛋白,1 kg尿素大约可替代 6.5 kg 的豆饼。

(1)尿素的饲喂形式

尿素可直接拌料饲喂,一般每 100 kg 体重的牛饲喂尿素 20～30 g;可制成舔块,供牛舔食;也可进行尿素青贮。青贮原料可选禾本科、豆科或其他根茎叶类作物,通常每 1 000 kg 青贮原料需加入 5～6 kg 尿素,将尿素溶化后,均匀地喷洒在青贮料中即可;可用尿素氨化秸秆,一般每百千克秸秆用含氮量46%的尿素 5 kg,食盐 0.5～1.0 kg,水 30～40 kg。

(2)尿素的饲喂剂量

体重为 100 kg 的牛,每日每头饲喂 20～30 g;体重为 140～220 kg 的牛,每日每头饲喂30～50 g;体重为 250～300 kg 的牛,每日每头饲喂 50～60 g;体重为 310～400 kg 的牛,每日每头饲喂 60～80g;体重为 410～600 kg 的牛,每日每头饲喂 80～120 g。每天分 2～3 次进行饲喂。

(3)饲喂尿素注意事项

①尿素只能喂成年牛和青年牛,不能喂犊牛。

②尿素必须与精料拌匀后再饲喂,不可单独饲喂,不可溶于水中饮用。

③尿素饲喂后,1 h 后再饮水,防止氨中毒。

④生豆类或豆饼中含有脲酶,会加速尿素分解,引起氨中毒,不可与尿素同喂。

⑤同体重同批次有 7～15 天适应期,由全剂量的 1/5 开始饲喂,逐渐增加。

⑥饲喂尿素时,注意添加硫酸盐、食盐等矿物质饲料,满足瘤胃微生物生长所需。

⑦一旦发现尿素中毒,应立即停止饲喂,可灌服食醋、酸奶等中和过量的氨,必要时进行瘤胃穿刺放气,配合兽医治疗。

2. 液氨

液氨又名无水氨,含氮约 80.2%,是一种有强烈刺激性气味的无色液体,生产中主要用于氨化处理秸秆、青贮饲料等,技术要求较低,成本不高。秸秆经液氨处理后,营养价值可提高1.9～2.2 倍,粗蛋白质含量提高 2 倍,反刍动物采食量提高 29%～50%;同时液氨具有抑菌、杀菌作用,在湿的饲料原料中加入氨,可有效抑制植物细胞中细菌、霉菌等微生物的活动,防止粗饲料变质。

📖 **任务小结**

蛋白质饲料中粗蛋白质含量高,营养价值较高。熟悉大豆籽实、豌豆籽实、羽扇豆、大豆饼粕、菜籽饼粕、棉籽饼粕、棕榈粕、玉米蛋白粉、DDGS 等植物性蛋白饲料与鱼粉、肉骨粉、血粉、水解羽毛粉、蚕蛹粉、脱脂奶粉等动物性蛋白饲料的营养特性、饲用价值与验收标准,确保饲料原料的安全选用,最大限度地发挥其饲用价值;认识饲料酵母、螺旋藻等单细胞蛋白饲料与尿素、液氨等非蛋白氮饲料的营养特性与饲喂价值,在生产中做到合理选择与饲喂,可提高利用效率。

思考与练习·············

一、单项选择题

1. 一般纯大豆粕容重为(　　　),将测得的结果与之比较,如果超出较多,说明该豆粕掺假。

A. 294.1~310.2 g/L　　　　　　　　　B. 394.1~410.2 g/L

C. 494.1~510.2 g/L　　　　　　　　　D. 594.1~610.2 g/L

2. 硒含量高达 1 mg/kg,位居常用植物性饲料之首的是(　　　)。

A. 小米　　　　　　B. 豆粕　　　　　　C. 菜籽粕　　　　　　D. 花生粕

3. 鱼粉氨基酸组成平衡,赖氨酸、蛋氨酸、色氨酸、胱氨酸含量高,但(　　　)相对缺乏。

A. 缬氨酸　　　　　B. 半胱氨酸　　　　C. 苏氨酸　　　　　　D. 精氨酸

4. 肉骨粉验收时,应符合《饲料卫生标准》(GB 13078—2017)的规定,不得检出(　　　)。

A. 大肠杆菌　　　　B. 沙门氏杆菌　　　C. 球菌　　　　　　　D. 弧菌

5. 下列饲料赖氨酸含量位居天然饲料之首的是(　　　)。

A. 肉骨粉　　　　　B. 鱼粉　　　　　　C. 蚕蛹粉　　　　　　D. 血粉

6. (　　　)过瘤胃蛋白含量约为70%,是反刍动物良好的"过瘤胃"蛋白源;与含赖氨酸、蛋氨酸、色氨酸高的蛋白质搭配饲喂,能获得良好的饲喂效果。

A. 肉骨粉　　　　　B. 鱼粉　　　　　　C. 水解羽毛粉　　　　D. 蚕蛹粉

二、多项选择题

1. 生大豆中含有抗营养因子和抗原蛋白,直接饲喂可导致生产性能下降,经(　　　)等方式加工处理后,饲喂效果改善。

A. 焙炒　　　　　　B. 干式挤压　　　　C. 湿式挤压　　　　　D. 微波处理

2.《大豆》(GB 1352—2023)中要求大豆应储存在(　　　)的仓库内,不应与有毒有害物质或水分较高的物质混存。

A. 清洁干燥　　　　B. 防雨、防潮　　　C. 防虫　　　　　　　D. 防鼠

3. 菜籽饼粕的营养特点是(　　　)。

A. 有效能值不高

B. 碳水化合物中淀粉含量不高且难消化,含有 8% 不易消化的戊聚糖

C. 粗纤维含量较高

D. 粗蛋白质含量高

4. 动物性蛋白饲料的营养特性是（　　　）。

A. 蛋白质含量高，氨基酸组成平衡

B. 碳水化合物含量少，不含粗纤维，有效能值高

C. 脂肪含量较高，但易氧化酸败，不适合长期贮存

D. 粗灰分含量高，钙磷比适宜，但利用率不高

5. 鱼粉蛋白质品质高，氨基酸结构平衡，钙磷比适当，但缺点也不少，主要有（　　　）。

A. 精氨酸缺乏，需配合日粮互补

B. 有鱼腥味，使产品带鱼腥味

C. 会产生肌胃糜烂素

D. 生鱼粉中含有维生素 B_1 分解酶，会影响维生素 B_1 的营养功能

6. 螺旋藻的营养特点有（　　　）。

A. 粗蛋白质含量高，为 60% ~ 70% ，氨基酸种类齐全且平衡

B. 碳水化合物中粗纤维主要含胶原蛋白和半纤维素，吸收率高

C. 脂肪含量高，不饱和脂肪酸含量丰富

D. 含有水溶性维生素 B_1 、维生素 B_2 、维生素 B_6 、维生素 B_{12} 和脂溶性维生素 E、维生素 K 等

三、判断题

1. 大豆赖氨酸含量较高，缺乏蛋氨酸等含硫氨基酸。　　　　　　　　　　　　（　　）

2. 未经加热处理的大豆饼粕可直接饲喂反刍动物；草食及杂食鱼类水产动物对豆粕蛋白质利用率可达 90% ，可用作蛋白质的主要来源。　　　　　　　　　　　　（　　）

3. 大豆饼粕粗纤维含量较多，饲喂幼畜用量应控制在 20% 或直接饲喂熟化的脱皮大豆粕。　　　　　　　　　　　　　　　　　　　　　　　　　　　　　　　　（　　）

4. 反刍动物饲喂棉酚，不存在中毒现象。　　　　　　　　　　　　　　　　　（　　）

5. 棕榈粕蛋氨酸、赖氨酸等必需氨基酸含量较低，但氨基酸利用率高，可显著降低畜牧养殖的生产成本，使用时注意添加赖氨酸、蛋氨酸等。　　　　　　　　　　　　（　　）

6.《饲料原料 水解羽毛粉》(NY/T 915—2017) 中规定水解羽毛粉的胱氨酸的含量 ≥3.0（以干物质含量 88% 为基础计）。　　　　　　　　　　　　　　　　　　　（　　）

7. 畜禽配合饲料中可大量添加酵母，能大大提高饲料的利用率。　　　　　　　（　　）

8. 尿素必须与精料拌匀后再饲喂，不可单独饲喂，水中饮用较为方便。　　　　（　　）

9. 一旦发现尿素中毒，应立即停止饲喂，可灌服食醋、酸奶等中和过量的氨，必要时进行瘤胃穿刺放气，配合兽医治疗。　　　　　　　　　　　　　　　　　　　　（　　）

任务七　认识矿物质饲料

任务描述

1. 了解矿物质饲料的分类。

2. 熟知常用矿物质饲料的营养特点及使用方法。

📠 **任务实施**

国际饲料分类法主要是以饲料中的水分、粗纤维、蛋白质的含量来划分,矿物质饲料属于第六大类。《饲料工业术语》(GB/T 10647—2008)中将矿物质饲料定义为:可供饲用的、天然的、化学合成的或经特殊加工的无机饲料原料或矿物元素的有机络合物原料。包括天然单一矿物质、人工合成的单一化合物、多种混合的以及混有载体或稀释剂的多种矿物质化合物。

一、认识天然矿物质饲料

(一)天然矿物质饲料的概念

《天然矿物质饲料通则》(GB/T 22144—2008)中将天然矿物质饲料定义为:为满足饲料营养和加工的需要,以可饲用的天然矿物质为原料,经物理加工制得的,在饲料中不以补充矿物元素为主要目的,具有一定功能和作用的物质,饲用时注意卫生标准应符合要求。在《饲料原料目录》中的天然矿物质饲料有凹凸棒石(粉)、贝壳粉、沸石粉、高岭土、海泡石、滑石粉、麦饭石、蒙脱石、膨润土、石粉、蛭石、腐殖酸钠、硅藻土等。

(二)认识常用天然矿物质饲料

1.凹凸棒石(粉)

凹凸棒石(粉)是一种具有独特层链状结构的水合镁铝硅酸盐黏土矿物,黏结力强,耐高温,具有良好的胶体性质、吸水性、阳离子可交换性、吸附脱色性等。可作为颗粒饲料的黏结剂,也可作为饲料添加剂促进动物新陈代谢,吸附大肠杆菌、肠道毒素等有害菌及有害成分,可提供畜禽生长必需的微量元素;还可作微量元素载体、稀释剂及畜禽舍净化剂。

2.贝壳粉

贝壳粉是一种由牡蛎壳、蚌壳、蛤蜊壳等贝壳类动物的外壳经消毒和粉碎加工制成的粉状或颗粒状饲料,通常呈灰白色、灰色、灰褐色。其主要成分是碳酸钙,含钙量为34%~38%,是动物优质的钙源。饲喂产蛋鸡,可增强蛋壳厚度;使用时需注意其中有无沙石、泥土、发霉发臭的生物尸体。

3.沸石粉

沸石是一种天然硅铝酸盐矿石,高温灼烧会产生沸腾现象,天然的沸石有40余种。沸石粉由天然的沸石岩磨细而成,颜色为浅绿色、白色。在畜禽生产中,沸石具有不易受潮、与含有结晶水的无机盐微量成分混合能吸附其中的水分、有多孔结构等特性,通常被用作添加剂预混料的载体和稀释剂,增强饲料的流动性、提高物料的可利用性、改善混合的均匀性。

4.海泡石

海泡石是一种纤维状的含水硅酸镁稀有矿石,呈白色、浅灰色、浅黄色等,遇水变柔软,不透明也没有光泽。具有非金属矿物中最大的比表面积(最高可达900 m^2/g)和独特的内容孔道结构,有很强的吸附能力,主要用作微量元素的载体或稀释剂。

5.麦饭石

麦饭石属火山岩类,是一种天然的硅酸盐矿物,具有吸附性、溶解性、调节性、生物活性和矿化性等,在我国曾作为"药石"防病治病。在动物消化道内,麦饭石经消化液浸泡后,可释放出铜、铁、钴、锌等20余种微量元素,提高生产性能;也可用作微量元素及其他添加剂的载体或稀释剂。

6.膨润土

膨润土是一种黏土岩,也称蒙脱石黏土岩、斑脱岩,皂土或膨土岩。它是以蒙脱石为主要矿物成分的非金属矿产,具有吸附性、膨胀性、阳离子交换等性能,主要化学成分是二氧化硅、三氧化二铝和水,含有铁、镁、钙、钠、钾等矿物质元素。在消化道内,能大量吸附水和有机质,延缓饲料通过的速度,提高利用率;可作为微量元素的载体或稀释剂。

7.石粉

石粉又称石灰石粉,白色晶体或粉末,无臭无味,是天然的碳酸钙,含钙约40%,补钙最廉价的原料。饲用碳酸钙分为重质和轻质两类钙系,天然石粉属于重质碳酸钙,利用率不如纯化工产品轻质碳酸钙;饲用时注意镁、铅、汞、砷、氟等元素的含量必须在卫生标准范围之内;饲喂时,猪用石粉的粒度通常为 $0.36 \sim 0.61$ mm,禽用石粉的粒度为 $0.67 \sim 1.30$ mm。

二、认识人工合成的矿物质饲料

(一)人工合成矿物质饲料的概念

人工合成矿物质饲料是除天然矿物质饲料外,工业合成的单一化合物及含有载体或稀释剂的多种矿物质化合物组成的添加剂,满足动物对矿物质元素的需求。

(二)认识常用人工合成的矿物质饲料

1.含磷的矿物质饲料

含磷的矿物质饲料主要有磷酸二氢钠、磷酸氢二钠、磷酸二氢钾、磷酸氢二钾等。其中磷酸二氢钠含磷量最高,约为25%;此类饲料不含钙,在钙需求量不高的配方中,作为磷源添加,不影响钙的比例;除含磷外,还含有钠、钾等常量矿物质元素,用以调节动物体内电解质的平衡,并提高生产性能;由于其吸水性强,有潮解性,因此应存放在干燥处。

2.既含钙又含磷的矿物质饲料

(1)磷酸盐

磷酸盐主要包括磷酸氢钙、磷酸二氢钙、磷酸三钙3种化学工业产品,最常用的是磷酸氢钙。磷酸氢钙为白色或灰白色粉末状,含钙24%,含磷18%,钙高磷低,可溶性是3种产品中最好的,畜禽对钙、磷的吸收利用率最高。磷酸二氢钙为白色结晶粉末,含钙17%,含磷26%,其磷高钙低,应注意调整。磷酸三钙也称磷酸钙,灰白色或茶褐色粉末,含钙29%,含磷15%,钙高磷低。日粮中添加磷酸盐矿物质饲料可以确保原料中有害物质氟、铝、砷等含量不超标。

(2)骨粉

《饲料用骨粉及肉骨粉》(GB/T 20193—2006)中将骨粉定义为:是以新鲜无变质的动物骨经高压蒸汽灭菌、脱脂或经脱胶、干燥、粉碎后的产品,为黄色至黄褐色油性粉状物。骨粉因加工工艺不同,营养成分差异很大。骨粉中钙的含量为25% ~ 35%,含磷量为11% ~ 15%,钙磷比约为2∶1,钙、磷平衡,是畜禽钙磷良好的来源;尽管骨粉中含氟量不高,杀菌消毒彻底可安全使用,但使用骨粉时依然要注意防止氟中毒;不能使用有异臭、有农药味、呈泥灰色的、品质低劣的产品。

3.含钠、氯的矿物质饲料

(1)氯化钠

常用的是食盐,以植物性饲料为主的动物都应该补充食盐,食盐可改善口味,增进食欲,促进消化。草食动物需要食盐较多,约为1%;猪和禽食盐一般用量为0.25% ~ 0.5%;确定食盐的用量时,还应考虑动物的体重、年龄、生产力、季节、水及饲料中盐的含量;补饲食盐时要注意不可过量,以免引起中毒;保证充足的饮水;在缺碘的地区,宜补饲加碘食盐。

（2）碳酸氢钠

碳酸氢钠俗称小苏打,由于食盐中氯比钠多,畜禽对钠的需要量一般比氯高,碳酸氢钠用于补充钠的不足,还是一种缓冲剂,可缓解动物的热应激,改善蛋壳的强度,保证瘤胃的正常 pH 值。在畜禽日粮中用量为 0.2% ~0.4%。

（3）无水硫酸钠

无水硫酸钠俗称芒硝、元明粉,白色粉末状物质,有倾泻性质;可补充钠、硫,钠含量在 32% 以上,硫含量在 22% 以上,可促生长,是畜禽钠、硫良好的来源。

4.微量元素矿物质饲料

动物所需的微量矿物质元素有铁、铜、锰、锌、钴、钼、铬、镍、钒、氟、硒、碘、硅、锡等 10 余种,其中需要量较多的是铁、铜、锌、锰、钴、碘、硒、钼、氟。微量元素用量不多,一般混合载体或稀释剂以添加剂预混料的形式添加,主要品种以饲料级规格出售,一般是硫酸盐、碳酸盐等矿物质及结晶化合物。

三、走进生产

在饲料生产中,矿物质的添加不能过量。若过量,未被吸收的过量矿物质元素如植酸磷中的磷、铁、铜、锌等会随粪便排出体外,污染环境,对人类健康产生危害。此外,应注意控制镁元素的含量,因为镁易与其他物质形成不可利用的磷酸盐;钙磷与体内锌、锰、铜、碘、铁、镁等存在拮抗性,最好不要同时饲喂;植物性饲料中草酸会影响钙的吸收。

📖 任务小结

矿物质饲料可为畜禽提供必需的矿物质元素。熟悉凹凸棒石（粉）、贝壳粉、沸石粉、海泡石、麦饭石、膨润土、石粉等天然矿物质饲料与磷酸二氢钠、磷酸氢二钠、磷酸氢钙、磷酸二氢钙、磷酸三钙、骨粉、氯化钠、微量元素矿物质饲料等人工合成矿物质饲料的营养特性和饲用价值,在生产中做到合理选择与饲喂,可提高利用效率。

常量矿物质饲料的认识

思考与复习 ....

一、单项选择题

1.骨粉中钙磷比约为（　　）,是钙、磷较平衡的矿物质饲料。

A.2 : 1　　　　B.3 : 1　　　　C.4 : 1　　　　D.1 : 1

2.下列既补钙又补磷的矿物质饲料是（　　）。

A.石灰石粉　　B.贝壳粉　　　C.食盐　　　　D.磷酸氢钙

3.下列补充钠的矿物质饲料是（　　）。

A.氯化钠　　　B.贝壳粉　　　C.硫酸镁　　　D.磷酸氢钙

4.下列补充硫的矿物质饲料是（　　）。

A.氯化钠　　　B.贝壳粉　　　C.硫酸钾　　　D.磷酸氢钙

5.下列补充镁的矿物质饲料是（　　）。

A.氯化钠　　　B.贝壳粉　　　C.硫酸镁　　　D.磷酸氢钙

二、多项选择题

1. 常用的含钙矿物质饲料有(　　　)。

A. 石灰石粉　　　　B. 贝壳粉　　　　　　C. 食盐　　　　　　　D. 碳酸氢钠

2. 常用于补硫的饲料有(　　　)。

A. 硫酸钠　　　　　B. 硫酸钾　　　　　　C. 硫酸镁　　　　　　D. 含硫氨基酸

3. 常量矿物质饲料包括(　　　)。

A. 钙源性饲料　　　B. 磷源性饲料　　　　C. 食盐　　　　　　　D. 含硫和含镁饲料

三、判断题

1. 常量矿物质通常是指在动物体内含量> 0.01%的矿物质元素。　　　　　　　(　　　)

2. 石粉中镁、铅、汞、砷、氟等元素的含量必须在卫生标准范围之内才能作为饲料使用。

(　　　)

3. 各类贝壳动物的外壳可不经消毒直接制成粉状产品饲喂畜禽。　　　(　　　)

4. 磷酸二氢钙既可补钙又可补磷。　　　　　　　　　　　　　　　(　　　)

5. 天然石灰石,只要铅、汞等重金属含量不超过安全系数,均可用作饲料。　(　　　)

任务八　认识饲料添加剂

任务描述

1. 了解饲料添加剂的分类。

2. 熟知饲料添加剂的营养特点及使用方法。

任务实施

国际饲料分类法主要以饲料中的水分、粗纤维、蛋白质的含量来划分,饲料添加剂属于第八大类,在生产中添加量相对较少。《饲料工业术语》(GB/T 10647—2008)中将饲料添加剂定义为:为满足特殊需要而在饲料加工、制作、使用过程中添加的少量或者微量物质,包括营养性饲料添加剂和非营养性饲料添加剂两大类。

一、认识饲料添加剂的基本条件

(一)安全性

长期使用不应对畜禽产生急慢性毒害作用与不良影响,所含有毒金属在卫生标准范围之内。

(二)稳定性

在饲料和畜禽体内应具有较好的稳定性。

(三)适口性

添加不影响饲料的适口性。

(四)不影响繁殖性能

不引起种用畜禽生殖生理改变,不影响胚胎生长发育。

（五）有效期

不使用失效或超出有效期的添加剂。

（六）有效性

有明显的经济和生产效果。

（七）环保性

不对环境造成污染，促进畜牧业可持续发展。

（八）残留量符合标准

添加剂及代谢产物在动物产品中无残留或残留量符合规定的安全标准。

二、认识饲料添加剂的分类

2013 年中华人民共和国农业部 2045 号公告公布了《饲料添加剂品种目录（2013）》。此后经过 6 次修订，目前目录中营养性饲料添加剂包括氨基酸 25 种、氨基酸盐及其类似物 7 种、维生素及类维生素 39 种、矿物元素及其络合物 82 种；非营养性饲料添加剂包括酶制剂 7 种、微生物 34 种、非蛋白氮 10 种、抗氧化剂 15 种、防腐剂、防霉剂和酸度调节剂 53 种、着色剂 30 种、调味和诱食物质 15 种、黏结剂、抗结块剂、稳定剂和乳化剂 62 种、多糖和寡糖 10 种、其他 22 种。

三、认识营养性饲料添加剂

（一）营养性饲料添加剂的概念

营养性饲料添加剂用于补充饲料营养成分的少量或者微量物质，包括饲料级氨基酸、维生素、微量矿物质元素、酶制剂等。

（二）认识常用营养性饲料添加剂

1. 氨基酸类饲料添加剂

添加氨基酸类饲料添加剂主要用于补足天然饲料中氨基酸缺乏或不平衡的营养缺陷，目前常用的饲料添加剂商品有赖氨酸、蛋氨酸、苏氨酸、色氨酸、精氨酸等。除甘氨酸外，一般天然存在和发酵生产的氨基酸为 L 型，化工合成的为 DL 型。

（1）赖氨酸

以玉米-豆粕为主的畜禽日粮中，赖氨酸是第一限制性氨基酸，必须添加。动物只能利用 L 型赖氨酸，目前赖氨酸饲料添加剂的商品形式是白色结晶或结晶性粉末 L-赖氨酸盐酸盐，以淀粉、糖质为原料发酵获得。《饲料添加剂 L-赖氨酸盐酸盐》（GB 34466—2017）中规定：L-赖氨酸盐酸盐含量（以干基计）应 ≥98.5%，L-赖氨酸含量（以干基计）应 ≥78.8%。主要用于猪、禽和犊牛饲料，一般添加量为 0.02%～0.06%；加工和贮存时需注意，L-赖氨酸受热或长期贮存易与还原性糖类发生美拉德反应，活性下降。

（2）蛋氨酸

以玉米-豆粕为主的畜禽日粮中，蛋氨酸是第二限制性氨基酸，尤其家禽最易缺乏，必须添加。目前蛋氨酸饲料添加剂的商品形式有 DL-蛋氨酸和 DL-蛋氨酸羟基类似物（液体）及钙盐（固体）。DL-蛋氨酸是以甲硫基丙醛、氰化物、硫酸及氢氧化钠为主要原料加工而成的，《饲料级 DL-蛋氨酸》（GB/T 17810—2009）中规定：DL-蛋氨酸的含量必须 ≥98.5%；蛋氨酸羟基类似物钙盐是以蛋氨酸羟基类似物和氢氧化钠为主要原料加工获得，《饲料添加剂 蛋氨酸羟基类似物钙盐》（GB 21034—2017）中规定：蛋氨酸羟基类似物钙盐含量（以干基计）应 ≥95.0%，蛋氨酸羟基类似物含量（以干基计）应 ≥84.0%。蛋氨酸在家禽中使用较多，一般添加量为 0.05%～0.20%。

（3）苏氨酸

以玉米-豆粕为主的畜禽日粮中,苏氨酸是第二限制性氨基酸,必须添加。畜禽只能利用L-苏氨酸,目前苏氨酸饲料添加剂的商品形式是白色至浅褐色结晶或结晶性粉末L-苏氨酸,以淀粉质或糖质为原料经发酵提取制成。《饲料添加剂　第1部分:氨基酸、氨基酸盐及其类似物 L-苏氨酸》(GB 7300.101—2019)中规定:L-苏氨酸含量(以干基计)为98.5% ~101.5%。苏氨酸缺乏会使畜禽生产性能下降,注意添加,仔猪日粮中赖氨酸与苏氨酸的最佳比例是5∶1。

（4）色氨酸

色氨酸也是较易缺乏的必需氨基酸。目前色氨酸饲料添加剂的商品形式有L型和DL-型两种,常用L-色氨酸,是白色至微黄色结晶或结晶性粉末,以微生物发酵生产获得。《饲料添加剂 L-色氨酸》(GB/T 25735—2010)中规定:L-色氨酸含量(以干基计)≥98.0%。色氨酸在玉米中缺乏较严重,在大豆中含量较高,以玉米-豆粕为主的畜禽日粮中,一般不缺乏色氨酸;但若日粮中使用除豆饼豆粕外的饲料饼粕,易引起色氨酸不足;色氨酸在体内可转化成烟酸。

（5）精氨酸

精氨酸是畜禽生长所必需的氨基酸。目前精氨酸饲料添加剂的商品形式有L型和DL-型两种,常用L-精氨酸,是白色结晶或结晶性粉末,以人的毛发、畜禽毛、羽等蛋白质原料经水解,或以淀粉质等原料经发酵提取后获得。《饲料添加剂 L-精氨酸》(GB 36897—2018)中规定:L-精氨酸含量(以干基计)为98.5% ~101.5%。谷实类和豆类饲料中精氨酸含量较高,以玉米-豆粕为主的畜禽日粮中,一般不缺乏精氨酸;但配制纯合日粮时,需要添加。

2.维生素类饲料添加剂

维生素类饲料分为纯制剂、包被处理制剂、稀释制剂3类。纯制剂为单一高浓度制剂,稳定性好,化合物含量在95%以上。包被处理制剂是将稳定性较差的脂溶性维生素和维生素C,用包被技术处理所得,目的是提高稳定性;稀释制剂是利用载体或稀释剂制成的不同浓度的维生素预混合饲料。常见的是稀释制剂,《饲料工业术语》(GB/T 10647—2008)中维生素预混合饲料的定义:由两种或两种以上维生素与载体和(或)稀释剂按一定比例配制的均匀混合物。

维生素添加剂的种类根据溶解性分为脂溶性和水溶性制剂两种。常用的脂溶性维生素制剂维生素A、维生素D_3、维生素E、维生素K_3;水溶性维生素制剂有维生素B_1、维生素B_2、维生素B_6、维生素B_{12}、尼克酸、生物素、叶酸、胆碱、维生素C等。具体商品形式及规格见表3-29。

表3-29　维生素添加剂商品形式及规格

种类	商品形式	产品规格指标	纯度	国标
维生素A	维生素A乙酰酯微粒	50万 IU/g	90% ~120%	GB/T 7292—1999
维生素D_3	维生素D_3（微粒）	不低于50万 IU/g	90% ~110%	GB 9840—2017
维生素E	维生素E		≥92%	已废止

续表

种类	商品形式	产品规格指标	纯度	国标
维生素 K_3	亚硫酸氢钠甲萘醌（维生素 K_3）	MSB 94%,25%,50%；MSI3C 30%；MPB 47%~50%（新品最稳定）	≥50%	GB 7294—2017
生物素	D-生物素		97.5%~101.0%	GB 36898—2018
叶酸	叶酸		95.0%~102.0%	GB 7302—2018
烟酸	烟酸		99.0%~100.5%	GB 7300—2017
泛酸	D-泛酸钙		98.0%~101.0%	GB/T 7299—2006
核黄素	维生素 B_2	96%,98%	96%:96.0%~102.0% 98%:98.0%~102.0%	GB/T 7297—2006
硫胺素	盐酸硫铵,硝酸硫铵		98.5%~101.0% 98.0%~101.0%	GB 7295—2018 GB 7296—2018
吡哆醇	维生素 B_6（盐酸吡哆醇）		98.0%~101.0%	GB 7298—2017
维生素 B_{12}	维生素 B_{12}（氰钴胺）粉剂		90.0%~130.0%	GB/T 9841—2006
维生素 C	L-抗坏血酸（维生素 C）		99.0%~100.5%	GB 7303—2018

在实际生产中,维生素的实际添加量需要在饲养标准需要量的基础上加上一定的安全系数,因为在饲料加工、贮存过程中维生素易损失,水溶性维生素损失较大。根据饲养管理水平和工作经验添加,一般按需要量的 1~3 倍添加。维生素 C 一般添加 100 mg/kg。

3. 矿物质类饲料添加剂

《饲料工业术语》（GB/T 10647—2008）中将微量元素预混合饲料定义为:由两种或两种以上微量元素与载体和(或)稀释剂按一定比例配制的均匀混合物。动物对微量元素的需要量相对较少,但必不可少,常用的微量元素添加剂的商品形式有硫酸铜、碘化钾、硫酸亚铁、硫酸锰、亚硒酸钠、硫酸锌等含结晶水的化合物。

微量元素添加剂的商品形式在不断发展,先后经历无机盐、简单有机化合物、微量元素氨基酸螯合物、缓释微量元素 4 种形式。其中,微量元素氨基酸螯合物和缓释微量元素,如赖氨酸铜、蛋氨酸锌等,更易吸收利用,有效提升畜禽的生产性能。使用时要综合考虑价格、适口性、安全性等因素。

4. 酶制剂

《饲料工业术语》（GB/T 10647—2008）中将酶制剂定义为:为提高动物对饲料的消化、利用效率或改善动物体内的代谢效能而加入饲料中的酶类物质。

《饲料用酶制剂通则》（NY/T 722—2003）中饲料酶制剂可分为饲料用单一酶制剂、复合酶制剂和混合酶制剂 3 类。可用作饲料用酶制剂的酶种主要有强化动物内源性消化酶的酶种(酸性蛋白酶、淀粉酶、糖化酶)、分解非淀粉多糖类抗营养因子的酶种(木聚糖酶、甘露聚糖酶)、破坏其他抗营养因子的酶种(果胶酶、植酸酶)。目前,我国酶制剂产品主要包括糖化酶、淀粉酶、纤维素酶、蛋白酶、植酸酶、半纤维素酶、果胶酶、饲用复合酶、啤酒复合酶9类。

酶制剂是一类高效无毒的绿色饲料添加剂,选用时,应考虑饲料类型、畜禽种类、日龄等因素,防止高温受热变性。

四、认识非营养性饲料添加剂

(一)非营养性饲料添加剂的概念

非营养性饲料添加剂为保证或改善饲料品质,促进饲养动物生产,保障动物健康,提高饲料利用率而加入饲料中的少量或微量物质,包括一般饲料添加剂和药物饲料添加剂;一般饲料添加剂为保证或改善饲料品质,提高饲料利用率而加入饲料中的少量或微量物质;药物饲料添加剂为预防动物疾病或影响动物某种生理、生化功能,而添加饲料中的一种或几种药物与载体或稀释剂按规定比例配制而成的均匀预混物。

2019年中华人民共和国农业农村部发布第194号公告,称"自2020年1月1日起,退出除中药外的所有促生长类药物饲料添加剂品种,自2020年7月1日起,饲料生产企业停止生产含有促生长类药物饲料添加剂(中药类除外)的商品饲料"。

(二)认识常用非营养性饲料添加剂

1.生长促进类饲料添加剂

微生态制剂是一种活菌制剂,通过促进机体内有益微生物菌群的生长繁殖,抑制致病菌,调理肠道微生态平衡,达到促进生长的目的,主要包括益生菌、益生素、合生素等。《饲料工业术语》(GB/T 10647—2008)中将益生菌定义为直接饲喂微生物,活的微生物制剂,当以恰当剂量摄入时,能产生有益于宿主健康的影响;益生素是一种不能被消化的食物成分,能够通过选择性刺激已定植于结肠的某一种或有限几种菌种的生长和(或)活性来改善宿主的健康;合生素是益生菌与益生素的混合物,通过促进饲粮中活的微生物补充剂在宿主胃肠道中的生存和定值来产生对宿主健康有益的影响。畜禽生产中常用的微生态制剂有乳酸菌、杆菌、酵母菌、中药微生态饲料添加剂等,是可替代抗生素的绿色饲料添加剂。

2.饲料保存类饲料添加剂

饲料在贮存期间,在一定环境温度和湿度下,易受微生物的影响,引起变质,添加饲料保存剂,可防止饲料品质下降。常用的有抗氧化剂、防腐剂和防霉剂。《饲料工业术语》(GB/T 10647—2008)中定义:抗氧化剂是为了防止饲料中某些成分被氧化变质而加入饲料的添加剂,常用的有还原剂(抗坏血酸及其盐类等)、阻滞剂(抗坏血酸棕榈酸酯、乙氧基喹啉等)等;防腐剂是为了延缓或阻止饲料发酵、腐败而加入饲料的添加剂,常用的有山梨酸、柠檬酸等;防霉剂是为了防止饲料中霉菌繁殖而加入饲料的添加剂,常用的有有机酸(丙酸、苯甲酸等)、有机酸盐或酯(丙酸钙、苯甲酸钠)、复合防霉剂。

3.品质改良类饲料添加剂

为改善动物性产品外观形态、适口性、流散性等性能,提升产品价值,添加品质改良类饲料添加剂,常用的有调味剂、着色剂、黏结剂、抗结块剂等。《饲料工业术语》(GB/T 10647—2008)中定义:调味剂是为了改善饲料适口性、增进动物食欲而加入饲料的添加剂,常用的有鲜味剂、甜味剂等;着色剂是为了改善动物产品或饲料的色泽而加入饲料的添加剂,常用的有天然色素或萝卜素和叶黄素、人工合成色素胡萝卜素醇等;黏结剂是为了增加粉状饲料成型能力或颗粒饲料抗形态破坏能力而加入饲料的添加剂,常用的有木质素磺酸盐、羟丙基甲基纤维素及钠盐、膨润土、玉米面等;抗结块剂是为了保持饲料或饲料原料具有良好的流散性而加入饲料的添加剂,常用的有硬脂酸钙、硅藻土等。

4.其他类饲料添加剂

其他类饲料添加剂主要包括《饲料添加剂目录》品种目录中的天然类固醇萨洒皂角苷(源自丝兰)、天然三萜烯皂角苷(源自可来雅皂角树)、二十二碳六烯酸(DHA)、糖萜素(源自山茶籽饼)等,有促进生长作用的脂类物质。

五、走进生产

生产中不可滥用饲料添加剂。选用饲料添加剂应在《饲料添加剂品种目录(2013)》中,国家明令禁止使用的添加剂不能使用;长期使用某种饲料添加剂,应确保不对动物产生任何危害和不良影响,在动物产品中残留量应符合饲料添加剂卫生标准规定;选用添加剂应充分了解其特性,避免与其他营养物质产生拮抗作用;添加剂添加量较少,需合理选用载体或稀释剂,才能与饲料充分混匀。

📖 任务小结

饲料添加剂在生产中添加量不大,但必须具备安全性、稳定性、适口性、不影响繁殖性能、有效期、有效性、环保性、残留量符合标准等基本条件,在《饲料添加剂品种目录(2013)》中的添加剂才能应用于生产。熟悉饲料级氨基酸、维生素、微量矿物元素、酶制剂等营养性饲料添加剂和生长促进类、饲料保存类、品质改良类等非营养性饲料添加剂的营养特性和饲用价值,在生产中做到合理选择与饲喂,提高利用效率。

饲料资源的开发与利用

思考与练习........

一、单项选择题

1.除甘氨酸外,一般天然存在和发酵生产的氨基酸为 L 型,化工合成的为(　　　)。

A. D 型　　　　　　B. L 型　　　　　　C. LL 型　　　　　　D. DL 型

2.仔猪日粮中赖氨酸与苏氨酸的最佳比例是(　　　)。

A. 1∶2　　　　　　B. 2∶1　　　　　　C. 3∶1　　　　　　D. 5∶1

3.(　　　)在体内可转化成烟酸。

A. 赖氨酸　　　　　　B. 色氨酸　　　　　　C. 蛋氨酸　　　　　　D. 亮氨酸

4.为了改善饲料的流动性,可在饲料中添加(　　　)。

A. 益生菌　　　　　　B. 合生素　　　　　　C. 抗氧化剂　　　　　　D. 抗结块剂

5.添加抗结块剂是为了保持饲料或饲料原料具有良好的(　　　)。

A. 适口性　　　　　　B. 流散性　　　　　　C. 色泽性　　　　　　D. 抗氧化性

二、多项选择题

1.使用饲料添加剂要注意安全性、稳定性、(　　　)等。

A. 适口性　　　　　　B. 有效性　　　　　　C. 季节性　　　　　　D. 有效期

2.营养性饲料添加剂包含(　　　)。

A. 氨基酸、氨基酸盐及其类似物

B. 维生素及类维生素

C. 矿物元素及其络合物

D. 着色剂、调味和诱食物质、抗氧化剂、防腐剂

3. 常用的脂溶性维生素制剂有(　　　)。

A. 维生素 A　　　　　　B. 维生素 D_3　　　　　C. 维生素 E　　　　　　D. 维生素 K_3

4. 精氨酸可以通过(　　　)获得。

A. 人的毛发水解

B. 畜毛水解

C. 禽羽毛水解

D. 淀粉质等原料发酵提取

5. 微量元素添加剂的商品形式先后经历了无机盐、简单有机化合物、微量元素氨基酸螯合物、缓释微量元素 4 种形式。其中(　　　)更易吸收利用,可有效提升畜禽的生产性能。

A. 硫酸铜　　　　　　　　　　　　B. 复合微量元素缓释丸

C. 羟基蛋氨酸锰　　　　　　　　　D. 乙二胺四乙酸铜钠

6. 为了防止饲料品质下降,可以按规定在饲料中添加(　　　)。

A. 抗坏血酸及其盐类　　　　　　　B. 抗坏血酸棕榈酸酯

C. 柠檬酸　　　　　　　　　　　　D. 丙酸

7. 下列添加剂有促进生长作用的脂类物质的是(　　　)。

A. 天然类固醇萨洒皂角苷　　　　　B. 天然三萜烯皂角苷

C. 抗坏血酸棕榈酸酯　　　　　　　D. 糖萜素

三、判断题

1. L-赖氨酸盐酸盐在仓库中能长期保存。　　　　　　　　　　　　　　(　　)

2. 蛋氨酸是第二限制性氨基酸,尤其家禽最易缺乏,必须添加。　　　　(　　)

3. 以玉米-豆粕为主的畜禽日粮中,一般需要补饲色氨酸。　　　　　　(　　)

4. 谷实类和豆类饲料精氨酸含量较高。　　　　　　　　　　　　　　　(　　)

5. 生产过程中,添加维生素必须按规定的需要量添加不能额外添加。　　(　　)

模块二
设计饲料配方

📚 知识目标

1. 熟知饲料概念与配合饲料的基础知识。
2. 掌握畜禽全价配合饲料配方设计的方法。
3. 掌握畜禽浓缩饲料配方设计的方法。
4. 掌握畜禽添加剂预混合饲料配方设计的方法。

📖 能力目标

1. 能辨别饲料产品的种类。
2. 能设计畜禽全价配合饲料配方。
3. 能设计畜禽浓缩饲料配方。
4. 能设计畜禽添加剂预混合饲料配方。

📚 素质目标

1. 具有综合应用动物营养学相关知识、技能、能力、价值观念以及解决问题的系统思维。
2. 具有团队合作精神。
3. 具有终身学习意识,能够自主学习畜禽饲料配方设计的新知识和新技能。

🗂 思政目标

1. 具备与"服务'三农'"相适应的劳动素养、劳动技能。
2. 具备饲料原料安全观。
3. 具备探究和求真务实的学习态度及严谨科学的专业精神。

饲料配方是应用适当的线性或非线性决策模型,参照动物饲养标准、饲料原料营养成分、原料的现状与价格等,确定不同饲料原料最优的组合与配比,满足动物的营养需求与人类需求。饲料配方设计是科学饲养在实践中应用的首要环节,需遵循营养性原则、科学性原则、安全性和合法性原则、经济适用原则、市场性原则、创新性原则等。常用的饲料配方设计方法有代数法、交叉法、试差法、配方软件法等。

科学史话

《淮南万毕术》大约成书于公元前 2 世纪的秦汉时期,该书中记载的"麻盐肥豚豕"即让猪肥美的方法:"取麻子三升,捣千余杵,煮为羹,以盐一升着中,和以糠三斛,饲豕即肥也。"意思是用水麻子和盐一起,研成末,同糠喂食,可促进猪增肥。此方法是我国历史上第一个饲料配方,短短数字,将饲料配方、加工及饲养,描述得清清楚楚,浓缩了古人的智慧,仍需今人系统研究、科学总结与推广应用。

项目四
设计配合饲料配方

项目描述

1. 了解饲料的有关术语与饲料产品的分类。
2. 掌握饲料配方设计的基本方法。
3. 会用试差法和计算机辅助法设计简单的全价配合饲料配方。

知识准备

国家标准《饲料工业术语》(GB/T 10647—2008)中将配合饲料定义为:根据饲养动物的营养需要,将多种饲料原料和饲料添加剂按饲料配方经工业化加工的饲料。它是一种营养相对均衡的饲料。

通常单一饲料不能满足动物的营养需要。配合饲料的优越性体现在:①科技含量高。能充分发挥生产动物的潜力,提高生产效益。②可节约粮食。能合理、高效地利用各种饲料资源,节约粮食成本。③饲用安全且营养。遵循国家标准,选用安全,营养全面的原料,具有预防疾病、保健、促进生长等作用。④促进养殖业现代化。配合饲料采用工业化、机械化生产,减少劳动力,质量稳定。目前,越来越多的养殖户选择使用大企业生产的超长高温制粒的全价配合饲料,原因在于:大企业不采购同源性和疫情区原料,并对原料进行严格检测,检测合格后才能入仓,从源头上切断传染源;大企业原料采购流程短,从码头直接到工厂,环节少,原料车全面消毒后才能进厂,感染非瘟病毒的风险小;大企业生产工艺更先进、更规范,尤其是高温制粒工艺可有效杀死非瘟病毒,如饲料经过 85 ℃、3 min 制粒,超长高温熟化,杀毒更彻底,营养消化吸收率更高,产品更安全。

任务一　认识饲料的概念与产品分类

任务描述

1. 了解饲料的概念。
2. 了解饲料产品的分类。
3. 生产中会根据需要合理选择饲料原料与产品。

任务实施

一、认识饲料的概念

生产中通常是群饲,按大群畜禽的营养需要生产大量的配合饲料,如饲粮、日粮、平衡日粮或全价日粮等。国家标准《饲料工业术语》(GB/T 10647—2008)中将饲粮定义为：按日粮中各种饲料组分的比例配制的饲料；将日粮定义为：单个饲养动物在一昼夜(24 h)内按所需营养确定的应采食的饲料总量；平衡日粮或全价日粮是指日粮中各种营养物质的种类、数量及其相互比例能满足畜禽的营养需要。单一饲料通常不能满足畜禽的营养需要，也不能构成日粮、饲粮。

二、认识饲料产品的种类

(一)按饲料产品的营养成分分类

国家标准《饲料工业术语》(GB/T 10647—2008)中的饲料产品按营养成分可分为添加剂预混合饲料、浓缩饲料、配合饲料、精料补充料 4 类。添加剂预混合饲料与蛋白质饲料、矿物质饲料或氨基酸混合即为浓缩饲料，浓缩饲料再与能量饲料混合，即为单胃动物的全价配合饲料或反刍动物的精料混合料。

1. 添加剂预混合饲料

由于添加剂原料用量极少，一般添加 0.01% ~ 10.00% 很难均匀与饲粮混合，为方便起见，将两种(类)或两种(类)以上饲料添加剂与载体或稀释剂按一定比例配制成的均匀混合物即为添加剂预混合饲料，简称预混料。它是复合预混合饲料、微量元素预混合饲料、维生素预混合饲料的统称。一般在配合饲料中占比为 0.5% ~5% 。

复合预混合饲料是由微量元素、维生素、氨基酸中任何两类或两类以上的组分与其他饲料添加剂及载体和(或)稀释剂按一定比例配制的均匀混合物；微量元素预混合饲料是由两种或两种以上微量元素与载体和(或)稀释剂按一定比例配制的均匀混合物；维生素预混合饲料是由两种或两种以上维生素与载体和(或)稀释剂按一定比例配制的均匀混合物。添加剂预混料是半成品，必须按一定比例与蛋白质饲料、常量矿物质饲料和能量饲料混合成配合饲料后，才能饲喂。

2. 浓缩饲料

浓缩饲料又称蛋白质补充饲料，蛋白质含量高，使用方便。主要由蛋白质饲料、矿物质饲料(钙、磷和食盐)和饲料添加剂按一定比例配制的均匀混合物。一般在全价配合饲料中占比为 15% ~40% 。浓缩饲料也为半成品，不能直接饲喂动物，需按规定比例与能量饲料混合后制成全价配合饲料。

3. 配合饲料

配合饲料根据饲养动物的营养需要，将多种饲料原料和饲料添加剂按饲料配方经工业化加工的饲料。配合饲料营养均衡，可直接饲喂，满足动物营养需要。

4. 精料补充料

精料补充料多用于牛、羊等草食家畜，为补充以饲喂粗饲料、青饲料、青贮饲料等为主的草食动物的营养，而用多种饲料原料和饲料添加剂按一定比例配制的均匀混合物。一般由浓缩饲料和能量饲料组成。

(二)按饲料产品的加工形状分类

1. 粉料

粉料是配合饲料常用的形式，生产工艺简单，加工成本低，容易与其他饲料搭配。但加工过程中粉尘较大，养分易受外界环境干扰，采食易造成损失，易引起动物挑食。

2. 颗粒饲料

颗粒饲料是以粉料为基础,经蒸汽调质、加压、冷却等工序制成的颗粒状配合饲料。大多为圆柱状,容重较大,适口性好,可提高动物的采食量,也可避免动物挑食。但在高温制粒过程中,部分维生素、酶等活性会下降。颗粒料主要用作幼龄动物、肉用动物的饲料以及鱼的饵料。

3. 破碎料

破碎料是颗粒饲料的一种形式,一般将加工好的颗粒饲料碾碎成 2 ~ 4 mm 大小的碎粒。破碎料主要用于饲喂雏鸡等小动物。

4. 压扁饲料

压扁饲料是将籽实饲料(如玉米、高粱等)去皮(反刍动物可不去皮),添加 16% 的水,经蒸汽加热至 120 ℃左右,压扁,冷却,干燥后,加入饲料添加剂制成的扁片状饲料。饲料通过压扁增大其表面积,促进消化,能提高能量利用效率。压扁饲料可单独饲喂动物,应用广泛,使用方便。

5. 膨化饲料

膨化饲料是由粉状饲料加工而成的,将混合好的粉料加水加温呈糊状,同时在 10 ~ 20 s 内加热到 120 ~ 180 ℃,经高压喷嘴挤压干燥,物料由高压、高温状态迅速进入常压后,水分瞬间蒸发,组织结构膨胀形成疏松多孔的饼干状,再经切刀切成适当大小的饲料。因其适口性好,易消化,是幼龄动物良好的开食料。因其密度小,多孔,保水性好,也是水产养殖中的最佳浮饵。

(三)按饲料产品饲喂对象种类、阶段和性能分类

按饲喂对象分为单胃动物配合饲料(如猪、鸡、鸭等)、反刍动物配合饲料(如牛、羊)、单胃草食动物配合饲料(如马、兔)、水产动物配合饲料(如鱼、虾)。根据年龄、生长阶段、不同生理时期及生产用途不同,又可具体分为阶段配合饲料。如产蛋鸡配合饲料按日产蛋率可分为开产至高峰期(产蛋率>85%)、高峰后(产蛋率<85%)两种阶段饲料。

1. 猪用配合饲料

猪用配合饲料包括仔猪、育肥猪、种母猪、种公猪、后备母猪等。正大集团仔猪料按体重分为代乳宝(教槽 10 kg 以前)、乳猪宝(18 kg 以前)和仔猪宝(30 kg 以前)3 类;育肥猪料按体重分为小猪宝(30 ~ 45 kg)、中猪宝(45 ~ 60 kg)、壮猪宝(60 ~ 100 kg)、肥猪宝(100 kg 至出栏)4 类;母猪料按体重分为仔多宝(配种至妊娠 84 天)、奶多宝(妊娠 85 天至配种)2 类。

2. 鸡用配合饲料

鸡用配合饲料分肉鸡、产蛋鸡和种鸡 3 类。肉鸡按周龄分为 0 ~ 3 周龄、4 ~ 6 周龄和 7 ~ 8 周龄 3 类;产蛋鸡和种鸡按周龄分为 0 ~ 6 周龄、7 ~ 14 周龄、15 ~ 20 周龄、开产至高峰期(产蛋率>85%)、高峰后(产蛋率<85%)5 类。

3. 马、牛、羊用配合饲料

马、牛、羊用配合饲料包括幼马、基础母马、种公马、服役马、犊牛、产奶牛、肉牛、役用牛、种公牛、羔羊、基础母羊、种公羊等使用的饲料。

4. 其他畜禽及鱼类配合饲料

其他畜禽及鱼类配合饲料包括兔(肉用兔和毛皮兔)、鹿、貂(水貂和紫貂)等经济动物,鸭、鹅等禽类,草鱼、青鱼、鲤鱼等鱼类使用的饲料。

三、选择饲粮原料

（一）猪禽饲粮原料的选择

猪禽一般选用能量饲料（如玉米、麸皮等）、蛋白质饲料（如豆粕、花生粕等）、矿物质饲料（如磷酸氢钙、石粉、食盐等）和添加剂预混合饲料。

1. 猪饲粮原料的选择

（1）仔猪饲粮原料的选用

仔猪饲粮原料的选用需要遵循仔猪消化器官不发达、胃酸分泌不足、消化酶系不健全等消化生理特点。

①选用优质的蛋白质饲料原料。尽量选用易消化的动物性蛋白质饲料，如鱼粉、肉粉等。植物性蛋白质饲料不宜过高，应尽量选用加工良好的膨化大豆粉、分离大豆蛋白等。

②选用植物性油脂补充能量。可选用纯度高的大豆油、玉米油、椰子油、菜籽油、棕榈油等，注意添加抗氧化剂防止氧化，可加入乳清粉、乳糖或脱脂奶粉等提高饲粮的适口性、消化率及能值。

③选用饲料添加剂提高饲粮的利用率。在饲粮中添加适量的酶制剂、酸化剂、香味素等，可提高饲料利用率，增加采食量。

（2）中大猪饲粮原料的选用

中大猪消化机能相对成熟，日粮中各种营养物质的需求量不需太高。

①可广泛选用饲粮原料。可选用玉米、豆粕、大麦、稻谷、高粱籽实及糠麸、饼粕类加工副产品、优质粗饲料、青饲料等。可用植物性饲料原料替代动物性饲料原料，降低成本。

②考虑原料的营养价值。选择植物性饲粮原料时，要考虑原料的适口性。对于含有抗营养因子及有毒有害物质的饲粮原料，要选用恰当的加工调制方法进行处理。

③育肥后期能值不宜过高。生长育肥后期，脂肪沉积能力最强，不能选用油脂含量高的饲粮，防止胴体脂肪变软，降低肉质。

（3）种猪饲粮原料的选用

种猪日粮配制需要防止生长速度过快、体况过肥，可选用粗饲料或营养浓度低的饲粮原料。

①选用含粗纤维的饲料原料。一方面用于维持种猪良好的体况、较高的繁殖性能；另一方面促进肠道蠕动，减少便秘的发生。可选用糠麸类、草粉、叶粉等。

②适当增加矿物质微量元素和维生素的供给。可选用饲料添加剂以及富含微量元素和维生素的天然饲料原料。

③妊娠母猪饲粮原料品质要求高。需要按照母猪妊娠不同阶段调整饲粮种类及各组分比例。妊娠前期适当增加能量饲料糠麸、青饲料、粗饲料的用量。妊娠后期一方面胎儿生长发育迅速；另一方面哺乳阶段泌乳，对饲粮蛋白质品质与氨基酸组成、钙磷比、维生素和微量元素等均要求高。

2. 家禽饲粮原料的选择

（1）肉用仔鸡饲粮原料的选用

肉用仔鸡具有生长速度快、饲料转化效率高等特点，选用饲粮原料需要遵循"高能量、高蛋白"的原则。

①选用能值高、蛋白质高的饲料原料。尽量选用玉米、豆粕、鱼粉等优质饲料原料，而少

用粗纤维含量高的原料。可添加5%以下的动植物油脂,满足肉用仔鸡对能量的需要。

②注意饲料对肉仔鸡品质的影响。禽饲料中添加高水平维生素E、高钙、着色剂等,可改善肉用仔鸡皮肤颜色,提高肉质。

（2）蛋鸡饲粮原料的选用

蛋鸡饲粮原料的选用需综合考虑饲养阶段、品种、体重、蛋壳质量、饲养管理条件等。

①雏鸡饲粮原料的选用。雏鸡消化系统发育不健全、消化道内缺乏消化酶、消化能力较差,应选用玉米、豆粕、优质鱼粉等粗纤维含量低、营养价值高、易消化的饲料原料。

②育成鸡饲粮原料的选用。育成鸡通常采用限制饲喂方式进行饲养,即减少精饲料的用量,避免蛋鸡过肥。可选用糠麸类农副产品、优质植物茎叶等,降低成本。

③产蛋鸡饲粮原料的选用。蛋鸡原料选用注意粒度不能过小、黏度不能过大、钙水平要高、不能引起蛋黄异味等。可选用骨粉、石粉等补钙,可选用着色剂增加蛋黄颜色,可添加维生素、微量元素和必需脂肪酸等,提高产蛋量与蛋品质。

（二）草食动物饲粮原料的选择

1. 哺乳犊牛饲粮原料的选用

初生犊牛瘤胃容积小,消化养分主要依靠真胃及下部消化道,大约在6周龄时达到类似成年牛的状态,可依靠瘤胃内微生物消化饲料。大约在3月龄时,达到成年牛的水平。犊牛应选用优质的饲粮原料,如脱脂奶粉、乳糖、油脂、优质鱼粉、添加剂等。

2. 育成牛饲粮原料的选用

3月龄以上的育成母牛,可饲喂质量较好的粗饲料或一般粗饲料与精饲料的混合物,满足营养需要;育成公牛,应以精饲料为主,添加粗饲料,促进瘤胃发育,防止后期采食不足。6～12月龄的生长奶牛,应以优质牧草、干草、多汁饲料为主,辅助少量精料。12～18月龄,粗料占比增至75%。18～24月龄,粗料占70%～75%,精料占25%～30%。

3. 泌乳奶牛饲粮原料的选用

泌乳奶牛以青粗饲料为主,精料补充量依据产奶量高低确定。通常选用高质量的青绿多汁饲料及豆科干草。一般年产奶量为5 000～6 000 kg的奶牛饲料中精料比例为40%～50%,高产奶牛泌乳高峰期精粗料比例可达60∶40,饲粮干物质中粗纤维在15%以上。精料补充料中,高能量饲料占50%,蛋白质饲料占25%～30%,矿物质饲料占2%～3%。精料原料可选用大豆粕、椰子粕等植物性饼粕,不宜选用菜籽粕、糟渣、鱼粉和蚕蛹粉等,以免导致牛乳异味。

4. 肉牛育肥用饲粮原料的选用

出生6个月以上的育肥牛,饲料以高能高精料为主,通常粗饲料占比45%～55%。可选用加工处理的谷物(高粱、大麦)等、糠麸类、原料糟渣、氨化秸秆、青贮玉米、胡萝卜、动物性油脂、植物性饼粕等。

四、走进生产

认识柠檬酸。柠檬酸又称枸橼酸,有天然和人工合成两种。天然柠檬酸存在于植物果实(如柠檬、菠萝等)和动物肌肉、骨骼和血液中。动物体内的柠檬酸可在三羧酸循环中,由乙酰辅酶A和草酰乙酸缩合而成。人工合成柠檬酸通过砂糖、淀粉、糖蜜等含糖物质发酵制得。选用柠檬酸可提高机体抗病力与饲料转化效率,在生产中应用广泛。

柠檬酸主要功能如下：

①提高采食量和胃蛋白酶活性。在日粮中添加柠檬酸,可刺激口腔味蕾细胞,促使唾液分泌增多,增进动物食欲,提高采食量;还可降低日粮 pH 值,激活胃蛋白酶原。酸性食糜又刺激小肠分泌抑胃素,抑制胃蠕动,延缓胃排空时间,消化更完全。

②促进有益菌繁殖,提高抗病力。动物体内常见的乳酸菌、酵母菌等益生菌适宜在酸性环境下增殖,大肠杆菌、链球菌等病原菌则在中性偏碱性环境下增殖。柠檬酸呈酸性,一方面可直接杀灭各种病原微生物及产毒素真菌;另一方面通过降低胃肠道的 pH 值,为益生菌创造良好的生长条件,抑制病原菌的增殖及毒素的产生,维持动物消化道微生物菌群平衡。柠檬酸还可使 T 淋巴细胞、B 淋巴细胞具有较高的密度,抑制肠道致病菌的繁殖,有效预防某些疫病的发生,增强动物抗病能力。

③促进矿物质元素的吸收。钙、铜、铁、锌等矿物质元素在碱性环境下易形成不溶性的盐类,不易吸收。柠檬酸可降低胃肠道的 pH 值,与矿物质元素形成螯合物,促进吸收与贮存。

④促进动物生长,提高饲料利用率。柠檬酸直接参与体内三羧酸的循环,为机体提供能量。在早期断奶仔猪饲料中添加柠檬酸,可提高饲料利用率 5% ~ 10%,从而提高仔猪平均增重。

⑤作为调味剂、防霉剂和抗氧化剂的增效剂。柠檬酸可作为调味剂改善饲料味道或气味,诱发动物食欲。可作为防霉剂抑制微生物增殖和毒素的产生,防止饲料发霉。与抗氧化剂混合使用,可以更好地阻止或延缓饲料氧化,延长贮存期。

五、案例启示

典型案例:广西某猪场,存栏经产母猪 350 头,自繁自养。仔猪断奶后即转至保育舍,断奶仔猪 3 ~ 5 天开始拉稀,10 天左右拉稀比例增至 40% ~ 60%。饲养员采用饲喂的方式为:每日饲喂 2 餐,每餐吃饱为止。饲喂 3 天教槽料后,见猪无异常,便转换为仔猪料。转至保育舍后的前 20 天使用圆形料槽饲喂,20 天后用自动料线供料。技术人员认为引发断奶仔猪腹泻的原因之一是饲料选用与过渡不合理。通常断奶后第一阶段选用含乳业副产品较多的教槽料,需至少 2 周以上。第二阶段开始饲喂仔猪料。本猪场在饲喂 3 天教槽料后就开始饲喂仔猪料不妥。教槽料与仔猪料原料组成、营养成分、加工工艺等差异大,仔猪还未完全适应教槽料就更换为更难消化的仔猪料,易引发腹泻。

案例评析:科学的营养措施是养好断奶仔猪的重要环节。使用教槽料可以缩短哺乳期,但一定要科学选用。教槽的作用,一方面促进胃肠道菌群和酶系统的发育;另一方面引导仔猪适应以植物蛋白为主的固体饲料。本案例中的饲养员不了解断奶仔猪消化系统的特点,缺乏饲料选择与饲喂的科学知识,因饲养过程中营养控制不当,导致断奶仔猪出现腹泻。生猪饲养要重视科学。

📖 任务小结

饲粮通常是由多种饲料按一定比例组合而成的,可满足畜禽营养需要,单一饲料不能构成日粮、饲粮。市场上饲料产品数量繁多,可根据营养成分、加工形状、饲喂对象进行分类。在生产中,认识饲粮与产品是基础,还需综合考虑动物、饲料产品、环境条件等多种因素,才能选择合适的饲粮。

饲粮概念与产品分类

思考与练习..............

一、单项选择题

1.生产工艺简单,加工成本低,容易与其他饲料搭配,采食易造成损失,易引起动物挑食的饲料形式是(　　)。

A.粉料　　　　　　B.破碎饲料　　　　　C.压扁饲料　　　　　D.配合饲料

2.容重较大,适口性好,可提高动物的采食量,也可避免动物挑食,但在高温制粒过程中,部分维生素、酶等活性会下降的饲料形式是(　　)。

A.粉料　　　　　　B.破碎饲料　　　　　C.压扁饲料　　　　　D.配合饲料

3.(　　)主要用于饲喂雏鸡等小动物。

A.粉料　　　　　　B.破碎料　　　　　　C.压扁料　　　　　　D.配合饲料

4.(　　)增大了表面积,促进消化,能提高能量利用效率,应用广泛,使用方便。

A.粉料　　　　　　B.破碎料　　　　　　C.压扁料　　　　　　D.配合饲料

5.(　　)组织结构疏松多孔,适口性好,易消化,是幼龄动物良好的开胃食料。因密度小而多孔,保水性好,也是水产养殖中的最佳浮饵。

A.粉料　　　　　　B.破碎料　　　　　　C.压扁料　　　　　　D.膨化饲料

二、多项选择题

1.种猪日粮配制需选用的原料为(　　)。

A.肉骨粉　　　　　B.玉米油　　　　　　C.糠麸　　　　　　　D.叶粉、草粉

2.妊娠母猪前期饲粮原料应适当增加(　　)的用量。

A.肉骨粉　　　　　B.玉米粉　　　　　　C.糠麸　　　　　　　D.水葫芦、地瓜秧

3.母猪妊娠后期对饲粮(　　)均要求高。

A.脂肪　　　　　　B.氨基酸组成　　　　C.钙磷比　　　　　　D.维生素

4.肉用仔鸡饲粮原料应选用(　　)。

A.玉米　　　　　　B.豆粕　　　　　　　C.鱼粉　　　　　　　D.水葫芦、地瓜秧

5.雏鸡饲粮原料应多选用(　　)。

A.稻谷　　　　　　B.玉米粉　　　　　　C.豆粕粉　　　　　　D.鱼粉

6.育成鸡饲粮原料应多选用(　　)。

A.稻谷　　　　　　B.玉米粉　　　　　　C.麸皮　　　　　　　D.豌豆秧

7.蛋鸡饲粮原料应多选用(　　)。

A.石粉、灭菌蛋壳粉、贝壳粉　　　　　　B.骨粉

C.维生素 E、维生素 D、维生素 K 等　　　D.苜蓿叶浓缩蛋白

三、判断题

1.育肥猪后期应增大豆粕和食用油比例,以加快体重增加。　　　　　　　(　　)

2.泌乳奶牛饲粮原料可大量选用菜籽粕、糟渣、鱼粉和蚕蛹粉等高蛋白原料。　(　　)

3.3 月龄以上的育成母牛,可饲喂质量较好的粗饲料或一般粗饲料与精饲料的混合物,满足营养需要。　　　　　　　　　　　　　　　　　　　　　　　　　　　　　(　　)

4.育成公牛,应以精饲料为主,同时添加粗饲料,以促进瘤胃发育,防止后期采食不足。

(　　)

5.6~12月龄的生长奶牛,应以精料为主,辅助少量优质牧草、干草和多汁饲料。（　　）

6.一般年产奶量为5 000~6 000 kg的奶牛饲料中精料比例为40%~50%,高产奶牛泌乳高峰期精粗料比例可达60∶40,饲粮干物质中粗纤维在15%以上。　　　　　　（　　）

任务二　试差法设计畜禽全价饲料配方

任务描述

1.熟知试差法设计饲料配方的步骤。

2.生产中会用试差法设计饲料配方。

任务实施

设计饲料配方的方法有传统手工计算法和计算机辅助法两种。传统手工计算法有试差法、交叉法、代数法、代数试差法等;计算机辅助法有利用 Excel 电子表格进行设计饲料配方法和计算机软件设计饲料配方法等。饲料配方设计遵循营养性、科学性、安全性、经济性、创新性等原则。试差法是常用的手工配料计算方法。

一、认识试差法设计畜禽全价饲料配方

试差法又称凑数法、试配法等。根据饲养标准、饲料营养成分含量,结合试验与实践经验,遵循饲料配方设计原则,先初拟配方,大致确定各类饲料在配方中的占比,再计算与饲养标准的差值,不断调整优化。具体步骤如下:

①查畜禽饲养标准,列出营养需要量。

②查中国饲料成分及营养价值表,列出饲料原料的营养成分及含量。

③初拟配方,确定大致比例,列出初配结果。

④比较与调整饲料配方。

二、试差法设计畜禽全价饲料配方案例

用玉米、豆粕、麸皮、菜籽饼、花生饼、磷酸氢钙、石粉、食盐、微量元素预混料和 L-赖氨酸盐酸盐等为35~60 kg 的瘦肉型生长肥育猪设计全价饲料配方。

1.确定猪的营养需要

（1）定指标

生长肥育猪为满足肌肉和骨骼的快速增长,对能量、蛋白质、钙、磷水平要求较高。

赖氨酸是以玉米-豆粕为主日粮的第一限制性氨基酸,缺乏最严重,必须优先满足需要。

蛋氨酸是第二限制性氨基酸,缺乏较为严重,必须优先满足需要;胱氨酸依靠蛋氨酸的转化。

因此,需要根据能量（消化能）、蛋白质（粗蛋白质）、钙、磷、赖氨酸、蛋氨酸+胱氨酸的需要水平来确定。

（2）查标准

查阅中华人民共和国农业行业标准《猪饲养标准》（NY/T 65—2004）,列出所定指标的需要量,见表4-1。

表4-1 所定指标的需要量

消化能/(MJ·kg⁻¹)	粗蛋白质/%	钙/%	磷/%	赖氨酸/%	蛋氨酸+胱氨酸/%
13.39	16.4	0.55	0.48	0.82	0.48

2. 查中国饲料成分及营养价值表(第30版)(表4-2)

表4-2 饲料成分及营养价值表

饲料名称	消化能/(MJ·kg⁻¹)	粗蛋白质/%	钙/%	总磷/%	赖氨酸/%	蛋氨酸+胱氨酸/%
玉米(高赖氨酸)	14.43	8.5	0.16	0.25	0.36	0.33
大豆粕	14.26	44.2	0.33	0.62	2.68	1.24
麸皮(1级)	9.37	15.7	0.11	0.92	0.58	0.39
菜籽饼	12.05	35.7	0.59	0.96	1.33	1.42
花生饼	12.89	44.7	0.25	0.53	1.32	0.77
磷酸氢钙			29.6	22.77		
石粉			35.84			
L-赖氨酸盐酸盐					78.84	

3. 初拟配方

(1)常用原料配比参照值(表4-3)

表4-3 常用原料配比参照值

原料	添加比例	原料	添加比例
能量饲料	65%~75%	蛋白质饲料	15%~25%
玉米	0~75%	豆粕	10%~25%
大麦	0~50%	棉籽粕+菜籽粕	<10%
高粱	0~10%	其他饼粕	<5%
麸皮	0~30%	动物性蛋白质饲料	<3%
优质粗饲料 (干草粉、树叶粉)	<5%	矿物质、复合预混料 (不含药物添加剂)	1%~4%

(2)先列出消化能和粗蛋白质初拟计算结果与需要量比较(表4-4)

矿物质与预混料定为3%,能量+蛋白质饲料为97%。

表4-4 消化能和粗蛋白质初拟计算结果与需要量比较

饲料种类	配比/%	消化能/(MJ·kg⁻¹)	粗蛋白质
玉米(高赖氨酸)	60	14.43×60%=8.658	8.5%×60%=5.100%
豆粕	17	14.26×17%=2.424	44.2%×17%=7.514%

续表

饲料种类	配比/%	消化能/(MJ·kg⁻¹)	粗蛋白质
麸皮(1级)	14	9.37×14% = 1.312	15.7%×14% = 2.198%
菜籽饼	3	12.05×3% = 0.362	35.7%×3% = 1.071%
花生饼	3	12.89×3% = 0.387	44.7%×3% = 1.341%
合计	97	13.143	17.224%
饲养标准		13.39	16.4%
差值		−0.247	+0.824%

一般消化能、粗蛋白质与饲养标准相差在±0.05%以内,可不必调整。

4. 调整消化能与粗蛋白质配方

(1)试差法调整第一次

粗蛋白质高出0.824%,消化能少了0.247 MJ/kg。粗蛋白质含量最高的是豆粕,消化能含量最高的是玉米,尝试减少豆粕,增加玉米,用玉米替代豆粕。用1%的玉米替代1%的豆粕,可降低粗蛋白质0.442−0.085 = 0.357,此时粗蛋白质高出0.824%,应减少的豆粕量为0.824%÷0.357 = 2.3%。

豆粕减少2.3%变为14.7%,玉米增加2.3%变为62.3%,调整后的配方见表4-5。

表4-5　消化能与粗蛋白质调整第一次的配方

饲料种类	配比/%	消化能/(MJ·kg⁻¹)	粗蛋白质
玉米(高赖氨酸)	62.3	14.43×62.3% = 8.989	8.5%×62.3% = 5.296%
豆粕	14.7	14.26×14.7% = 2.096	44.2%×14.7% = 6.497%
麸皮(1级)	14	9.37×14% = 1.312	15.7%×14% = 2.198%
菜籽饼	3	12.05×3% = 0.362	35.7%×3% = 1.071%
花生饼	3	12.89×3% = 0.387	44.7%×3% = 1.341%
合计	97	13.146	16.403%
饲养标准		13.39	16.4%
差值		−0.244	+0.003%

(2)试差法调整第二次

此时粗蛋白质满足需要,而消化能低于标准0.244 MJ/kg,用玉米替代麸皮。用1%的玉米替代1%的麸皮,可增加消化能0.1443−0.093 7 = 0.050 6(MJ/kg),此时消化能低了0.244 MJ/kg,应增加的玉米量为0.244÷0.050 6 = 4.8%。麸皮减少4.8%变为9.2%,玉米增加4.8%变为67.1%,调整后的配方见表4-6。

表4-6　消化能与粗蛋白质调整第二次的配方

饲料种类	配比/%	消化能/(MJ·kg⁻¹)	粗蛋白质
玉米(高赖氨酸)	67.1	14.43×67.1%=9.683	8.5%×67.1%=5.704%
豆粕	14.7	14.26×14.7%=2.096	44.2%×14.7%=6.497%
麸皮(1级)	9.2	9.37×9.2%=0.862	15.7%×9.2%=1.444%
菜籽饼	3	12.05×3%=0.362	35.7%×3%=1.071%
花生饼	3	12.89×3%=0.387	44.7%×3%=1.341%
合计	97	13.39	16.057%
饲养标准		13.39	16.4%
差值		0	−0.343%

（3）试差法调整第三次

此时消化能满足需求,而粗蛋白质含量低于标准0.343%,因此可以使用豆粕来替代玉米。用1%的豆粕替代1%的玉米,可增加粗蛋白质0.442−0.085=0.357,此时粗蛋白质低了0.343%,应增加的豆粕量为0.343%÷0.357=0.96%。玉米减少0.96%变为66.1%,豆粕增加0.96%变为15.7%,调整后的配方见表4-7。

表4-7　消化能与粗蛋白质调整第三次的配方

饲料种类	配比/%	消化能/(MJ·kg⁻¹)	粗蛋白质
玉米(高赖氨酸)	66.1	14.43×66.1%=9.538	8.5%×66.1%=5.619%
豆粕	15.7	14.26×15.7%=2.239	44.2%×15.7%=6.939%
麸皮(1级)	9.2	9.37×9.2%=0.862	15.7%×9.2%=1.444%
菜籽饼	3	12.05×3%=0.362	35.7%×3%=1.071%
花生饼	3	12.89×3%=0.387	44.7%×3%=1.341%
合计	97	13.388	16.414%
饲养标准		13.39	16.4%
差值		−0.002	+0.014%

此时消化能、粗蛋白质与饲养标准相差在±0.05%以内,可不必再调整。

5. 钙、磷、氨基酸的平衡(表4-8)

表4-8　钙、磷、氨基酸的平衡

饲料种类	配比/%	钙/%	钙计算/%	磷/%	磷计算/%	赖氨酸/%	赖氨酸计算/%	蛋氨基+胱氨酸/%	蛋氨基+胱氨酸计算/%
玉米(高赖氨酸)	66.1	0.16	0.105 8	0.25	0.165 3	0.36	0.238 0	0.33	0.218 1
豆粕	15.7	0.33	0.051 8	0.62	0.097 3	2.68	0.420 8	1.24	0.194 7

续表

饲料种类	配比/%	钙/%	钙计算/%	磷/%	磷计算/%	赖氨酸/%	赖氨酸计算/%	蛋氨基+胱氨酸/%	蛋氨基+胱氨酸计算/%
麸皮（1级）	9.2	0.11	0.010 1	0.92	0.084 6	0.58	0.053 4	0.39	0.035 9
菜籽饼	3	0.59	0.017 7	0.96	0.028 8	1.33	0.039 9	1.42	0.042 6
花生饼	3	0.25	0.007 5	0.53	0.015 9	1.32	0.039 6	0.77	0.023 1
合计	97		0.192 9		0.391 9		0.791 7		0.514 4
饲养标准			0.55		0.48		0.82		0.48
差值			-0.357 1		-0.088 1		-0.028 3		+0.034 4

（1）补充钙磷

磷酸氢钙补磷。1%的磷酸氢钙补磷 0.227 7%，此时缺磷 0.088 1%，需磷酸氢钙 0.088 1%÷0.227 7%＝0.39%。

补钙：磷酸氢钙可补钙 29.6%×0.39%＝0.115 4%，依然缺钙 0.241 7%，需补充石粉 0.241 7%÷0.358 4%＝0.67%。

（2）补充赖氨酸

赖氨酸差 0.028 3%，1%的 L-赖氨酸盐酸盐含赖氨酸 78.84%，需补 0.028 3%÷0.788 4＝0.04%。另外再添加 0.3%的食盐，1%预混料。

初配配方外添加 0.39%＋0.67%＋0.04%＋0.3%＋1%＝2.4%，比预留的 3%还差 0.6%，因消化能还差 0.002 MJ/kg，加入玉米中。

6. 确定最终配方（表4-9）

表4-9　最终配方

饲料种类	配比/%	消化能/(MJ·kg⁻¹)	粗蛋白质/%	钙/%	磷/%	赖氨酸/%	蛋氨酸+胱氨酸/%
玉米（高赖氨酸）	66.7	9.624 8	5.67	0.106 7	0.166 8	0.240 1	0.220 1
豆粕	15.7	2.239	6.939	0.051 8	0.097 3	0.420 8	0.194 7
麸皮（1级）	9.2	0.862	1.444	0.010 1	0.084 6	0.053 4	0.035 9
菜籽饼	3	0.362	1.071	0.017 7	0.028 8	0.039 9	0.042 6
花生饼	3	0.387	1.341	0.007 5	0.015 9	0.039 6	0.023 1
磷酸氢钙	0.39			0.115 4	0.088 1		
石粉	0.67			0.241 7			
食盐	0.3						
L-赖氨酸盐酸盐	0.04					0.028 3	
预混料	1						
合计	100	13.474 8	16.465	0.55	0.48	0.82	0.516 4

续表

饲料种类	配比 /%	消化能 /（MJ·kg⁻¹）	粗蛋白质 /%	钙 /%	磷 /%	赖氨酸 /%	蛋氨酸+胱氨酸 /%
饲养标准		13.39	16.4	0.55	0.48	0.82	0.48
差值		+0.084 8	+0.065				+0.036 4

7.列出饲料配方表（表4-10）

表4-10　35～60 kg 瘦肉型生长肥育猪配合饲料配方

原料	配比 /%	营养指标	含量	饲养标准 /%
玉米（高赖氨酸）	66.7	消化能	13.474 8 MJ/kg	13.39
豆粕	15.7	粗蛋白质	16.465%	16.4
麸皮（1 级）	9.2	钙	0.55%	0.55
菜籽饼	3	磷	0.48%	0.48
花生饼	3	赖氨酸	0.82%	0.82
磷酸氢钙	0.39	蛋氨酸+胱氨酸	0.516 4%	0.48
石粉	0.67			
食盐	0.3			
L-赖氨酸盐酸盐	0.04			
预混料	1			
合计	100			

三、走进生产

使用试差法设计饲料配方对于初学者来说比较实用，按照此案例操作步骤容易学习，实质上需要反复比对所选饲料中营养物质总量与饲养标准营养指标需要量，耐心、细心调整，确保两者差值在最适范围内。此法入门容易，但在实际生产中，需要具备扎实的动物营养学理论知识，结合实践经验，才能用较少的步骤配制出理想的饲料配方。参照畜禽饲养标准时，需科学严谨，在标准定额的基础上结合生产需要增加一定系数；选用饲料原料时，要考虑畜禽营养需要、适口性、饲料成本等多个因素，统筹兼顾食品安全、环境保护与动物福利；要合理利用当地饲料资源，了解饲料营养特性，选择多样化饲料原料，满足畜禽营养需求，节约成本。饲料配方的好坏关乎企业的生存与发展，应具备良好的职业道德、忧患意识和社会责任感。

在饲料原料种类多、营养指标多、配方效果要求高等情况下，选择手工试差法计算不仅耗时耗力，而且达不到理想效果。此时可用 Excel 软件替代手工或使用配方软件设计，方便快捷。

试差法设计饲料配方　　Excel法设计饲料配方　　配方软件设计饲料配方

📖 **任务小结**

试差法设计饲料配方,是根据饲养标准结合实践经验,先初拟配方,优先满足能量和蛋白质的需要,遵循饲料配方设计原则,不断调整比例,使罗列的营养物质指标均满足营养需要的过程。过程虽然比较繁琐,但是初学者必须掌握的一项技能。应用时要结合实际生产,不断尝试,才能设计出最合适的饲料配方。

思考与练习.............

一、单项选择题

1.试差法设计饲料配方时,通常各项指标与饲养标准在(　　)以内,可不必再调整。

A. ±0.02%　　　　　　B. ±0.03%　　　　　　C. ±0.04%　　　　　　D. ±0.05%

2.目前猪饲养标准用的是哪一年的? (　　)

A.1987 年　　　　　　B.1988 年　　　　　　C.1999 年　　　　　　D.2004 年

3.目前我国饲料成分及营养价值表查阅的是第(　　)版。

A.27　　　　　　　　B.28　　　　　　　　C.29　　　　　　　　D.30

4.根据行业标准《猪饲养标准》(NY/T 65—2004),35～60 kg 瘦肉型肥育猪每千克饲粮粗蛋白质、赖氨酸和蛋氨酸+胱氨酸的营养需要比例分别为(　　)。

A.1.8% ,0.9% ,0.56%　　　　　　　　B.16.4% ,0.82% ,0.48%

C.1.5% ,0.7% ,0.81%　　　　　　　　D.21% ,1.42% ,0.51%

5.我国现在使用的肉牛饲养标准是哪一年制定的? (　　)。

A.1986 年　　　　　　B.1985 年　　　　　　C.1987 年　　　　　　D.2004 年

二、多项选择题

1.传统手工设计饲料配方的方法有(　　)。

A.试差法　　　　　　B.交叉法　　　　　　C.代数法　　　　　　D.代数试差法

2.设计饲料配方时,通常需要列出的营养需要指标有(　　)。

A.能量　　　　　　　B.钙、磷　　　　　　C.粗蛋白质　　　　　　D.第一限制性氨基酸

3.生长肥育猪为满足肌肉和骨骼的快速增长,在使用试差法设计饲料配方定指标时必须优先满足以下营养物质的需要(　　)。

A.能量　　　　　　　B.粗蛋白质　　　　　　C.钙　　　　　　　　D.磷

4.针对生长育肥猪,我国颁布的《猪饲养标准》,2004 年标准与 1987 年标准对比有以下变化(　　)。

A.增加了维生素 K 的需要量　　　　　　B.增加了吡哆醇的需要量

C.增加了胆碱的需要量　　　　　　　　D.减少了维生素 K 的需要量

5.用计算机配方设计软件设计全价饲料配方,计算机经常会显示"无解",此时应采取(　　)措施来解决。

A.仔细检查,修改约束值　　　　　　　B.必要时更换饲料原料

C.重新运算求解　　　　　　　　　　　D.求解后,对配方结果进行必要的分析

三、判断题

1.使用试差法设计饲料配方只要多试几次即可设计出非常理想实用的饲料配方,不需要多少实践经验。（　　）

2.试差法也称为凑数法,是最常用的一种配料计算方法。（　　）

3.饲料配方设计遵循营养性、安全性、经济性和市场性4个原则。（　　）

4.使用试差法设计饲料配方需要充分结合实践经验才能用较少的步骤配制出最理想的饲料配方。（　　）

5.用电子计算机设计出的最低成本配方就是最佳饲料配方。（　　）

四、简答题

写出试差法用玉米、豆粕、麸皮、菜籽饼、花生饼、磷酸氢钙、石粉、食盐、微量元素预混料和L-赖氨酸盐酸盐等为60～90 kg的瘦肉型生长肥育猪设计全价饲料配方的设计步骤。

任务三　交叉法设计饲料配方

任务描述

1.熟知交叉法设计饲料配方的步骤。

2.生产中会用交叉法设计饲料配方(两种饲料)。

任务实施

一、认识交叉法设计饲料配方

交叉法又称四角形法、四边形法、对角线法等。此方法先使能量和粗蛋白质两项指标满足饲养标准的需要,再补充其他各项需要。在饲料种类及营养指标少的情况下,用此方法较为便捷。两种饲料与两种饲料以上设计配方时,两者在此方法上有一定差异。

(1)交叉法设计饲料配方(两种饲料)具体步骤

①查畜禽饲养标准,列出营养需要量。

②查中国饲料成分及营养价值表,列出饲料原料的营养成分及含量。

③作十字交叉图,计算两种饲料的占比。

④计算两种饲料的质量。

(2)交叉法设计饲料配方(两种饲料以上)具体步骤

①查畜禽饲养标准,列出营养需要量。

②查中国饲料成分及营养价值表,列出饲料原料的营养成分及含量。

③将饲料原料分类。

④将能量饲料和蛋白质饲料优先组合,计算两者蛋白质的平均含量。

⑤按经验设定矿物质饲料的各组分比例。

⑥计算扣除矿物质饲料后的粗蛋白质需要量。

⑦将能量饲料与蛋白质饲料交叉。

⑧计算各饲料原料在饲粮中的质量。

⑨列出配方。

二、交叉法设计饲料配方（两种饲料）案例

用粗蛋白质含量为 30% 的猪用浓缩饲料与能量饲料玉米混合，为体重 35~60 kg 的生长肥育猪配制饲粮 1 000 kg，确保粗蛋白满足营养需求。

1. 查标准

查阅中华人民共和国农业行业标准《猪饲养标准》（NY/T 65—2004），确定 35~60 kg 生长肥育猪粗蛋白质的需要量为 16.4%。

2. 查《中国饲料成分及营养价值表（第 30 版）》

查《中国饲料成分及营养价值表（第 30 版）》，确定玉米粗蛋白质的含量为 8.5%。

3. 作十字交叉图

在交叉处写上需配合的饲粮中粗蛋白质的含量 16.4%，左上角、左下角分别写上浓缩饲料和能量饲料（玉米）中粗蛋白质的含量，顺对角以大数减小数得出的差分别写在右上角和右下角。

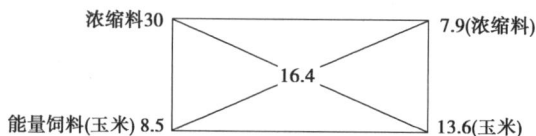

浓缩料占比：7.9/(13.6+7.9) = 36.74%

能量饲料占比：13.6/(13.6+7.9) = 63.26%

4. 计算两种饲料在饲粮中的质量

浓缩料：1 000×36.74% = 367.4(kg)

能量饲料：1 000×63.26% = 632.6(kg)

结论：为 35~60 kg 的生长肥育猪配制 1 000 kg 日粮，需浓缩料 367.4 kg 和能量饲料（玉米）632.6 kg。

三、交叉法设计饲料配方（两种饲料以上）案例

用玉米、高粱、小麦麸（1 级）、豆粕、棉籽粕（1 级）、菜籽粕和矿物质饲料（骨粉和食盐），为体重 35~60 kg 的生长肥育猪配制饲粮 1 000 kg，确保粗蛋白质满足营养需求。

1. 查标准

查阅中华人民共和国农业行业标准《猪饲养标准》（NY/T 65—2004），确定 35~60 kg 生长肥育猪粗蛋白质的需要量为 16.4%。

2. 查《中国饲料成分及营养价值表（第 30 版）》

查《中国饲料成分及营养价值表（第 30 版）》，确定所用饲料粗蛋白质的含量，见表 4-11。

表 4-11 中国饲料成分及营养价值表(第 30 版)

饲料原料	玉米	高粱	小麦麸 (1 级)	豆粕	棉籽粕 (1 级)	菜籽粕	矿物质饲料 (骨粉和食盐)
粗蛋白质含量/%	8.5	8.7	15.7	44.2	47.0	38.6	0

3. 将饲料原料分类

将饲料原料分成能量饲料、蛋白质饲料和矿物质饲料 3 类:

能量饲料:玉米、高粱、小麦麸(1 级)。

蛋白质饲料:豆粕、棉籽粕(1 级)、菜籽粕。

矿物质饲料:骨粉和食盐。

4. 将能量饲料和蛋白质饲料组合,计算两者蛋白质的平均含量

(1)按经验设定能量饲料与蛋白质饲料中各原料的配比

能量饲料:玉米 65%,高粱 15%,麸皮 20%。

蛋白质饲料:豆粕 70%,棉籽粕 15%,菜籽粕 15%。

(2)计算蛋白质含量

能量饲料:65%×8.5% +15%×8.7% +20%×15.7% =9.97%

蛋白质饲料:70%×44.2% +15%×47.0% +15%×38.6% =43.78%

5. 按经验设定矿物质饲料各组分的比例

矿物质一般占饲粮的 2%,食盐一般占饲粮的 0.3%。

本矿物质饲料中食盐占比:0.3/2×100% =15%

骨粉占比:85%

6. 计算扣除矿物质饲料,粗蛋白质需要量

因加入矿物质饲料,相当于将配方稀释,粗蛋白质不足 16.4%。故先将矿物质饲料从总量中扣除,以便按 2% 添加后混合料的粗蛋白质含量仍为 16.4%。

$$16.4\% \div 98\% =16.7\%$$

7. 能量饲料与蛋白质饲料交叉

在交叉处写上需配合的饲粮中粗蛋白质的含量 16.7%,左上角、左下角分别写上能量饲料和蛋白质饲料中粗蛋白质的含量,顺对角以大数减小数得出的差分别写在右上角和右下角。

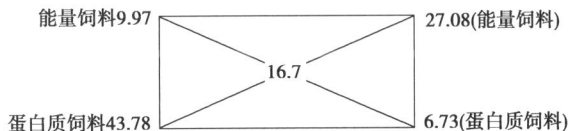

能量饲料9.97　　　　　　　　　　27.08(能量饲料)

16.7

蛋白质饲料43.78　　　　　　　　　6.73(蛋白质饲料)

能量饲料占比:27.08/(27.08+6.73) = 80.1%

蛋白质饲料占比:6.73/(27.08+6.73) = 19.9%

8. 计算各饲料原料在饲粮中的质量

玉米:98%×80.1%×65% =51.0%

高粱:98%×80.1%×15% =11.8%

麸皮:98%×80.1%×20% =15.7%

豆粕:98%×19.9%×70% =13.7%

棉籽粕:98%×19.9%×15%=2.9%

菜籽粕:98%×19.9%×15%=2.9%

骨粉:2%×85%=1.7%

食盐:0.3%

9.列出配方(表4-12)

表4-12　35~60 kg瘦肉型生长肥育猪配合饲料配方

原料	配比/%	营养指标	含量/%	饲养标准/%
玉米	51.0	粗蛋白质	16.4	16.4
高粱	11.8			
麸皮	15.7			
豆粕	13.7			
棉籽粕	2.9			
菜籽粕	2.9			
骨粉	1.7			
食盐	0.3			
合计	100			

四、走进生产

在饲料种类不多及营养指标少的情况下,选择交叉法较为便捷。如交叉法设计饲料配方(两种饲料)案例,养殖户购买了浓缩饲料,添加能量饲料玉米,配制配合饲料,选用交叉法比较适合。交叉法设计饲料配方(两种饲料以上)案例,有8种饲料,但只需满足蛋白质的一种营养指标,选用交叉法虽比两种饲料烦琐,但直观、实用。在采用多种饲料及复合营养指标的情况下,选此方法较为烦琐,且不能使配合饲粮同时满足多项营养指标,需实事求是,从生产实际需求出发,灵活选用配制方法。同时也要敢于不断尝试,具备对饲料配方进行调整的创新精神,结合生产解决饲料配方设计问题。

交叉法配方设计——两种饲料以上

📖 任务小结

交叉法设计饲料配方是一种传统手工计算饲料配方的方法,广泛应用于中小型养殖户,在饲料种类及营养指标少的情况下,用此方法较为实用和便捷。

思考与练习............

一、单项选择题

1.交叉法作十字交叉图,一般交叉处写上饲料标准中(　　　)。

A.粗脂肪的营养需要量　　　　　　　　B.维生素的营养需要量

C.矿物质钙的营养需要量　　　　　　　D.粗蛋白质的营养需要量

2.用交叉法设计两种以上饲料配方时,按经验设定食盐一般占饲粮的(　　　)。

A.0.1%　　　　　　B.0.2%　　　　　　C.0.3%　　　　　　D.0.5%

3.赖氨酸、蛋氨酸、胱氨酸、色氨酸在生长蛋鸡饲粮中容易缺乏,根据《鸡饲养标准》(NY/T 33—2004),从蛋鸡19周龄到开产期间赖氨酸、蛋氨酸、蛋氨酸+胱氨酸、色氨酸在饲粮中应满足的比例分别为(　　　)。

A.1%,0.37%,0.74%,0.20%　　　　　　B.0.68%,0.27%,0.55%,0.18%

C.0.75%,0.34%,0.65%,0.16%　　　　　　D.0.7%,0.34%,0.64%,0.19%

4.下列蛋白质饲料(　　　)精氨酸含量最高(所有动植物饲料中),但精氨酸含量低,制作配合饲料时要注意平衡。

A.豆粕　　　　　　B.棉籽粕　　　　　　C.花生粕　　　　　　D.菜籽粕

二、多项选择题

1.交叉法又称四角法、四边法、方形法。首先使(　　　)指标满足饲养标准的需要,再补充其他各项需要。

A.能量　　　　　　B.粗蛋白质　　　　　　C.粗脂肪　　　　　　D.钙磷

2.鱼粉中蛋白质、必需氨基酸和矿物质含量高,利用率高,但缺点是(　　　),使用时比例不能过高。

A.热加工温度超过120 ℃会产生肌胃糜烂素

B.食盐含量太高容易导致食盐中毒

C.用量太高易导致禽蛋肉带腥味

D.易自然

3.使用计算机配方软件设计全价饲料配方常出现得出的配方中某种原料的配合比例特别高(或特别低,甚至为零)产生的原因是在原料的用量限制条件中(　　　)。

A.对这些饲料原料只给了下限没有上限

B.对这些饲料原料只给了上限没有下限

C.对这些饲料原料没有约束

D.对这些饲料原料上限下限都进行了限制

4.用配方软件设计饲料配方的依据是(　　　)。

A.饲料的适口性　　　　　　　　　　B.饲料的消化率

C.原料的营养素含量　　　　　　　　D.原料的价格

三、判断题

1.交叉法是传统手工设计饲料配方的方法。　　　　　　　　　　　　　　(　　　)

2.交叉法又称四角法,是最常用的一种配料计算方法。　　　　　　　　　(　　　)

3.用交叉法设计两种以上饲料配方时,需先将饲料分类。　　　　　　　　(　　　)

4.交叉法设计两种以上饲料配方时,需按经验设定饲料比例,再进行交叉计算。(　　　)

5.用交叉法设计两种以上饲料配方时,饲养标准查阅的营养成分需要量写在十字交叉图的交叉处。　　　　　　　　　　　　　　　　　　　　　　　　　　　(　　　)

6.十字交叉法对于中小型养殖户购买浓缩饲料和能量饲料玉米配制配合饲料比较适用。　　　　　　　　　　　　　　　　　　　　　　　　　　　　　　　　(　　　)

7.试差法和十字交叉法是全价饲料配方设计方法中最简单、最快捷的方法。　(　　　)

项目五
设计浓缩饲料配方

项目描述

1. 了解浓缩饲料的基础知识。
2. 掌握浓缩饲料配方设计的步骤。
3. 生产中会设计浓缩饲料配方。

知识准备

浓缩饲料又称为蛋白质补充饲料。由蛋白质饲料、矿物质饲料和饲料添加剂预混料组成,是全价配合饲料除去能量饲料后的剩余部分,是饲料厂生产的半成品,不能直接饲喂畜禽。需要养殖户利用自产的玉米、小麦等能量饲料,按一定比例与浓缩饲料混合,配制成全价配合饲料,才可饲喂畜禽。浓缩饲料在全价配合饲料中占比一般为20%~40%,具备蛋白质含量高、使用便捷、降低养殖成本等优点。浓缩饲料配方设计的方法有两种:一种是扣除法,由全价配合饲料推算浓缩饲料;另一种是配比法,由设定比例推算,再采用全价配合饲料配方设计的方法配制。

任务一　浓缩饲料配方设计(扣除法)

任务描述

1. 熟知扣除法设计浓缩饲料配方的步骤。
2. 生产中会用扣除法设计浓缩饲料配方。

任务实施

一、认识浓缩饲料配方设计(扣除法)

浓缩饲料配方设计(扣除法)是根据畜禽饲养标准、饲料成分及营养价值表等设计出全价饲料配方,再去除能量饲料,将剩余饲料原料占比折合成百分含量。具体步骤如下:

①根据畜禽饲养标准、饲料成分及营养价值表等设计出全价饲料配方。

②扣除能量饲料,计算浓缩饲料的占比。

③用剩余饲料原料在全价饲料中的占比除以浓缩饲料在全价饲料中的占比,即为浓缩饲料配方。

④标明浓缩饲料的使用方法。

⑤按生产需求配制配合饲料。

二、浓缩饲料配方设计(扣除法)案例

设计 35~60 kg 的瘦肉型生长肥育猪的浓缩饲料配方,并配制 1 000 kg 配合饲料。

①设计 35~60 kg 的瘦肉型生长肥育猪的全价饲料配方(表 5-1)(使用试差法设计畜禽全价饲料配方的配方)。

表 5-1 35~60 kg 瘦肉型生长肥育猪配合饲料配方

原料	配比/%	营养指标	含量	饲养标准/%
玉米(高赖氨酸)	66.7	消化能	13.474 8 MJ/kg	13.39
豆粕	15.7	粗蛋白质	16.465%	16.4
麸皮(1 级)	9.2	钙	0.55%	0.55
菜籽饼	3	磷	0.48%	0.48
花生饼	3	赖氨酸	0.82%	0.82
磷酸氢钙	0.39	蛋氨酸+胱氨酸	0.516 4%	0.48
石粉	0.67			
食盐	0.3			
L-赖氨酸盐酸盐	0.04			
预混料	1			
合计	100			

②去掉配方中所有的能量饲料(玉米和麸皮)。

剩余浓缩饲料占比:100% −66.7% −9.2% =24.1%。

③计算浓缩料中各成分所占比例。

方法:用浓缩料中各成分在全价饲料中的占比除以 24.1%。计算结果见表 5-2。

表 5-2 35~60 kg 瘦肉型生长肥育猪浓缩饲料配方计算

原料名称	计算过程	浓缩饲料组成比例/%
豆粕	15.7% ÷24.1% =65.14%	65.14
菜籽饼	3% ÷24.1% =12.45%	12.45
花生饼	3% ÷24.1% =12.45%	12.45
磷酸氢钙	0.39% ÷24.1% =1.62%	1.62
石粉	0.67% ÷24.1% =2.78%	2.78
食盐	0.3% ÷24.1% =1.24%	1.24
L-赖氨酸盐酸盐	0.04% ÷24.1% =0.17%	0.17
预混料	1% ÷24.1% =4.15%	4.15

④标明浓缩饲料的使用方法。

产品说明书上注明:每 24 份浓缩饲料需要添加 67 份玉米,9 份麸皮均匀混合,配成 35~60 kg 瘦肉型生长肥育猪配合饲料。

⑤按生产需求配制 1 000 kg 配合饲料。

按产品说明书要求计算：

a. 浓缩饲料质量。

1 000×24% = 240（kg）

浓缩饲料各组成质量：

豆粕：240×65.14% = 157（kg）

菜籽饼：240×12.45% = 30（kg）

花生饼：240×12.45% = 30（kg）

磷酸氢钙：240×1.62% = 3.9（kg）

石粉：240×2.78% = 6.7（kg）

食盐：240×1.24% = 3（kg）

L-赖氨酸盐酸盐：240×0.17% = 0.4（kg）

预混料：240×4.15% = 10（kg）

b. 添加能量饲料质量。

玉米：1 000×67% = 670（kg）

麸皮：1 000×9% = 90（kg）

三、走进生产

选用扣除法设计浓缩饲料配方，一方面需要配方设计人员熟练掌握全价饲料配方设计的步骤；另一方面需要配方设计人员细致调研，广泛搜集用户采购信息、建议等，确保用户充分利用当地能量饲料资源。在浓缩饲料配方中要标明使用方法，用户要严格按照规定配比使用，尊重科学，才能发挥饲料的价值。

📖 任务小结

在全价配合饲料的基础上，利用扣除法设计浓缩饲料配方，方便快捷，适用于小型饲料厂、养殖场等。

浓缩饲料配方
设计——扣除法

思考与练习............

一、单项选择题

1. 用全价配合饲料配方推算浓缩料配方时，扣除的是（　　　）。

A. 蛋白质饲料　　　B. 矿物质饲料　　　C. 能量饲料　　　　　D. 添加剂预混料

2. 用全价配合饲料配方推算浓缩料配方的第一步是（　　　）。

A. 设计全价饲料配方　　　　　　　　B. 计算浓缩料各成分占比

C. 扣除能量饲料比例　　　　　　　　D. 标注使用方法

3. 浓缩饲料在全价饲料中的比例范围一般为（　　　）。

A. 10% ~20%　　　B. 20% ~30%　　　C. 20% ~40%　　　　D. 30% ~40%

二、判断题

1. 扣除法设计浓缩饲料配方是由配合饲料推算浓缩料的方法。　　　　　　　（　　　）

2. 浓缩饲料配方设计时，可不标注使用方法。　　　　　　　　　　　　　（　　　）

任务二 浓缩饲料配方设计(配比法)

任务描述

1. 熟知扣除法设计浓缩饲料配方的步骤。

2. 生产中会用扣除法设计浓缩饲料配方。

任务实施

一、认识浓缩饲料配方设计(配比法)

浓缩饲料配方设计(配比法)是根据饲料用量比例或浓缩饲料标准单独设计配方。具体步骤如下:

①初定能量饲料与浓缩饲料的配合比例。

②查畜禽饲养标准和饲料成分及营养价值表。

③计算能量饲料所能达到的营养水平。

④计算浓缩饲料各营养成分所能达到的水平。

⑤确定浓缩饲料各组分配比。

⑥列出浓缩饲料配方。

二、浓缩饲料配方设计(配比法)案例

用玉米、麸皮、豆饼、花生饼、鱼粉、骨粉、石粉、食盐、预混料为7~18周龄坝上长尾鸡设计浓缩饲料配方。

1. 初定能量饲料与浓缩饲料的配合比例

因玉米和麸皮粗蛋白质含量较低,浓缩料在配合饲料中所占的比例不能过低,初步确定为30%,即浓缩饲料与能量饲料的比例为30∶70。

2. 查标准

①查看河北省地方标准《坝上长尾鸡饲养标准》(DB13/T 2865—2018),列出营养指标与需要量,见表5-3。

表5-3 7~18周龄坝上长尾鸡营养需要

代谢能 /(MJ·kg^{-1})	粗蛋白质/%	钙/%	总磷/%	有效磷/%	食盐/%	赖氨酸/%	蛋氨酸+胱氨酸/%
11.5	14.5	1.1	0.55	0.31	0.16	0.75	0.61

②查阅《中国饲料成分及营养价值表(第30版)》,见表5-4。

表5-4 中国饲料成分及营养价值表(第30版)

饲料名称	代谢能 /(MJ·kg^{-1})	粗蛋白质 /%	钙/%	总磷/%	有效磷/%	赖氨酸/%	蛋氨酸+胱氨酸 /%
玉米	13.56	8.7	0.02	0.27	0.12	0.24	0.38

续表

饲料名称	代谢能/(MJ·kg⁻¹)	粗蛋白质/%	钙/%	总磷/%	有效磷/%	赖氨酸/%	蛋氨酸+胱氨酸/%
麸皮（1 级）	5.69	15.7	0.11	0.92	0.32	0.58	0.39
大豆饼	10.55	41.8	0.31	0.5	0.13	2.43	1.22
花生仁粕	10.88	47.8	0.27	0.56	0.17	1.4	0.81
鱼粉	11.8	60.2	4.04	2.9	2.9	4.72	2.16
骨粉	9.96	50	9.2	4.7	4.7	2.6	1
石粉			35.84				

3.计算能量饲料所能达到的营养水平(Excel 法计算)，见表 5-5。

表 5-5　Excel 法计算能量饲料所能达到的营养水平

饲料名称	配比/%	代谢能/(MJ·kg⁻¹)	粗蛋白质/%	钙/%	总磷/%	有效磷/%	赖氨酸/%	蛋氨酸+胱氨酸/%
玉米	60	13.56	8.7	0.02	0.27	0.12	0.24	0.38
麸皮	10	5.69	15.7	0.11	0.92	0.32	0.58	0.39
合计	70	8.705	6.79	0.023	0.104	0.104	0.202	0.267
标准		11.5	14.5	1.1	0.55	0.31	0.75	0.61
差值		−2.795	−7.71	−1.077	−0.446	−0.206	−0.548	−0.343
		9.32	25.70	3.59	1.49	0.69	1.83	1.14

4.计算浓缩饲料各营养成分所能达到的水平

粗蛋白质:能量饲料提供的粗蛋白质是 6.79%,为确保配合饲料粗蛋白质达到 14.5%,则 30%的浓缩料中粗蛋白质的含量为

$$(0.145-0.0679)/0.3\times100=25.70\%$$

其他成分按此计算,列出浓缩饲料各成分含量,见表 5-6。

表 5-6　浓缩饲料提供的营养含量

代谢能/(MJ·kg⁻¹)	粗蛋白质/%	钙/%	总磷/%	有效磷/%	赖氨酸/%	蛋氨酸+胱氨酸/%
9.32	25.70	3.59	1.49	0.69	1.83	1.14

5.确定浓缩饲料各组分配比(Excel 法计算)(表 5-7)

表 5-7　Excel 法确定浓缩饲料各组分配比

饲料组成	每千克价格	配比	代谢能/(MJ·kg⁻¹)	粗蛋白质/%	钙/%	总磷/%	有效磷/%	赖氨酸/%	蛋氨酸+胱氨酸/%
大豆饼	3.5	47	0.55	41.8	0.31	0.5	0.13	2.43	1.22

续表

饲料组成	每千克价格	配比	代谢能/（MJ·kg⁻¹）	粗蛋白质/%	钙/%	总磷/%	有效磷/%	赖氨酸/%	蛋氨酸+胱氨酸/%
花生仁粕	3.2	13	10.88	47.8	0.27	0.56	0.17	1.4	0.81
鱼粉	11.5	13	11.8	60.2	4.04	2.9	2.9	4.72	2.16
骨粉	2.7	16	9.96	50	9.2	4.7	4.7	2.6	1
石粉	0.5	6			35.84				
食盐	0.3	1							
预混料	10	4							
小计	4.421	100	9.50	41.69	4.33	1.44	1.21	2.35	1.12
标准值			9.32	25.70	3.59	1.49	0.69	1.83	1.14
差值			0.18	15.99	0.74	−0.05	0.53	0.53	−0.02

6.列出浓缩饲料配方（表5-8）

表5-8　浓缩饲料配方表

饲料组成	配比/%	营养成分	含量
大豆饼	47	代谢能	9.5 MJ/kg
花生仁粕	13	粗蛋白质	41.69%
鱼粉	13	钙	4.33%
骨粉	16	有效磷	1.21%
石粉	6	赖氨酸	2.35%
食盐	1	蛋氨酸+胱氨酸	1.12%
预混料	4		
小计	100		
使用方法:浓缩饲料30%＋玉米60%＋麸皮10%			

三、走进生产

选用配比法设计浓缩饲料配方,需要配方设计人员有一定的实践经验,熟知浓缩饲料在全价配合饲料中的占比范围(20%～40%),比例适宜,才能发挥浓缩饲料的作用。同时要熟练使用 Excel,会用 Excel 工具快速调整与优化饲料配方。在浓缩饲料配方中要标明使用方法,用户要严格按照规定配比使用,不需要再添加其他成分,并注意搅拌均匀、控制能量饲料质量等。尊重科学,才能发挥饲料的价值。

📖 任务小结

利用配比法设计浓缩饲料配方,简便快捷,适用于小型饲料厂、养殖场等。

浓缩饲料配方设计——配比法

思考与练习·············

一、单项选择题

1. 用配比法设计浓缩饲料配方时,第一步是(　　)。

A. 查标准 　　　　　　　　　　　　B. 初定能量饲料预浓缩饲料的比例

C. 计算能量饲料营养水平 　　　　　D. 确定配比

2. 一般浓缩饲料在配合饲料中的占比为(　　)。

A. 20% ~ 40% 　　　B. 50% ~ 60% 　　　C. 60% ~ 70% 　　　D. 70% 以上

二、多项选择题

1. 浓缩饲料主要由(　　)原料组成。

A. 添加剂预混料 　　B. 蛋白质饲料 　　C. 常量矿物质饲料 　D. 能量饲料

2. 贮存浓缩饲料时应注意的事项有(　　)。

A. 通风 　　　　　　B. 避光 　　　　　C. 防潮 　　　　　　D. 防曝晒

三、判断题

1. 浓缩饲料其实是一种半成品,不可以直接饲喂畜禽。　　　　　　　　(　　)

2. 浓缩饲料使用前各种原料不需要混合均匀。　　　　　　　　　　　(　　)

3. 过保质期的浓缩饲料要慎用。　　　　　　　　　　　　　　　　　(　　)

项目六
设计添加剂预混合饲料配方

项目描述

1. 了解添加剂预混合饲料的基础知识。
2. 掌握预混合饲料配方设计的步骤。
3. 生产中会设计添加剂预混合饲料配方。

知识准备

添加剂预混合饲料是配合饲料的半成品,不能直接饲喂。它主要由矿物质、维生素、氨基酸等营养性添加剂,促生长剂、抗氧化剂、防霉剂等非营养添加剂和载体、稀释剂组成。添加剂预混合饲料在生产中用量不大,但对饲养效果起着非常重要的作用。配方是添加剂预混合饲料的技术核心,各成分的比例要结合不同品种动物在不同生长阶段的营养需要特点及实践经验确定。采用科学的配方、优质的原料、适当的载体和稀释剂、精密度高的生产设备、先进的加工工艺等,才能生产出优质的添加剂预混合饲料产品。

任务一　设计维生素预混料配方

任务描述

1. 熟知维生素预混料配方设计的步骤。
2. 会设计维生素预混料配方。

任务实施

一、认识维生素预混料配方设计

维生素预混料是一种或多种维生素饲料添加剂原料与载体或稀释剂按一定比例配制成的均匀混合物。维生素预混料配方设计的具体步骤如下:

①确定维生素预混料在配合饲料中的使用量。
②列出维生素实际需要量与添加量。
③选用合适的维生素饲料添加剂原料。
④根据维生素饲料添加剂原料规格(有效成分含量)计算纯品原料用量。
⑤选择合适的抗氧化剂、载体等,确定用量。
⑥列出维生素预混料的配方。

二、设计维生素预混料的配方案例

为 60 ~ 90 kg 生长猪设计维生素添加剂预混料。

维生素预混合饲料在配合饲料中的添加量一般为 0.02% ~ 0.5% 。

1. 定用量

确定维生素预混料在配合饲料中的使用量。本次设定产品在配合饲料中的使用比例是 0.04% ，即 400 g/t 。

2. 查标准

查阅中华人民共和国农业行业标准《猪饲养标准》（NY/T 65—2004），列出维生素需要量与添加量。

注意：饲养标准中的需要量是最低需要量，实际添加量需要加上一定的安全系数，根据饲养管理水平和工作经验添加，一般按需要量的 1 ~ 3 倍添加。其原因在于：饲料加工、贮存过程中维生素易损失，水溶性维生素损失较大。维生素 C 一般添加 100 mg/kg，见表 6-1。

表 6-1 60 ~ 90 kg 生长猪每千克饲粮维生素需要量及添加量

维生素	需要量	安全系数	添加量
维生素 A/IU	1 300	2	2 600
维生素 D_3/IU	150	1.4	210
维生素 E/IU	11	2	22
维生素 K/mg	0.5	2.6	1.3
生物素/mg	0.05	2	0.1
胆碱/g	0.3	1.7	0.51
叶酸/mg	0.3	1.7	0.51
可利用尼克酸/mg	7.5	2	15
泛酸/mg	7	1.8	12.6
核黄素/mg	2	2	4
硫胺素/mg	1	4	4
吡哆醇/mg	1	2	2
维生素 B_{12}/μg	6	3	15
维生素 C/mg		100	100

3. 选原料

选择所需维生素饲料添加剂，明确规格，见表 6-2。

表 6-2 维生素饲料添加剂的原料规格

种类	选用规格	产品规格
维生素 A	50 万 IU/g	30 万 IU/g、40 万 IU/g、50 万 IU/g
维生素 D_3	50 万 IU/g	50 万 IU/g、20 万 IU/g

种类	选用规格	产品规格
维生素 E	50%	50%
维生素 K	47%	MSB 94%，25%，50%；MSI3C 30%；MPB 47%～50%（新品最稳定）
生物素	2%	2%、99%
叶酸	98%	95%～102%
可利用尼克酸	95%	95%～98%
泛酸	80%	80%～97%
核黄素	96%	96%～98%
硫胺素	98%	98%～101%
吡哆醇	98%	98%～100%
维生素 B_{12}	1%	1%
维生素 C	96%	96%～99%

4. 算用量

在 Excel 表格中根据维生素原料规格计算纯品原料用量，见表6-3。

维生素饲料添加剂原料添加量＝维生素添加量÷产品中维生素的有效含量（%）

注意：生产维生素预混料时，考虑维生素的稳定性差、堆密度偏低，宜选用含水量低、化学性质稳定、堆密度小的有机物料为载体，如淀粉、砻糠粉等。本次选用砻糠粉为载体。

表6-3　60～90 kg 生长猪维生素预混料配方

维生素	1 kg 全价料中添加量	1 kg 预混料中添加量/mg	规格	商品维生素原料用量 /($g \cdot kg^{-1}$)	100 kg 预混料配方 /kg
维生素 A	2 600 IU	6 500 000	500 000 IU/kg	13.00	1.3
维生素 D_3	210 IU	525 000	500 000 IU/kg	1.05	0.11
维生素 E	22 IU	55 000	50%	110.00	11
维生素 K	1.3 mg	3 250	47%	6.91	0.69
生物素	0.1 mg	250	2%	12.50	1.25
叶酸	0.51 mg	1 275	98%	1.30	0.13
可利用尼克酸	15 mg	37 500	95%	39.47	3.95
泛酸	12.6 mg	31 500	80%	39.38	3.94
核黄素	4 mg	10 000	96%	10.42	1.04
硫胺素	4 mg	10 000	98%	10.20	1.02
吡哆醇	2 mg	5 000	98%	5.10	0.51
维生素 B_{12}	15 mg	37.5	1%	3.75	0.38

续表

维生素	1 kg 全价料中添加量	1 kg 预混料中添加量/mg	规格	商品维生素原料用量/(g·kg⁻¹)	100 kg 预混料配方/kg
维生素 C	100 mg	250 000	96%	260.42	26
小计				513.50	51.4
载体				486.50	48.6
总计				1 000.00	100

三、走进生产

设计维生素预混料配方需要设计人员熟知维生素的营养特性、市场上维生素饲料添加剂原料的产品规格、养殖生产的实际需求等,选择合适的安全系数,满足畜禽在生产条件下对维生素的正常需求。例如,维生素 A、维生素 E 等制剂稳定性不太好,易失去活性,实际添加量需高出需要量 5～10 倍。另外,要考虑添加剂之间的配伍性。如氯化胆碱呈碱性,一般不与其他维生素混合,不列入配方中,选择单独添加。同时还需熟练应用 Excel 表格,快速调整与优化饲料配方。尊重科学,严谨细致,才能设计出最佳的维生素预混料配方。

📖 **任务小结**

按照维生素预混料配方设计步骤及注意事项,借助 Excel 表格调整与优化,简便快捷,适用于饲料厂、养殖场等。

设计维生素
预混料配方

思考与练习 ⋯⋯⋯⋯⋯⋯

一、单项选择题

1. 维生素预混合饲料在配合饲料中的添加量一般为(   )。
A. 0.02%～0.5%   B. 3%～4%   C. 5%～8%   D. 10% 以上
2. 设计维生素预混料配方的第一步是(   )。
A. 确定维生素预混料在配合饲料中的添加比例
B. 确定添加维生素的种类与数量
C. 明确规格
D. 计算维生素原料用量
3. 维生素预混合饲料在配合饲料中的添加量一般为(   )。
A. 0.5%   B. 0.3%   C. 0.2%～0.5%   D. 0.02%～0.5%
4. 维生素在实际生产中的添加量需要根据饲养管理水平和工作经验添加,一般按需要量的(   )倍添加。
A. 1   B. 2   C. 3～5   D. 1～3
5. 维生素 A、维生素 E 等制剂稳定性不太好,易失去活性,实际添加量需高出需要量的(   )倍。
A. 3   B. 2   C. 3～5   D. 5～10

二、多项选择题

1.维生素预混料用的有机载体有(　　)。

A.淀粉　　　　　B.砻糠粉　　　　　C.石粉　　　　　D.贝壳粉

2.载体一般要求形状不规则,呈薄片状,表面粗糙,多孔,在充分混合时活性物质能够进入载体的小孔或吸附在粗糙表面上。常用的有高粗纤维的(　　)等是良好载体,稀释剂用细石粉较好。

A.玉米粉　　　　B.麸皮　　　　　C.脱脂米糠　　　D.大豆皮粉

3.粒度过细的载体或稀释剂常带有静电荷,具有吸附作用,使活性成分吸附在加工设备的表面,造成活性物质的损失和饲料的污染。载体或稀释剂中加入(　　)可有效消除静电荷。

A.胆碱　　　　　B.酒糟　　　　　C.豆油　　　　　D.蛋清

三、判断题

1.设计维生素预混料配方时,通常按饲料标准中的需要量确定配比。　　　　　(　　)

2.维生素预混料可单独饲喂畜禽。　　　　　　　　　　　　　　　　　　　(　　)

3.载体与稀释剂在维生素预混料中占一定配比。　　　　　　　　　　　　　(　　)

4.确定添加量与需要量时,可结合饲养管理水平与工作经验进行调整。　　　(　　)

5.氯化胆碱不建议在维生素预混料中添加,而是直接在配合饲料中补充。　　(　　)

6.氯化胆碱呈碱性,一般与其他维生素混合,列入配方中。　　　　　　　　(　　)

7.生产复合预混料时,一般先分别预混维生素和微量元素,后一起搅拌。故加入2%的砻糠粉预混维生素,加入10%的沸石粉预混微量元素,其他用玉米蛋白。　　　　(　　)

任务二　设计微量元素预混料配方

任务描述

1.熟知微量元素预混料配方设计的步骤。

2.生产中会设计微量元素预混料配方。

任务实施

一、认识微量元素预混料配方设计

微量元素预混料是一种或多种微量元素饲料添加剂原料与载体或稀释剂按一定比例配制成的均匀混合物。微量元素预混料配方设计的具体步骤如下:

①确定微量元素预混料在配合饲料中的使用量。

②列出微量元素实际需要量与添加量。

③选用合适的微量元素饲料添加剂原料。

④根据微量元素饲料添加剂原料规格(有效成分含量)计算纯品原料用量。

⑤选择合适的抗氧化剂、载体等,确定用量。

⑥列出微量元素预混料的配方。

二、设计微量元素预混料配方案例

为 60 ~ 90 kg 生长肥育猪基础饲粮设计了微量元素添加剂预混料配方。

1. 确定微量元素预混料占比

确定微量元素预混料在配合饲料中的使用量。微量元素预混合饲料在配合饲料中的添加量一般为 1% ~ 5%。本次设定产品在配合饲料中的使用比例为 1%。

2. 查标准列出需要量

查阅中华人民共和国农业行业标准《猪饲养标准》(NY/T 65—2004),该标准列出了微量元素的需要量,见表 6-4。

表 6-4　60 ~ 90 kg 体重的生长肥育猪对微量元素的需要量

元素名称	需要量/(mg · kg⁻¹)
铜	3.5
碘	0.14
铁	50
锰	2
硒	0.25
锌	50

3. 计算实际添加量(表 6-5)

扣除基础日粮中微量元素的含量,计算实际添加量。假定基础日粮中各微量元素的含量如下:铁 30 mg/kg 风干饲粮,锌 20 mg/kg 风干饲粮,铜 2.75 mg/kg 风干饲粮,锰 1.5 mg/kg 风干饲粮,碘 0.04 mg/kg 风干饲粮,硒 0.05 mg/kg 风干饲粮。

表 6-5　微量元素实际添加量

元素名称	需要量/(mg · kg⁻¹)	基础饲粮含量/(mg · kg⁻¹)	添加量/(mg · kg⁻¹)
铜	3.5	2.75	0.75
碘	0.14	0.04	0.1
铁	50	30	20
锰	2	1.5	0.5
硒	0.25	0.05	0.2
锌	50	20	30

4. 选原料并确定用量(表 6-6)

将添加的元素换算成微量元素的纯原料量,再将纯原料量换算成商品原料量。列表如下:

微量元素纯原料量=微量元素添加量÷原料中元素的含量(%)

商品原料量=微量元素纯原料量÷原料纯度(%)

表6-6　原料及其用量

添加量 /(mg·kg^{-1})	添加原料分子式	原料中元素含量/%	原料纯度/%	纯原料中应添加元素含量/(mg·kg^{-1})	商品原料量/(mg·kg^{-1})
0.75	$CuSO_4 \cdot 5H_2O$	25.20	96	2.98	3.10
0.1	KI	68.80	98	0.15	0.15
20	$FeSO_4 \cdot 7H_2O$	20.10	99	99.50	101.02
0.5	$MnSO_4 \cdot H_2O$	29.50	98	1.69	1.73
0.2	$Na_2SeO_4 \cdot 10H_2O$	21.40	95	0.93	0.98
30	$ZnSO_4 \cdot 7H_2O$	22.30	98	134.53	137.27

5.选载体并列出配方(表6-7)

根据预混料使用剂量1%,计算出预混料的用量及载体用量。

注意:生产微量元素预混料时,宜采用堆密度较大的碳酸钙、石粉等无机载体。本次选用碳酸钙粉作为载体。

表6-7　选载体后的配方

添加元素名称	全价料中微量元素添加剂用量/(mg·kg^{-1})	预混料中元素添加剂用量/(mg·kg^{-1})	1 kg预混料中添加剂原料用量/g	100 kg预混料中元素添加剂用量/kg
铜	3.10	310.019 8	0.310	0.031 0
碘	0.15	14.831 51	0.015	0.001 5
铁	101.02	10 101.78	10.102	1.010 2
锰	1.73	172.950 5	0.173	0.017 3
硒	0.98	98.376 78	0.098	0.009 8
锌	137.27	13 727.46	13.727	1.372 7
小计			24.425	2.442 5
载体			975.575	97.557 5
合计			1 000.000	100.000 0

三、走进生产

设计微量元素预混料配方需要配方设计人员熟知微量元素的营养特性、市场上微量元素饲料添加剂原料产品规格、特性、养殖生产实际需求等,正确选择微量元素原料,确定添加量,满足畜禽在生产条件下对微量元素的正常需求。例如,铁、锌、铜等微量元素选择硫酸盐类原料生物学效价较高。另外要考虑微量元素添加量不能超过动物的最大耐受量,以免引起中毒、环境污染等问题。同时还需熟练应用 Excel 表格,快速调整与优化饲料配方。尊重科学,严谨细致,才能设计出最佳的微量元素预混料配方。

📖 任务小结

按微量元素预混料配方设计步骤及注意事项,借助 Excel 表格调整与优化,简便快捷,适用于饲料厂、养殖场等。

思考与复习............

一、单项选择题

1. 设计微量元素预混料配方的第一步是( )。

A. 确定微量元素预混料在配合饲料中的添加比例

B. 查饲养标准

C. 计算添加量

D. 选择原料

2. 微量元素预混饲料在配合饲料中的添加量一般为( )。

A. 3%　　　　　B. 1% ~5%　　　　　C. 3% ~5%　　　　　D. 5%

3. 铁、锌、铜等微量元素选择( )类原料生物学效价较高。

A. 碳酸盐　　　　　B. 硫酸盐　　　　　C. 磷酸盐　　　　　D. 盐酸盐

4. 载体或稀释剂携带的微生物越少越好,不得采用腐败发霉的物料。每克载体或稀释剂细菌含量不得超过( )万个,真菌不超过3万个,不得有大肠杆菌和沙门氏菌。

A. 0.001　　　　　B. 0.1　　　　　C. 30　　　　　D. 300

5. 含水量一般不应超过( ),超过此标准的,活性成分易失效,同时给配料带来麻烦。

A. 5%　　　　　B. 5% ~8%　　　　　C. 10% ~12%　　　　　D. 14%

二、计算题

填写下列配制微量元素预混料表格括号内纯原料中应添加的元素含量和原料添加量。

添加量 /$(mg \cdot kg^{-1})$	添加原料分子式	原料中元素含量/%	原料纯度/%	纯原料中应添加的元素含量 /$(mg \cdot kg^{-1})$	商品原料量/kg
0.75	$CuSO_4 \cdot 5H_2O$	25.20	96	2.98	3.10
0.1	KI	68.80	98	( )	( )
20	$FeSO_4 \cdot 7H_2O$	20.10	99	99.5	101.02
0.5	$MnSO_4 \cdot H_2O$	29.50	98	( )	( )
0.2	$Na_2SeO_4 \cdot 10H_2O$	21.40	95	0.93	0.98
30	$ZnSO_4 \cdot 7H_2O$	22.30	98	134.53	137.27

任务三 设计1%复合添加剂预混料配方

任务描述

1. 熟知1%复合添加剂预混料配方设计的步骤。

2. 会设计1%复合添加剂预混料配方。

任务实施

一、认识复合添加剂预混料配方设计

复合预混料是由维生素、微量元素、氨基酸、其他添加剂、载体或稀释剂等按一定比例配制成的均匀混合物。1%指的是添加比例,指在100 kg配合饲料中添加1 kg预混料的比例。1%复合添加剂预混料配方设计具体步骤如下:

①按维生素预混料配方设计步骤列出配方,计算各成分在1%复合预混料中的占比。

②按微量元素预混料配方设计步骤列出配方,计算各成分在1%复合预混料中的占比。

③计算氨基酸、风味剂、抗氧化剂及载体或稀释剂等用量。

④列出配方。

二、设计1%复合添加剂预混料配方案例

为60~90 kg生长猪设计1%复合预混料的配方。

1. 计算60~90 kg生长猪复合预混料中维生素添加剂的百分比

本次产品在配合饲料中的使用比例是1%,参照维生素预混料配方设计步骤,列出配方(表6-8)。

$$预混料中添加量 = \frac{全价料中的添加量}{预混料百分比}$$

表6-8 计算60~90 kg生长猪复合预混料中维生素添加剂的百分比

维生素	1 kg全价料中添加量	1 kg预混料中添加量/mg	规格	1 kg预混料商品维生素原料用量/g	100 kg预混料配方/kg
维生素A	2 600 IU	260 000	500 000 IU/kg	0.52	0.05
维生素D$_3$	210 IU	21 000	500 000 IU/kg	0.04	0.004
维生素E	22 IU	2 200	50%	4.40	0.44
维生素K	1.3 mg	130	47%	0.28	0.03
生物素	0.1 mg	10	2%	0.50	0.05
叶酸	0.51 mg	51	98%	0.05	0.01
可利用尼克酸	15 mg	1 500	95%	1.58	0.16

续表

维生素	1 kg 全价料中添加量	1 kg 预混料中添加量/mg	规格	1 kg 预混料商品维生素原料用量/g	100 kg 预混料配方/kg
泛酸	12.6 mg	1 260	80%	1.58	0.16
核黄素	4 mg	400	96%	0.42	0.04
硫胺素	4 mg	400	98%	0.41	0.04
吡哆醇	2 mg	200	98%	0.20	0.02
维生素 B$_{12}$	15 μg	1 500	1%	0.15	0.02
维生素 C	100 mg	10 000	96%	10.42	1.04
小计				20.55	2.06

2. 计算 60～90 kg 生长猪复合预混料中微量元素添加剂的百分比

本次设定产品在配合饲料中的使用比例是 1%。请参考维生素预混料配方设计步骤,并列出配方(表 6-9)。

$$预混料中添加量 = \frac{全价料中的添加量}{预混料百分比}$$

表 6-9　计算 60～90 kg 生长猪复合预混料中微量元素添加剂的百分比

添加元素名称	全价料中微量元素添加剂用量/(mg·kg^{-1})	预混料中元素添加剂用量/(mg·kg^{-1})	1 kg 预混料中添加剂原料用量/g	100 kg 预混料中元素添加剂用量/kg
铜	3.10	310.019 8	0.310	0.031 0
碘	0.15	14.831 51	0.015	0.001 5
铁	101.02	10 101.78	10.102	1.010 2
锰	1.73	172.950 5	0.173	0.017 3
硒	0.98	98.376 78	0.098	0.009 8
锌	137.27	13 727.46	13.727	1.372 7
小计			24.425	2.442 5

维生素与微量元素添加剂的和:2.064% +2.442 5% =4.506 5%。

3. 计算氨基酸、风味剂、抗氧化剂及载体的用量

在全价料中添加比例小于 1% 的复合预混料中一般不加氨基酸添加剂,但大多数添加 1% 的复合预混料产品中加氨基酸添加剂。

①计算氨基酸的添加量。

A. 查饲养标准需要量。

赖氨酸 0.70%,蛋氨酸+胱氨酸 0.40%

B.基础饲料中氨基酸的含量计算。

用玉米、豆粕、麸皮、菜籽饼、花生饼、磷酸氢钙、石粉等设计饲料配方时基础饲料含量如下：

$$赖氨酸0.66\%,蛋氨酸+胱氨酸0.46\%$$

C.计算赖氨酸添加量。

赖氨酸的添加量。赖氨酸缺乏,全价料中赖氨酸的添加量为:$0.70\%-0.66\%=0.04\%$。因L-赖氨酸盐酸盐的纯度为78.84%,因此需添加L-赖氨酸盐酸盐的量为:$0.04\%/78.84\%=0.05\%$。

1%的预混料中L-赖氨酸盐酸盐的添加量为:$0.05\%\div1\%=5\%$。

②计算风味剂的添加量。一般在配合饲料中添加量为0.03%。在1%的预混料中添加量为:$0.03\%\div1\%=3\%$。

③计算抗氧化剂的添加量。一般在配合饲料中添加量为0.02%。在1%的预混料中添加量为:$0.02\%\div1\%=2\%$。

④计算载体的添加量。生产复合预混料时,一般先分别预混维生素和微量元素,再一起搅拌。故加入2%的砻糠粉预混维生素,加入10%的沸石粉预混微量元素,其他用玉米蛋白粉,用量为:$100\%-4.5065\%-5\%-3\%-2\%-2\%-10\%=73.49\%$。

4.列出配方(表6-10)

表6-10　60~90 kg 生长猪1%复合预混料配方

原料	配比/%	原料	配比/%
维生素 A/IU	0.05	五水硫酸铜	0.031 0
维生素 D₃/IU	0.004	碘化钾	0.001 5
维生素 E/IU	0.44	七水硫酸亚铁	1.010 2
维生素 K/mg	0.03	一水硫酸锰	0.017 3
生物素/mg	0.05	亚硒酸钠	0.009 8
叶酸/mg	0.01	七水硫酸锌	1.372 7
可利用尼克酸/mg	0.16	沸石粉	10
泛酸/mg	0.16	L-赖氨酸盐酸盐	5
核黄素/mg	0.04	风味素	3
硫胺素/mg	0.04	抗氧化剂	2
吡哆醇/mg	0.02	玉米蛋白粉	73.49
维生素 B₁₂/μg	0.02	合计	100
维生素 C/mg	1.04		
砻糠粉	2		

三、走进生产

设计复合预混料配方需要配方设计人员熟知不同饲料添加剂的营养特性、市场上饲料添加剂原料产品规格、特性、养殖生产实际需求等，并合理选择，科学配制，以满足畜禽在生产条件下对预混料的正常需求。例如，维生素的添加量需要增加保险系数、微量元素和氨基酸的添加量需要考虑基础日粮中氨基酸的水平、其他添加剂的添加需要严格遵守国家法律法规等。同时还需熟练应用 Excel 表格，快速调整与优化饲料配方。除按照常规方法设计复合预混料饲料配方外，还可根据全价饲料配方推算（可扫码观看微课视频）。具备法律意识，尊重科学，严谨细致，才能设计出最佳复合预混料配方。

1%复合预混料设计

📖 任务小结

按照复合预混料配方设计步骤及注意事项，借助 Excel 表格调整与优化，简单快捷，适用于饲料厂、养殖场等。

全价料推算预混料

思考与练习……………

一、单项选择题

1. 复合预混料配方设计的第一步是（　　　　）。

A. 确定维生素和微量元素在配合饲料中的添加量

B. 选择添加剂原料，明确规格

C. 计算添加剂原料在预混料中的用量和百分比

D. 计算载体和稀释剂用量

2. 一般在配合饲料中添加量风味素的量为（　　　　）。

A. 0.3%　　　　　　B. 0.03%　　　　　　C. 1%　　　　　　D. 0.003%

3. 生产预混料的载体或稀释剂要求与活性物质相接近才能均匀混合，否则易发生分级现象。一般认为容重以（　　　　）为宜。

A. 0.5～0.8 kg/L　　　　　　　　　B. 5～8 kg/L

C. 0.1～0.5 kg/L　　　　　　　　　D. 0.3～0.5 kg/L

4. 载体的粒度在美国要求为（　　　　）筛目，即 0.59～0.177 mm，稀释剂粒度一般要均匀和细一些，如 0.59～0.074 mm。

A. 20　　　　　　　B. 40　　　　　　　C. 40～60　　　　　D. 30～80

5. 载体和稀释剂要求不易（　　　　），且流动性好。

A. 风化　　　　　　B. 溶解　　　　　　C. 融化　　　　　　D. 吸潮结团

二、计算题

1. 生产复合预混料时，设定产品在配合饲料中的使用比例是 1%。一般先分别预混维生素和微量元素，再一起搅拌。维生素与微量元素添加剂的和为 18.937 2%，1% 的预混料中 L-赖氨酸盐酸盐的添加量为 5%，风味素添加量为 3%，抗氧化剂添加量为 2%，故加入 2% 的砻糠粉预混维生素，加入 10% 的沸石粉预混微量元素，其他用玉米蛋白粉，则玉米蛋白粉的用量是多少？

2.60～90 kg 生长猪复合预混料中维生素添加剂在配合饲料中的使用比例是 1%,根据全价饲料配方比例,计算填写以下各种维生素在 1 kg 复合预混料中的添加量和在 100 kg 复合预混料中的添加量。

维生素	1 kg 全价料中添加量	1 kg 预混料中添加量 /mg	规格	1 kg 预混料商品维生素原料用量 /g	100 kg 预混料配方 /kg
维生素 A	2 600 IU	260 000	500 000 IU/kg	0.52	0.05
维生素 D_3	210 IU	21 000	500 000 IU/kg	0.04	0.004
生物素	0.1 mg	( )	2%	( )	( )
叶酸	0.51 mg	( )	98%	( )	( )
吡哆醇	2 mg	( )	98%	( )	( )
维生素 B_{12}	15 μg	( )	1%	( )	( )
维生素 C	100 mg	( )	96%	( )	( )

模块三
饲料加工、调制及品质鉴定

知识目标

1. 了解饲料厂区的布局与设备功能。
2. 掌握配合饲料的加工工艺流程。
3. 掌握饲料调制及品质鉴定的方法。

能力目标

1. 能规范使用饲料生产设备加工饲料。
2. 能把控配合饲料质量。
3. 会调制饲料与品质鉴定。

素质目标

1. 具有综合应用饲料加工、调制等相关知识、技能、能力、价值观念以及解决问题的系统思维。
2. 具有探究和求真务实的学习态度以及严谨科学的专业精神。
3. 具有利用现代信息技术自主学习饲料行业新技术、新工艺、新材料、新设备等终身学习的能力。

思政目标

1. 具备饲料产品安全观。
2. 具有科学认真、精益求精的工匠精神。
3. 具有饲料生产和化验人员必备的"三心"(细心、责任心、公正之心)和"四个意识"(安全意识、质量意识、改善意识、环保意识)。

饲料是肉、蛋、奶等畜产品生产的重要支撑,影响养殖业健康稳定的发展,关系到人类食品安全。饲料加工与调制的流程与品质的控制,直接影响养殖业的生产效率和产出质量。应用现代化饲料加工工艺和先进的调制技术,可有效提高生产效率、产品质量和安全性能。掌握饲料厂先进的配合饲料加工工艺、饲料生产设备操作规程、养殖场饲料调制技术等,是畜牧业工作者需要具备的技术技能。

科学史话

饲料的加工与调制,与饲料利用效率息息相关。北魏末年,中国古代杰出农学家贾思勰编著的《齐民要术》卷六第五十六篇《养牛、马、驴、骡》记载:"锉草粗,虽足豆谷,亦不肥充;细锉无节,筱去土(五八)而食之者,令马肥。"意思是:喂马,铡的草太粗,虽然添加了充足的豆,马依然长不肥。将草铡细,用筛子筛去粗的部分,留下精细的饲喂,马可长肥。古人了解饲料调制的重要性,并在实践中发明了拌、蒸、发酵等 22 种调制饲料的方法,在《三农纪》《农蚕经》《农桑辑要》等文献中有记载。

项目描述

1. 认识饲料厂区的布局和功能。
2. 掌握饲料生产设备的操作规程。
3. 会生产质量达标的配合饲料。

知识准备

《饲料工业术语》（GB/T 10647—2008）中配合饲料的定义是：根据饲养动物的营养需要，把多种饲料原料和饲料添加剂按饲料配方经工业化加工的饲料；把颗粒饲料分为硬颗粒饲料和软颗粒饲料两种。硬颗粒饲料是将粉状饲料经调质、挤出压模模孔制成的规则粒状饲料产品；软颗粒饲料是有较高液体组分含量的颗粒饲料，需要立即除去粉末和冷却。

清理是用筛选、风选、磁选或其他方法除去饲料中的杂质；粉碎是通过撞击、剪切、磨削等机械作用，使饲料颗粒变小；配料是根据饲料配方配比，将两种或两种以上的饲料组分依次计量后堆积在一起或置于同一容器内或同时计量配料；混合是将两种或两种以上的饲料组分拌和在一起，使之达到特定的均匀度的过程；制粒是将粉状饲料经（或不经）调质，挤出压模模孔，制成颗粒饲料的过程；调质是通过湿、热处理改善饲料理化性质的过程；冷却是用强制流动的自然空气降低饲料的温度和水分的过程。

任务一　认识饲料厂区

任务描述

1. 了解饲料厂区的布局。
2. 掌握饲料生产设备的结构。

任务实施

一、认识饲料厂的分类及生产效率

饲料厂根据生产产品的种类分为饲料原料厂、饲料添加剂厂、预混合饲料厂、浓缩饲料厂、全价配合饲料厂5类。

饲料原料厂主要提供饲料生产中广泛使用的各种动物性、植物性及其他饲料原料，如鱼粉、玉米、豆粕等；饲料添加剂厂主要生产维生素等营养性饲料添加剂和香味剂等非营养性添加剂,此类产品不能直接饲喂畜禽;预混合饲料厂主要是各类添加剂与载体或稀释剂混合,制成粉状饲料半成品,如单一预混料和复合预混料,不能直接饲喂畜禽;浓缩饲料厂主要由蛋白质饲料、矿物质饲料和添加剂预混料组成的粉状半成品,不能直接饲喂畜禽;全价配合饲料厂主要生产营养价值全面的饲料产品,有颗粒料、粉料、破碎料等,可直接饲喂畜禽。

目前,我国饲料厂生产线规模有 2.5,5,10,20 t/h 4 种,小型的饲料加工机组有 0.3,0.5,1.0,2.0 t/h 4 种。

二、走进饲料厂区

饲料厂的主要任务是根据饲料配方和饲养要求,选用先进、合理的加工工艺和设备,生产具有较高营养水平和一定理化性状,便于贮藏和运输的饲料产品。

饲料厂选址要求交通便利,邻近高速公路口或国道,便于原料和成品运输;地势平坦、供水供电方便,符合安全和卫生要求,位于居民区下风位置。

厂区一般分为生活区、生产区、辅助生产区等,布局确保物流顺畅。为满足生产、生活需要,厂区配备员工食堂、员工宿舍、办公楼、品管部、开票室、地磅房、原料库、生产车间、成品库等。

1. 品管部

品管部是饲料厂产品质量检验和质量控制的核心部门,位于饲料厂生活区。该部门负责对进厂的原料、生产过程、出厂产品按照原料收货标准、检测方法、生产工艺指标要求进行全程检测和监控,以确保产品的品质稳定和饲料安全。

品管部

2. 开票室和地磅房

成品车和原料车在此过磅后进出厂区。目前,大型饲料厂使用 100 t 数字地磅(图 7-1),配有大屏幕显示器,监控系统和信号灯、喇叭、自动栏杆等,精确度高。为保证准确性,质量技术监督局每年校验 2 次,生产部每天校磅 1 次。

图 7-1　地磅

3. 原料库和成品库

原料库和成品库均邻近生产车间,分布于两侧。采用标准化设计,将不同品种的位置最优化,可有效利用空间。仓库的区域规划应按照存储的品种不同进行分区,划成区块,不同品种、不同批次的原料或成品分堆分区放置。区域的规划和布局是否合理,将对仓库作业的效率、质量和成本产生很大的影响。

按原料的物理特性划分矿物区、动物区、植物区、小料区、液体区。矿物区的原料有 DCP、石粉等;动物区的原料有鱼粉;植物区的原料有豆粕、酒精、米糠等农副产品;小料区的原料有维生素、氨基酸等;液体区的原料有豆油、胆碱等。

（1）码放原则

①库内的原料,跺位与跺位之间要留有 30 cm 的通风间距,跺位与障碍物（如墙壁）要留有 50 cm 的通风间距。

②对于袋装原料用量大、投料频次高的,应码放在离投料口较近的位置。

③不易清扫的原料也应码放在离投料口较近的位置。

（2）原料保管措施

①装设防鼠、防鸟装置。

②对于脂肪高的原料每周进行 3 次测温,当发现跺位内料温过高时要进行处理,优先投料。

③投用不了的实行翻跺处理,可降低料温。

④对于筒仓内的原料（如玉米）每周应进行 3 次测温,测温时间为下午 2:00—3:00,通过筒仓测温来检查筒仓存储是否有发热的热点,如果有发热的热点,应启动筒仓的风机进行通风,直到筒仓内的热点温度降下来后才能停止通风。

成品库的区域按照成品品种划分区域,每一个品种是一个货位,货位与货位之间要有 30 cm 的通风间距;货位与墙壁及障碍物之间要有 50 cm 的通风间距;成品实行先进先出的原则进行发货,确保成品的保质期在有效期内,保证成品品质。

4.筒仓

（1）接收与贮存散装料

目前无论饲料原料还是饲料成品,大饲料厂选用散装车转运。玉米、小麦等粒料,饲料厂配置立筒仓原料接收系统,实现粒料接收、储存、出仓的高度机械化,完全不需要人工;豆粕、DDGS 等粉状原料,采用筒仓储存一定要考虑出料问题,防止流动不畅、形成板结、结拱、无法流动。

对于仓容较小的小型仓（200～300 t）,筒仓出料口可设计成长方形,根据仓容大小,配单、双、三螺旋出料;对于仓容在 1 000 t 以上的大型仓,必须配备主动出仓系统,保证物料整体流动、先进先出,出料完全。

（2）确定筒仓容积、房式仓库面积

①原料仓。每种原料的库存量与饲料厂的设计日产量、该原料在配方中所占的配比、原料的存贮天数有关。

一般玉米等主要原料供应充足,交通运输方便时,存贮天数 7～10 天最佳;运输供应需要较长时间时,存贮期可按 20～30 天考虑。

带有较强季节性的原料,贮存期可长达 3 个月以上。

根据每种原料的存料量、贮存期、单位面积或容积的存放量,可以计算出该种原料所需的筒仓仓容或实际储存面积,一般房式原料库地面面积利用率为 50%～60%,这样可以计算出每种原料所需的库房面积,相加后得出原料库的总面积。

②成品仓。成品库的库存量与饲料厂的设计日产量、不同饲料产品的库存期有关,一般库存 3～7 天。同样根据成品的存料量、贮存期、单位面积的存放量,可以计算出成品所需的实际储存面积,一般房式成品库地面面积利用率为 55%～65%,这样可以计算出成品库的库房面积。散装成品仓的数量在 6 个以上,以满足市场需求变化、品种明显增多的需要。散装成品仓总容量应至少有 2 个班的生产容量,以保证连续生产的需要。

筒仓

5. 生产车间

饲料生产车间的主要设备有原料接收设备、粉碎设备、配料计量设备、混合设备、制粒设备等。

饲料生产车间

（1）原料接收设备

①刮板输送机:主要用于水平输送颗粒和粉状物料。其主要构件有头部、驱动装置、堵料探测器、卸料口、刮板链条、加料口、断链指示器、中间段、尾部等。

②斗式提升机:主要用于垂直输送各种粉料、颗粒状物料。其主要构件有机头盖、机头座、减速电机、直管、畚斗带(牵引带)、畚斗、观察窗、检修门、底座、张紧装置等。

（2）原料清理设备

原料清理设备主要有筛选和磁选清理设备,磁选清理设备在筛选之后。

①圆筒初清筛:主要用于清除大的杂质,如纸片、土块等杂物,保护机器设备免于发生故障或损坏。其主要构件包括检修盖、进料管、大杂出口、导向螺旋、吸风管、净料出口、传动装置、观察窗、筛筒、清理刷、筛架等,如图 7-2 所示。

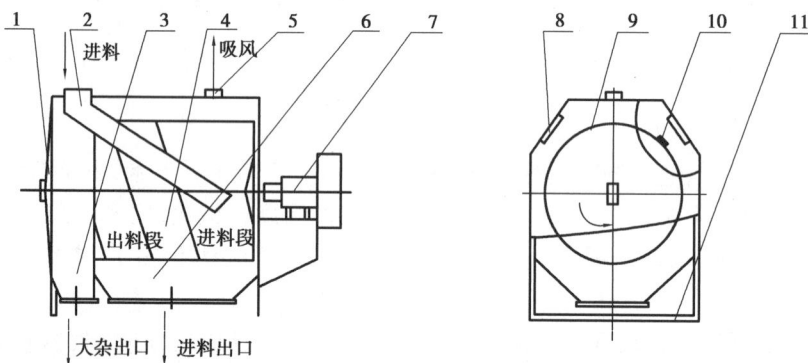

图 7-2　圆筒初清筛的结构示意图

1—检修盖;2—进料管;3—大杂出口;4—导向螺旋;5—吸风管;6—净料出口;
7—传动装置;8—观察窗;9—筛筒;10—清理刷;11—筛架

②永磁筒:用于除去物料中的螺钉、螺栓、螺母、垫圈、铁屑等磁性铁杂质。永磁筒主要由外筒和磁体两部分组成,如图 7-3 所示。

刮板输送机

斗式提升机

圆筒初清筛

图 7-3　永磁筒外观图

（3）粉碎设备

常用锤片式微粉碎机主要靠冲击作用来破碎物料，主要构件有进料导向板、电动机、操作门、筛片、锤片、减速槽、主轴、销轴、锤架板等。

（4）配料计量设备

常用电子配料秤主要根据预设的饲料配方要求，对不同品种的饲料原料进行投料和称量。其主要构件有料仓、螺旋给料器、传感器安装支架、传感器、秤斗、气动门、气缸等。接通电源给出启动信号，整个配料过程全自动进行，如图 7-4 所示。

（5）混合设备

常用混合机主要用于粉状、颗粒状物料的混合。SLHY 系列叶带卧式螺旋混合机的主要构件有转子、机体、出料门、出料控制机构和液体添加管路等。该混合机转子由带状螺旋叶片、轴和圆环及支撑杆等组成。叶片分为内、外两圈，分别为左旋和右旋，如图 7-5 所示。

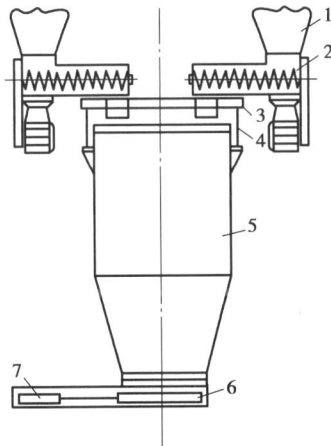

图 7-4　电子配料秤结构示意图

1—料仓；2—螺旋给料器；3—传感器安装支架；4—传感器；5—秤斗；6—气动门；7—气缸

混合机

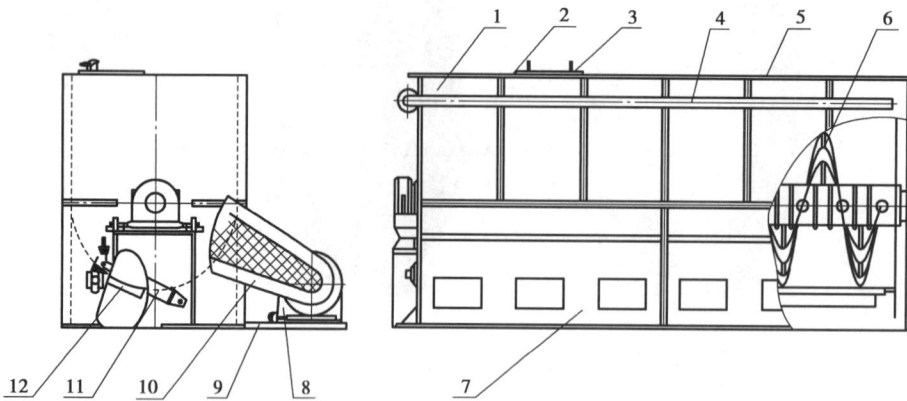

图 7-5　SLHY 系列叶带卧式螺旋混合机结构示意图

1—上机体;2—添加剂进口盖板;3—观察门;4—液体添加管道;

5—主料进口盖板;6—转子;7—下机体;8—摆线针轮减速机;9—滑轨;

10—链罩;11—气缸;12—出料门

（6）制粒设备

①喂料器:主要用于强制喂料,一般安装在料仓底部。螺旋喂料机的主要构件由驱动装置、头部、进料口、螺旋体、输送段、悬挂轴承、尾部等组成,如图 7-6 所示。

②调质器:能对配合饲料实施高温消毒、淀粉糊化等,为制粒做准备。SBTZ 系列调质器内部主要构件有轴承、轴承衬套密封圈、长桨叶、慢轴、短桨叶、快轴等,如图 7-7、图 7-8 所示。

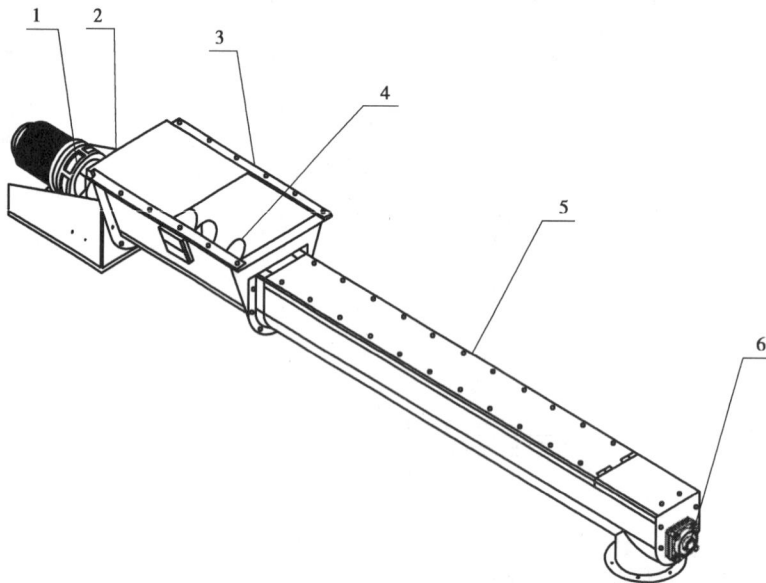

喂料器

图 7-6　喂料器结构示意图

1—驱动装置;2—头部;3—进料口;4—螺旋体;5—输送段;6—尾部

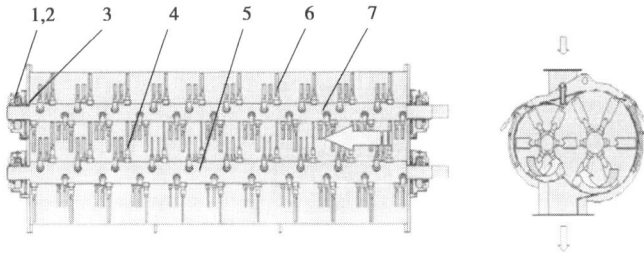

图 7-7　调质器结构示意图

1—轴承；2—轴承衬套；3—密封圈；4—长桨叶；5—慢轴；6—短桨叶；7—快轴

图 7-8　调质器外观图

③制粒机：一般用来加工粉状的、能流动的、可压制成粒的物料。MUZL 型颗粒机的主要构件有喂料器、调质器、颗粒剂主机（提升梁、磁铁、切刀、刮刀、压辊、环模、液压抱箍装置、安全销装置等），如图 7-9 所示。

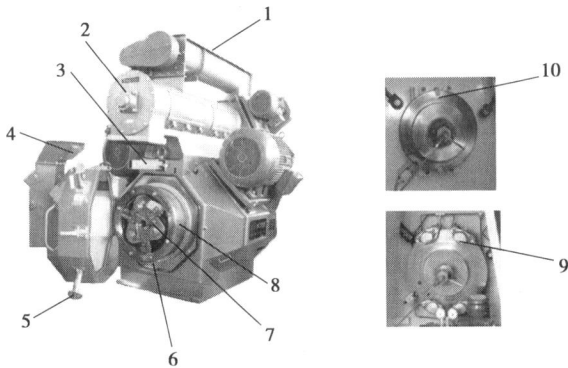

图 7-9　制粒机结构示意图

1—喂料器；2—调质器；3—提升梁；4—磁铁；5—切刀；6—刮刀；
7—压辊；8—环模；9—液压抱箍装置；10—安全销装置

（7）冷却器

冷却器主要用于制作粒料、膨化料、压片料等颗粒状物料的冷却。逆流式冷却器主要构件有闭风器、出风顶盖、出风管、料位器、进风口、出料斗、出料口、冷却箱体、菱锥形散料器等，如图 7-10 所示。

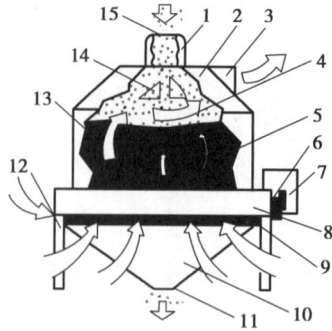

图7-10　冷却器结构示意图

1—闭风器;2—出风顶盖;3—出风管;4—上料位器;5—下料位器;6—固定框调整装置;
7—偏心传动装置;8—滑阀式排料机构;9—进风口;10—出料斗;11—出料口;12—机架;
13—冷却箱体;14—菱锥形散料器;15—进料口

（8）破碎机

破碎机主要用于脆性物料的破碎。齿辊破碎机的主要构件有机架部件、活动辊部件、固定辊部件、传动装置等。

（9）颗粒分级筛

颗粒分级筛主要用于冷却和破碎后颗粒饲料的分级,筛出粒度合格的成品。也可用于原料的初清和二次粉碎后中间产品的分级。其主要构件有机架、支撑机构、筛船、筛框部分、驱动装置、机座等。运行时,两个转向相对的振动电机(只有一个电机)带动筛体作一定振幅和频率的振动,物料根据颗粒大小经由上层筛框、中层筛框、下层筛框3层筛分,从而筛出不合格的小颗粒和粉末等。

三、饲料生产加工工艺

饲料生产加工工艺有先粉碎后配合、先配料后粉碎、先粉碎后配料再粉碎3种工艺。畜禽饲料配方中以玉米、大麦等为主要能量饲料时,一般选用先粉碎后配合工艺(图7-11):原料接收、粉碎、配料与混合、制粒、打包。

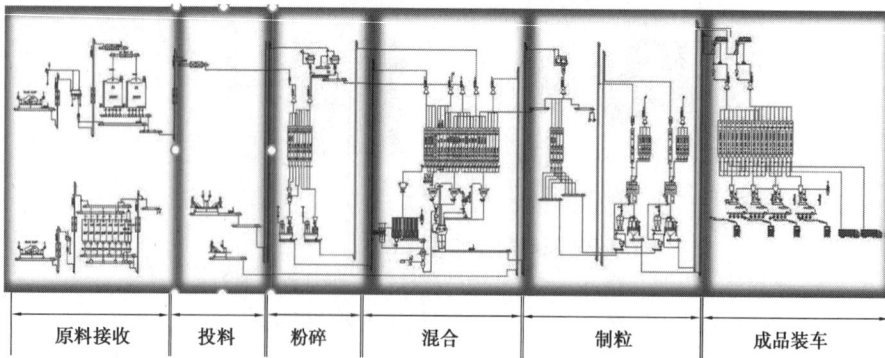

图7-11　先粉碎后配合工艺

📖 **任务小结**

　　饲料厂是生产与加工饲料的场所,其核心部位是饲料生产车间与品管部。饲料生产车间机械化程度高,熟悉饲料生产加工工艺以及饲料生产设备的操作规程与日常维护,才能确保饲料生产线的正常运行。品管部主要对饲料原料和成品进行品质把控,饲料厂严格按照国标检测饲料原料和成品质量,严谨细致,可确保饲料产品的安全营养。

饲料样本的采集和制备(改造)

思考与练习··············

一、单项选择题

1. 矿物区原料 DCP 指的是(　　　)。

A. 碳酸钙　　　　　　B. 磷酸钙　　　　　　C. 沸石粉　　　　　　D. 磷酸氢钙

2. 植物区原料 DDGS 指的是(　　　)。

A. 干酒精糟液　　　　B. 酒精　　　　　　　C. 棕榈粕　　　　　　D. 稻壳粉

3. 一般房式饲料原料库地面面积利用率为(　　　),据此可以计算出每种原料所需的库房面积。

A. 30%　　　　　　　B. 50%　　　　　　　C. 50% ~60%　　　　D. 70% ~80%

4. 散装成品仓总容量应至少有(　　　)个班以上的生产容量,以保证连续生产的需要。

A. 1　　　　　　　　B. 2　　　　　　　　C. 3　　　　　　　　D. 4

5. 主要用于水平输送颗粒和粉状物料的设备是(　　　)。

A. 刮板输送机　　　　B. 斗式提升机　　　　C. 圆筒初清筛　　　　D. 颗粒分级筛

二、多项选择题

1. 饲料厂根据生产产品的种类分为(　　　)。

A. 饲料原料厂　　　　B. 饲料添加剂厂　　　C. 预混合饲料厂　　　D. 浓缩饲料厂

2. 饲料厂选址要求(　　　)。

A. 交通便利　　　　　　　　　　　　　　　B. 邻近高速公路口或国道

C. 邻近菜市场生活方便　　　　　　　　　　D. 便于原料和成品运输

3. 原料仓库内小料原料包含(　　　)等。

A. 微量元素　　　　　B. 氨基酸　　　　　　C. 维生素　　　　　　D. 甜味剂

4. 原料仓库保管措施有(　　　)。

A. 装防鼠防鸟装置

B. 含脂高的原料每周 3 次测温,温度高优先投放

C. 温度高的翻跺

D. 筒仓原料每周 3 次测温,温度高要启动筒仓风机通风降温

5. 每种饲料原料的库存量与(　　　)有关。

A. 运输饲料原料的车辆数量　　　　　　　　B. 饲料厂的设计日产量

C. 该原料在配方中所占的配比　　　　　　　D. 原料的存贮天数

6. 饲料生产车间的主要设备有(　　　)等。

A. 原料接收设备　　　B. 粉碎设备　　　　　C. 配料计量设备　　　D. 混合设备

7. 饲料生产制粒设备的调质器的作用有(　　　)。

A. 调节颗粒饲料粒度　　　　　　　　B. 调节饲料硬度

C. 对配合饲料实施高温消毒　　　　　D. 使配合饲料淀粉糊化

8. 畜禽饲料配方中以玉米、大麦等为主要能量饲料时,一般选用先粉碎后配合工艺,其流程是(　　　)。

A. 原料接收　　　　B. 粉碎　　　　C. 配料与混合　　　　D. 制粒

三、判断题

1. 品管部是饲料厂产品质量检验和质量控制的核心部门,位于饲料厂生产区。　　(　　　)

2. 为保证地磅的准确性,质量技术监督局每月校验1次,生产部每周校磅1次。　(　　　)

3. 原料仓库和成品仓库区域的规划和布局是否合理,将对仓库作业的效率、质量和成本产生很大的影响。　　　　　　　　　　　　　　　　　　　　　　　　　　(　　　)

4. 不易清扫的原料要远离投料口的位置码放。　　　　　　　　　　　　　　(　　　)

5. 成品库的库存量与饲料厂的设计日产量、不同饲料产品的库存期有关,一般库存3~7天。　　　　　　　　　　　　　　　　　　　　　　　　　　　　　　　　(　　　)

任务二　生产全价颗粒料及品质鉴定

任务描述

1. 熟知生产全价颗粒料的设备操作规程。

2. 掌握全价颗粒料的生产工艺流程。

3. 会对全价颗粒料进行品质鉴定。

任务实施

一、制粒设备及日常维护

(一)喂料器

喂料器主要是螺旋式结构,可进行无级调速,调节粉料的输入量,调速范围为17~150 r/min,一般为100 r/min,用于将从料仓来的粉料均匀供入。

(二)调质器

调质器有单轴和多轴两种。畜禽饲料生产多用单轴,而水产饲料为了提高淀粉糊化度,则多用双轴。调质器用于将待制粒粉料进行湿热处理和添加液体原料,同时具有混合和输送作用。

(三)制粒机

1. 制粒机的分类

制粒机有软颗粒机和硬颗粒机两种。

①软颗粒机的结构是螺杆式,主要由螺杆、机筒、模板、切刀、传动装置和机架组成;动力装置驱动螺杆在机筒内转动,将从料斗进入的物料向前推送、挤压、捏合,直至从模板的模孔中连续成条状挤出,再由切刀切断成圆柱状颗粒或任其自然折断形成较长条状的颗粒饲料。

②常用的硬颗粒机有环模制粒机和平模制粒机两种。

环模制粒机主要工作部件为环形压模与圆柱形压辊。因其压模轴线为水平布置,故称为卧轴环模制粒机。主要由料斗、螺旋供料器、搅拌调质器、压粒器、电机及减速传动装置等组成。其中压粒器由环模、压辊、压辊调节装置、匀料刮刀、切刀等组成。

平模制粒机多为小型饲料厂使用。主要工作部件为水平圆盘压模与其相配的压辊。除压模、压辊的相对位置与环模制粒机不同外,其他基本相似。工作原理:有动模式、动辊式和既动模又动辊3种传动方式。

2.环模制粒机的工作原理与操作规程

工作原理:喂料器将物料均匀地输入调质器内,调质后的物料进入压制室,在转动的压模、压辊作用下,使物料从模孔中挤出形成颗粒,再经切刀切割成适宜长度。通常颗粒温度控制在75~90 ℃(后续需冷却至接近室温),水分控制在15%~17%(后续水分需降至13.5%以下,便于贮藏和运输)。

操作规程:操作时首先选定目标仓,制粒后的成品仓,开启后续相应设备,包括分级筛、提升机、冷却塔和冷却风机,开启后,启动制粒机,启动后,启动保质器、调质器、喂料器,根据制粒品种类型特征,调整各项参数,包括喂料转数、调质温度,然后观察饲料外观,使制粒机的工作电流达到额定标准电流后,停止调整参数。在制粒过程中,制粒工应按照《抽样作业指导书》,对仓顶所取每批样品进行检查,完成水分(半成品含调质、热颗粒)、PDI、硬度及含粉率的检测,对发现的问题要进行分析并及时调整,各项加工指标参照《生产技术指标》标准完成。

日常维护:检查制粒各部位磨损情况,不合标准的需要更换与维修。如切刀、环模及压辊的磨损程度;检查制粒机油位是否正常,包括制粒机属于液压传动,需检查液压室的油位是否正常;工作时,定时给主轴和压辊各部位按频次加润滑油,按说明书加注润滑油。

制粒的品质要求:制粒机调质温度显示必须符合生产指标范围。如中大猪料为75~85 ℃;PDI颗粒耐久度符合《饲料生产技术指标标准》。中大猪PDI≥95以上;成品温度出冷却塔,料温不能高于环境温度5 ℃,若高于5 ℃以上会因温差产生结露,在储存、运输和保存时会产生霉变,不利于品质保证。

(四)制粒后处理设备

1.冷却器

冷却器有立式冷却器(普遍应用)和卧式冷却器两种。立式逆流式冷却器:通过物料与空气逆向流动进行湿热交换,是冷却效果最好的机型,普遍应用。卧式冷却器:有单层和双层两种结构,主要工作部件是水平移动的筛板或网板,冷却均匀,颗粒破碎率少,适用于冷却易碎饲料,投资大。

2.颗粒破碎机

颗粒破碎机压制的大颗粒饲料(能耗低于小颗粒饲料,且提高制粒产量)需经过破碎,满足幼小动物摄入的需要。常用对辊式破碎机,有一对表面拉丝的轧辊,轧距可根据要求调节,进料处设有旁路装置,不需要粉碎时,直接进入分级筛。

3.颗粒分级筛

颗粒分级筛配有两层或三层筛面的分级筛,对颗粒或碎粒进行处理,筛去其中过大的颗粒及细粉。

4. 熟化器

熟化器置于制粒机之后,让湿热的颗粒饲料停留一段时间,使颗粒表面的淀粉充分糊化,改善物料的柔软性、可塑性和润滑性。熟化时间:畜禽饲料 3 ~ 4 min,高纤维饲料 20 ~ 30 min。

5. 油脂喷涂设备

油脂喷涂设备有转盘式和滚筒式两种,当脂肪添加量超过 3% 时,一般采用制粒后喷涂油脂的工艺。

二、颗粒饲料生产加工工艺

高效磁铁装置(永磁筒)(除铁外,进入颗粒机会造成模孔堵塞或损坏机器)→颗粒机→冷却器(从颗粒机出来的潮湿易碎的热颗粒直接进入冷却器,避免颗粒破碎)→破碎机→颗粒分级筛→带式输送机(不会破坏颗粒)→成品仓→打包。

生产中主要通过控制颜色、气味、颗粒大小等物理性状进行质量控制。确保长度符合工艺要求,颗粒大小符合要求,破碎料要求合理。通过 PDI 测定仪测定耐久度,PDI>95%。

生产颗粒饲料

三、颗粒饲料加工质量的测定

畜禽颗粒饲料加工质量的测定项目包括含水率、坚实度、硬度、耐水性等测定。对鱼虾饵料还要测定颗粒沉降性、漂浮性、水中稳定性、糊化程度等。

TMR日粮生产

(一)测定含水率

1. 取样

①半成品水分的测定:半成品水分检测在混合机混合后取样。

②调制后水分的测定:调制后水分检测在制粒机观察口取样。

③制粒后水分的测定:制粒后水分检测在制粒机下料口取样。

④冷却后水分的测定:冷却后水分检测在冷却器排料口取样。

2. 测定

测定样品水分时,在规定的取样位置取待测样品 200 g,装入取样袋中,排尽袋中空气,封闭袋口,避免水分发生改变。

测定步骤:

①提前将称量瓶于 105 ℃ 烘干至恒重。

②取样后,立即将样品放入烘干的称量瓶中称重 W_1,记录。

③继续于 105 ℃ 烘干至质量不变,再次称重 W_2,记录。

④计算。含水率 $= W_1 - W_2 / W_2 \times 100\%$。

⑤对 3 个点的样品分别测量并计算,求平均值。

注意:颗粒饲料成品的水分一般要求在 12.5% 以下。

(二)测定坚实度

含粉率和耐久性是衡量颗粒饲料物理质量的两个重要指标。耐久性用来衡量颗粒饲料成品在输送和搬运过程中饲料颗粒抗破碎的相对能力;含粉率是指颗粒饲料中所含粉料质量占总质量的百分比,含粉率过高,在动物饲养中易造成饲料浪费。耐久性过低,在贮存运输中易破碎、分离,造成营养成分的丢失。

1. 含粉率的测定

测定设备有标准筛一套、电子天平(感量 0.1 g)、顶击式标准筛振筛机(频率 220 次/分,振幅 25 mm)和粉化仪(双箱体式)。

测定时,在饲料打包过程中随机抽取 3 包颗粒饲料或破碎饲料,分别称重并记录质量 m_1;将整包料开口后,分别倾倒入含粉率测定振动筛料斗中,然后开启下料阀,让颗粒饲料匀速地全部通过 1.43 mm(14 目)标准筛;分别收集筛下物,并记录质量 m_2。计算结果:筛下物质量除以试样质量的商,再乘以 100%。

2. 饲料耐久性的测定

需要用到粉化仪,它是模拟颗粒饲料在输送、装卸、运输、储存过程中的碰撞摩擦等运动,使其形成部分粉状饲料的仪器。

采样 1.2 kg,用四分法分为两份,每份约 600 g,放于规定筛孔的筛格内,在振筛机上筛 5 min 或用手工筛(每分钟 110～120 次,往复范围 10 cm),从筛上物中分别称取样品 500 g(m_3)两份;分别置于粉化仪的回转箱内,盖紧箱盖,开动机器,使箱体回转 500 转,放入规定筛孔的筛格内(6 目),在振筛机上筛理 5 min 或手工筛;将筛上物称量(m_4)。计算结果:回转后,筛上物质量除以回转前样品质量,再乘以 100%。

3. 允许误差与结果判读

两次测定结果之差不大于 1%,以其算术平均值报告结果,数值表示至 1 位小数。

含粉率和耐久性判断合格的界限:

含粉率≤20.0,判定合格的界限≤20.0。

含粉率≤5.0,分析允许误差(绝对误差)≤0.5,判定合格的界限≤5.5。

含粉率≤2.0,分析允许误差(绝对误差)≤0.5,判定合格的界限≤2.5。

含粉率≤1.0,分析允许误差(绝对误差)≤0.5,判定合格的界限≤1.5。

耐久性≥90.0,分析允许误差(绝对误差)≤-1.0,判定合格的界限≥89.0。

耐久性≥95.0,分析允许误差(绝对误差)≤-1.0,判定合格的界限≥94.0。

耐久性≥97.0,分析允许误差(绝对误差)≤-1.0,判定合格的界限≥96.0。

耐久性≥98.0,分析允许误差(绝对误差)≤-1.0,判定合格的界限≥97.0。

(三)硬度测定

硬度用颗粒硬度计测定,用压力表示。一般为 0.06～0.12 MPa(0.6～1.2 kgf/cm²) 30～60 N。

(四)测定耐水性

水中稳定性以饲料颗粒在水中不溃散的时间表示。

测定方法:在 50 mL 烧杯中放入 25 mL 水(普通自来水,水温 25～30 ℃),称取 3～5 g 鱼饲料(已知水分含量)放入烧杯中,计时 10 min 后,过 14 目筛,并用水轻轻冲洗,用镊子取出筛上物放在可吸水纸上,尽量挤干水分,计算饲料泡水 10 min 后的留存率。

📖 **任务小结**

全价颗粒饲料具有增加动物采食量、防止挑食、性质稳定等诸多优势,在实际生产中应用广泛。为确保颗粒饲料成型及品质达标,加工过程中要注意选择合适的饲料原料、确保原料的物理性、提高制粒效率、熟练掌握制粒机的操作规

颗粒饲料加工
质量测定

程等。生产出颗粒饲料后,要按标准测定各项指标,做到妥善保管,注意防潮、通风和防鼠,以防霉变和营养损失。

思考与复习

一、单项选择题

1. 饲料颗粒机生产含有热敏性配方成分的饲料时的调制温度一般是(　　　)。

A. 不超过 60 ℃　　　　B. 75 ~ 90 ℃　　　　C. 85 ~ 100 ℃　　　　D. 60 ~ 70 ℃

2. 颗粒饲料在打包时的水分含量要求(　　　)。

A. 8%　　　　　　B. 10%　　　　　　C. 8% ~ 10%　　　　D. 12.5% 以下

3. 高纤维饲料在熟化机内的熟化时间是(　　　)。

A. 3 ~ 5 min　　　　B. 5 ~ 8 min　　　　C. 10 ~ 12 min　　　　D. 20 ~ 30 min

4. 颗粒饲料 PDI 要求(　　　)以上。

A. 90　　　　　　B. 92　　　　　　C. 95　　　　　　D. 97

5. 颗粒饲料在生产过程中水分测定取样位置。

(1)半成品水分的测定:半成品水分检测在(　　　)取样。

(2)调制后水分的测定:调制后水分检测在(　　　)取样。

(3)制粒后水分的测定:制粒后水分检测在(　　　)取样。

(4)冷却后水分的测定:冷却后水分检测在(　　　)取样。

A. 冷却器排料口　　B. 制粒机观察口　　C. 制料机下料口　　D. 混合机混合后

6. 颗粒饲料含粉率测定用的顶击式振动筛的标准筛目数、振动筛频率和振幅分别是(　　　)。

A. 20 目,200 次/分,20 mm　　　　　　B. 40 目,220 次/分,30mm

C. 60 目,250 次/分,25mm　　　　　　D. 14 目,220 次/分,25mm

7. 颗粒饲料耐久性测定使用的是(　　　)标准筛。

A. 6 目　　　　　B. 10 目　　　　　C. 20 目　　　　　D. 40 目

8. 6 目和 14 目标准筛孔的直径分别是(　　　)。

A. 3 mm,2 mm　　　　　　　　B. 3.2 mm,1.43mm

C. 6 mm,14 mm　　　　　　　　D. 4mm,14.3 mm

9. 硬度用颗粒硬度计测定,用压力表示。一般为 0.06 ~ 0.12 MPa,相当于(　　　)的压力。

A. 1 ~ 2 kgf/cm^2　　　　　　　　B. 0.3 ~ 0.6 kgf/cm^2

C. 0.6 ~ 1.2 kgf/cm^2　　　　　　D. 6 ~ 12 kgf/cm^2

二、多项选择题

1. 过去的颗粒饲料制粒机,在实际生产中,由于(　　　),实际的调质温度很难保证稳定在最佳值,会影响调制效果,有时还会引起堵机。

A. 锅炉供汽压力不稳定　　　　　　B. 蒸汽流量及温度有变化

C. 喂料量大小不同等　　　　　　　D. 已损耗的零部件未及时更换

2. 颗粒饲料在制粒过程中,制粒工应按照《抽样作业指导书》对仓顶所取每批样品进行检查,完成(半成品含调质、热颗粒)(　　　)的检测,对发现的问题要进行分析并及时调整。

A. 水分　　　　　　　B. PDI　　　　　　　C. 硬度　　　　　　　D. 含粉率

3. 环模制粒机的日常维护要求(　　　)。

A. 严格按照操作规范,每班做好必要的检查和清洁卫生工作,以免机器生锈、模孔堵塞

B. 检查制粒机各部位磨损情况,不合标准要更换与维修

C. 检查制粒机是否漏油,液压室油位是否正常,及时更换油封及添加

D. 定时给主轴和压辊各部位按说明书要求加润滑油

4. 卧式冷却器比逆流冷却器的优点是(　　　)。

A. 投资小　　　　　　　　　　　B. 冷却均匀

C. 颗粒破碎率少,适用于冷却易碎饲料　　　D. 占地面积小

5. 制粒后处理设备有(　　　)。

A. 冷却器　　　　　　B. 颗粒破碎机　　　C. 颗粒分级筛　　　D. 熟化器

6. 畜禽颗粒饲料加工质量的测定项目包括(　　　)等测定。

A. 含水率　　　　　　B. 坚实度　　　　　C. 硬度　　　　　　D. 耐水性

7. 对鱼虾饵料还要测定(　　　)等。

A. 耐水性　　　　　　B. 颗粒沉降性　　　C. 漂浮性　　　　　D. 水中稳定性

8. 国家标准规定,根据颗粒饲料含粉率的不同,两次测定结果的误差和合格界限正确的是(　　　)。

A. 含粉率≤5.0,分析允许误差(绝对误差)≤1.0,判定合格的界限≤5.5

B. 含粉率≤5.0,分析允许误差(绝对误差)≤0.5,判定合格的界限≤5.5

C. 含粉率≤2.0,分析允许误差(绝对误差)≤0.2,判定合格的界限≤2.2

D. 含粉率≤1.0,分析允许误差(绝对误差)≤0.5,判定合格的界限≤1.5

三、判断题

1. 颗粒饲料生产中冷却是用强制流动的自然空气降低饲料的温度过程。　　　　(　　　)

2. 调质器有单轴和多轴两种,水产饲料多用单轴。　　　　　　　　　　　　(　　　)

3. 调质器同时具有加热、加湿、灭菌混合和输送作用。　　　　　　　　　　(　　　)

4. 玉米糊化度越高,容重越高,水分含量越高。　　　　　　　　　　　　　(　　　)

任务三　生产膨化颗粒饲料与品质控制

任务描述

1. 熟知生产膨化颗粒饲料的设备操作规程。

2. 掌握膨化颗粒饲料的生产工艺流程。

3. 会对膨化颗粒饲料进行品质鉴定。

任务实施

一、认识膨化颗粒饲料

《饲料工业术语》中将经调质、增压挤出模孔和骤然降压过程制成的规则膨松颗粒饲料称

为膨化颗粒饲料。在加工过程中,饲料受高压作用,从模孔挤入大气的瞬间,温度和压力骤降,水分快速蒸发,使体积迅速膨胀。膨化颗粒饲料除具有颗粒饲料的一般优点外,还具备独特优势:饲料经膨化,产生焦香味,有强诱食性;高温高压膨化,降低了非淀粉多糖等抗营养因子活性,有高营养性;膨化加工,使饲料微观结构无序化,利于酶的消化,有高消化性;淀粉和蛋白降解产物增加,利于吸收,可控制腹泻;饲料经高温高压膨化,可杀灭多种有害菌,减少疾病发生;膨化颗粒饲料适口性和消化性得到改善,适合仔猪生理及生长规律;膨化饲料含水率低,可长期贮存。膨化饲料是幼龄动物良好的开食料,除此之外,膨化颗粒饲料外形多变,可制成浮性或沉性饲料,广泛用作宠物饲料、水产饲料等。

二、制作膨化颗粒饲料

玉米籽实淀粉含量高,是饲料中最重要的能量源。膨化的玉米、淀粉水解速度与消化率大大加快。玉米膨化饲料制作步骤如下:

(一)选择机型

膨化机根据螺杆结构分为单螺杆膨化机和双螺杆膨化机两种。单螺杆膨化机适用于处理各种原料及普通畜禽配合饲料。双螺杆膨化机适用于终产品要求很好成型及漂亮外观、熟化度均匀一致且密度可调的配合饲料(水产料、宠物食品)以及高附加值的原料(a 淀粉、组织蛋白)等。一般情况下,玉米膨化选用单螺杆膨化机。

(二)选择工作方式

查《单螺杆饲料原料膨化机标准》(GB/T 24445—2009),按带调质器和不带调质器分为湿法和干法两类。干法适用于加工含水和油脂较多的原料,其他物料一般用湿法调制。玉米对蒸汽的调质要求较低,干法生产效率差别不如大豆显著,湿法效率比干法提高约15%。一般选用湿法调制。

(三)单螺杆湿法膨化机的膨化过程

1. 认识主要部件

单螺杆湿法膨化机包括电机、油泵、轴承箱、喂料器、调制器、卸料槽。其中,膨化机构有切割装置、电控系统、5 个电机、1 个主电机控制膨化机构和 4 个分电机分别控制喂料器、调制器、油泵和切割装置。轴承箱中注有润滑油,确保轴得到润滑,白色管子是油标位,可清楚看到润滑油的使用情况,进行及时更换;电控系统及控制台中枢控制系统。

2. 玉米膨化过程

首选玉米原料进入投料口,经缓冲仓进入喂料器。喂料器的螺杆转速不低于 100 r/min,可通过电控系统调节喂料器起输送玉米物料的作用,由漏斗和螺旋桨片组成。漏斗与缓冲仓相接,以储存一定量的物料;螺旋桨片推动动物料向前进入调制器。调制器是与喂料器相连的不锈钢壳体。由螺旋桨片、放气筒、蒸汽金属软管 3 个部分组成。蒸汽金属软管是对进入调制器的物料进行蒸汽加湿,达到软化和预熟化状态,螺旋桨片均匀旋转带动物料向前移动,进入卸料槽,转速不低于 150 r/min。卸料槽主要连接调制器和膨化机构。刚开始调制阶段,需搬动调杆,排出不合格物料。下一步进入膨化机构。膨化机构由不同间距的组合螺杆、气塞、机筒、出料模板组成的封闭式膨化腔。每节机筒用衬套和螺母固定。机筒外有温度表,观察温度。玉米物料依次进入输料段、揉和挤压段、熔融均化段 3 个工作区,螺杆螺槽逐渐变小,对物料进行挤压塑型。在输料段处于单粒固体状态,揉和挤压段由单粒固体向塑型熔融体转变,但并未达理想状态,在熔融均化段温度和压力进一步升高,塑型熔融成熟。膨化腔内温度可达 120~160 ℃,压力 6 MPa 以上。气塞使物料内外翻转,对物料起很强的剪切和揉搓效果,增压升温。一般安装在各段的过渡位置。机筒采用内壁开槽设计,有直沟型和螺旋沟型两种。螺旋沟型位于输料段,有助于推进物料;直沟型位于柔和挤压段,起剪切、挤压作用;把熔融均化段设计成螺旋沟型,使出料模板的压力和出料保持均匀。出料模板可根据需求自由调配。与膨化出料模板相接的是切割装置,是物料通过膨化机的最后关卡,由不锈钢切刀构成,通过旋转切割。可调节切刀和模板之间的距离与切刀转速,切割成不同规格的产品。切刀转速可从 500~3 000 r/min 自由调节。

三、膨化玉米的质量和验收标准

（一）质量标准

1. 感官性状

色泽呈金黄色;粒度均匀整齐;杂质≤0.5%（非玉米物质）。

2. 化学指标

水分≤10.0%,粗蛋白质≥8.5%,粗纤维≤4.0%,粗灰分≤1.5%。

注意:饲料用膨化玉米有熟化度（糊化）和膨化度（淀粉颗粒破裂、水分闪蒸）两个方面要求。分别用淀粉糊化度和物料容重来衡量。因容重较容易测量,而且反映的熟化度也较准确,因此,容重成为目前饲料企业评价膨化玉米的重要指标。

根据终产品的容重（干燥冷却后,经粉碎后过 2 mm 标准筛）,可将膨化玉米分为 3 种:

①低膨化度产品:容重>0.5 kg/L,一般采用低温膨化,80~120 ℃,成品水分较高,糊化度为 60%~80%,断乳后期仔猪可用,也可用于多维和酶制剂包被工艺。

②中等膨化度产品:容重 0.3~0.5 kg/L,温度 100~150 ℃,成品水分 8%~10%,糊化度 90% 以上,用于乳猪料、特种动物饲料和水产饲料。

③高膨化度产品:容重 0.1~0.3 kg/L,温度 140~170 ℃ 和更高,成品水分 4%~8%,可完全糊化,用于复合磷脂粉中载体及铸造工业、涂料工业。

一般饲料用膨化玉米,首先要保证足够的熟化度,以中等膨化为宜。

（二）验收标准

①水分≤10.0%,10.0%≤水分≤11.0% 按超出部分从质量上扣除,>11.0% 拒收。

②视杂质多少从质量上扣除,≥1.0% 拒收。

四、水产膨化料生产技术的关键控制点

（一）膨化机的选择

双螺杆膨化机的工作原理比单螺杆膨化机复杂。如单螺杆采用皮带一级传动,双螺杆采用齿轮箱传动。

（二）双螺杆膨化机的选型

在新建或改建水产饲料生产线时,根据生产能力及投资大小选择匹配的膨化机;在改造生产线时还要考虑原有粉碎机、冷却机、干燥机的生产能力及生产效果能否满足所选膨化机,要充分考虑能否利用现有设备以便降低投资。主要考虑事项如下:

1. 考虑膨化效果

所选膨化机生产的水产饲料膨化效果应满足以下几条:

①颗粒成形率≥99%;

②颗粒漂浮率=100%,下沉率≥99%;

③颗粒大小均匀、色泽一致,具有很好的耐水性;

④浮性料在水中保持 10 h、沉性料在水中保持 3 h 不烂、不散。

2.考虑使用寿命

首先应注意总体结构设计是否合理,各部件制造工艺、选材是否精良,易损件的耐磨性如何等;其次应注意动力传动机构设计是否合理,能否有效降低传动过程中的能耗。

3.考虑可操作性

膨化加工一般是人工或半自动操作,故要考虑操作的劳动强度、操作是否方便、应急措施是否完善。如大型双螺杆膨化机是否配有吊装机构和螺旋拆卸工具,以便轻松更换螺旋或机筒;是否具有卸料装置,以便在堵机时排除调质器中的物料不让其进入膨化机构;膨化外加热措施是否完全安全可靠;夹套是否经过试压检测等。

(三)膨化技术

采用挤压膨化加工。将原料经过高温、高压、瞬间熟化的加工工艺,集输送、粉碎、挤压、混合、剪切、高温消毒及成型于一体,通过物理方法有效去除原料中致病菌及钝化部分原料中的抗营养因子,减少饲料中的药物添加量,使饲料更安全。

(四)膨化加工工艺流程

投料→ 粗粉碎→ 二次粉碎→ 一次配料、一次混合→超微粉→ 筛选→ 二次配料、二次混合→ 膨化→干燥→ 计量→ 喷油→ 冷却→筛选→包装。

(五)膨化料生产技术的关键控制点

1.原料控制

粗纤维含量较高的原料,如统糠、啤酒糟等,较难吸收蒸汽,调质效果差,影响膨化度与黏弹性,成品难切断、带尾、泡水易溃烂,应注意配方用量。

粗脂肪含量较高的原料,如鱼粉等,膨化易产生滑壁空转现象,物料受到的挤压力达不到要求,影响膨化度,成品容重偏高,易沉水。生产时适当增加物料的添加量、增加压力环的直径、减少模孔直径,注意配方用量。

淀粉含量与黏度高的粉质饲料,如面粉、生粉等,其用量直接影响成品的膨化度和黏弹性,容易堵料。挤压完后,先用含油脂高的物料清理膨化腔。

颜色变化大的原料,如鱼粉、玉米蛋白粉等,对成品颜色影响较大,尤其是加黄料,注意搭配使用。

2.投料控制

投料人员:应认真清除原料中土块、石子、绳头等杂物;发现霉变、结块、杂质过多等直接挑出,不准投入;配合中控员巡视输送设备和料仓装料情况,及时更换投料品种。

中控员:组织投料前,应认真核对投料品种与料仓是否相符;注意转仓控制,控制进料和转仓时间,确保流程干净。

品控员、生产主管:经常巡视检查。

3.粉碎控制

粉碎前:检查粉碎机和输送设备有无其他料残留并及时清理。

粉碎中:核对粉碎原料、筛片、孔径、锤片等,已损坏的应及时更换;根据不同档次品种、不同规格要求,调整风选速度;及时清理小磁铁上的铁屑。

4. 小料口控制

严格执行手添料规程。小料添加工段是饲料企业生产现场管理中的难点之一，原料品种多、添加数量少、手工称量、限时完成等是其难管的原因。如果现场管理不善，很容易产生原料用错或交叉污染的质量事故。

5. 配料、混合控制

严格执行混合时间，一般为 150 ~ 180 s；注意充满系数，不能超载或减量工作；混合机每半个月清理一次；定期测定混合机混合均匀度；更换品种，注意控制放料时间，避免污染。

6. 膨化控制

①挤压膨化：挤压膨化的含水量最佳范围为 22.5% ~ 28%。挤压水分太高或太低时，颗粒色泽和形状变大，易导致产品不合格；物料挤出前进行抽/排气会严重影响产品色泽，导致颜色变深。

②浮性饲料的生产技术：调质水分应控制在 25% ~ 27%，若膨化效果不理想，可向膨化腔内添加 2% ~ 3% 的蒸汽。

③沉性饲料的生产技术：调质水分应控制在 28% ~ 30%，若有部分浮料可考虑向膨化腔内添加部分自来水将调质器的水减少一部分。

④膨化机产量：增加压力设定区和最终熟化区的长度，螺杆内部物料充满系数提高，易导致温度下降，黏度增加，模头内的料流平衡易破坏，出模均匀性受影响。

⑤膨化机主轴转速：主轴转速越快，剪切力越大，提供给物料的能量越多，产品的糊化程度越高，膨胀度越大，容重越轻；适用于生产浮水性鱼料；主轴转速过慢，剪切力小，物料得到的能量有限，糊化度得不到保证，产品容重大，膨胀度小；适用于生产沉性鱼料。

7. 烘干机

膨化机和烘干机之间宜采用气力输送，不要把膨化机直接放在烘干机的正上方。烘干机排湿温度应小于 65 ℃。

8. 喷油

合理分配油脂内加与外喷涂量，保证喷油均匀；定期清理喷油嘴、过滤器、喷油前仓、滚筒出口等，确保油路通畅；喷油嘴的数量选用与机型产能和配方用油量匹配。

9. 冷却

控制好成品冷却时间；确保风路畅通；定期清理冷却塔等。

10. 筛分

按标准选用分级筛；及时处理破筛问题及清理筛上筛下物流管。

水产膨化料生产技术关键控制点

11. 包装

及时点检与核查编织袋、标签、成品感官指标等并认真记录；每个品种的机头料不打包，落地料也不打包。

📖 **任务小结**

膨化颗粒饲料具有适口性好、增强食欲、有效减少疾病等诸多优势，在实际生产中应用较广。为了确保膨化颗粒饲料成型及品质达标，加工过程中要注意饲料原料控制、投料控制、熟练掌握膨化机的操作规程等。生产出膨化颗粒饲料后，要按标准测定各项指标并妥善保管，发现有质量缺陷的膨化饲料时要分析原因。

12种膨化料质量缺陷的原因分析及对策

思考与练习..............

一、单项选择题

1. 玉米膨化时,喂料器的螺杆转速不低于( )。

A. 50 r/min　　　　B. 60 r/min　　　　C. 80 r/min　　　　D. 100 r/min

2. 在熔融均化段温度和压力进一步升高,塑型熔融成熟,膨化腔内温度可高达( )。

A. 90~110 ℃　　B. 110~120 ℃　　C. 120~160 ℃　　D. 200 ℃以上

3. 对进入调制器的物料进行蒸汽加湿,达到软化和预熟化状态的是( )。

A. 气塞　　　　B. 螺旋浆片　　　　C. 蒸汽金属软管　　D. 放气筒

4. 使物料内外翻转,对物料起很强的剪切和揉搓效果,增压升温,一般安装在各段的过渡位置的是( )。

A. 气塞　　　　　B. 机筒　　　　　C. 出料模板　　　　D. 组合螺杆

5. 切刀最大转速为( )。

A. 500 r/min　　　B. 1 000 r/min　　　C. 3 000 r/min　　　D. 5 000 r/min

6. 饲料膨化生产时,挤压膨化含水量最佳范围为( )。

A. 12%　　　　　B. 14%　　　　　C. 18%　　　　　D. 22.5%~28%

7. 饲料膨化生产中的烘干机排湿温度应小于( )。

A. 30 ℃　　　　　B. 50 ℃　　　　　C. 60 ℃　　　　　D. 65 ℃

二、多项选择题

1. 膨化玉米验收标准要求( )。

A. 10.0%≤水分≤11.0% 按超出部分从重量上扣除后验收

B. 水分≤10.0%

C. 水分含量>11.0% 按超出部分从重量上扣除后验收

D. 水分含量>11.0% 拒收

2. 低膨化度玉米,糊化度为60%~80%,适宜于( )。

A. 特种动物饲料　　　　　　　　B. 乳猪料

C. 水产饲料　　　　　　　　　　D. 多维和酶制剂包被产品的生产

3. 生产水产饲料,选择膨化机质量时要考虑的产品膨化效果有( )。

A. 糊化度60%~80%　　　　　　B. 饲料颗粒成形率≥99%

C. 颗粒漂浮率=100%　　　　　　D. 颗粒下沉率≥99%

4. 膨化机的使用寿命涉及( )。

A. 总体结构设计是否合理

B. 各部件制造工艺、选材是否精良

C. 易损件的耐磨性如何

D. 动力传动机构设计是否合理,能否有效降低传动过程中的能耗

5. 选择购买膨化机要注意其生产可操作性,包括( )。

A. 操作的劳动强度　　　　　　　B. 应急措施是否完善

C. 操作维修是否方便　　　　　　D. 是否具有卸料装置

6. 膨化饲料加工工艺流程是投料→粗粉碎→二次粉碎→( )→干燥→计量→喷油→

冷却→筛选→包装。(请选择正确的字母顺序填入括号中)

    A. 超微粉　　　　　B. 筛选　　　　　　C. 一次混合　　　　　D. 膨化

    7. 减弱饲料膨化度和黏弹性的原料有(　　　)。

    A. 小麦　　　　　　B. 木薯　　　　　　C. 统糠　　　　　　D. 啤酒糟

三、判断题

1. 一般饲料用膨化玉米,首先保证足够的熟化度,以中等膨化为宜。　　　　(　　　)

2. 挤压水分太高或太低时,颗粒色泽和形状变大,易导致产品不合格。　　　(　　　)

3. 饲料膨化生产时,物料挤出前进行抽/排气都不会影响产品色泽。　　　　(　　　)

4. 生产膨化饲料每个品种的机头料和落地料都打包。　　　　　　　　　　(　　　)

项目八
饲料的调制及品质鉴定

项目描述

1. 熟知青贮饲料、粗饲料等常用饲料调制及品质鉴定方法。
2. 掌握青贮饲料、粗饲料等常用饲料调制及品质鉴定技能。
3. 会调制青贮饲料与粗饲料,并进行品质鉴定。

知识准备

饲料加工调制的意义在于有效保存营养成分、改善饲料品质、杀灭虫害和病菌等。将青绿饲料调制成青贮饲料,有效保存了青绿饲料的营养特点,又改善了饲料品质,可长期保存,青贮饲料又称为"草罐头",在世界范围内被广泛利用。青贮是将青绿饲料切碎,放入容器内压实,排出空气,在无氧条件下,乳酸菌大量繁殖进行乳酸发酵,将饲料长期储存的过程;氨化是将粗饲料用氨或氨化物处理,以改善饲料品质,提高利用率的过程。鉴别调制后饲料品质的方法主要有感官检验法和实验室检验法两种。感官检验法又称外观检查法,主要通过看、嗅、摸等方式,判别饲料的优劣。实验室检验法主要应用化学鉴定法、微生物鉴定法、显微镜鉴定法等来检验营养成分含量、卫生状况等。

任务一 青贮饲料的调制及品质鉴定

任务描述

1. 熟知青贮饲料的调制及品质鉴定方法。
2. 会制作青贮饲料并进行品质鉴定。

任务实施

一、认识青贮饲料调制的基本概念

《饲草青贮技术规程 玉米》(NY/T 2696—2015)中将青贮定义为:将青绿饲草置于密封的青贮设施设备中,在厌氧环境下进行的以乳酸菌为主导的发酵过程,导致酸度下降抑制微生物的存活,使青绿饲料得以长期保存的饲草加工方法;青贮饲料是经青贮加工后的饲草产品;青贮设施是饲草原料青贮时,为形成密封环境,有利于乳酸菌发酵所使用的各种设施设备。

二、青贮前的准备

青贮原料有玉米秸秆、高粱、禾本科牧草等;青贮设备有青贮窖、青贮壕、青贮塔、青贮袋等,根据饲养规模确定青贮设施的容量;青贮前,清理青贮设施内的杂物。检查青贮设施的质量,如有损坏及时修复;青贮设施与工具有切割机、电源、压实工具等,青贮前应检修各类机械设备,保证运行良好。

三、全株玉米青贮饲料的调制

调制步骤有原料选择、切碎、装填与压实、密封、贮后管理、取饲等,参照《饲草青贮技术规程玉米》(NY/T 2696—2015)。

材料工具与设施设备:

1. 青贮原料

新鲜全株玉米原料的品质应符合现行国家标准 GB/T 25882 的规定,适宜收获期为蜡熟期,原料收获作业不早于乳熟末期,不晚于蜡熟末期,适宜的含水量为 65%～70%,玉米收获时,留茬高度不低于 15 cm,不得带入泥土等杂物。

2. 切碎

收获的原料应及时切碎,从原料收获到入窖,时间不得超过 8 h,切碎长度为 1～2 cm,宜将玉米籽粒破碎,切碎作业不得带入泥土等杂物。

3. 装填与压实

原料装填时,要迅速、均一,与压实作业交替进行;青贮原料由内到外呈楔形分段装填。原料每装填 1 层,压实 1 次,装填厚度不得超过 30 cm,宜采用压窖机或其他大中型轮式机械压实;原料压实后,体积缩小 50% 以上,密度达到 650 kg/m³ 以上;原料装填压实后,宜高出窖口 30 cm;装填压实作业中,不得带入外源性异物;可以选择使用抑制开窖有氧变质的添加剂,添加剂的使用应符合现行国家标准 GB/T 22141、GB/T 22142、GB/T 22143、NY/T 1444 的规定。

4. 密封

装填压实作业后,立即密封。从原料装填至密封不应超过 3 天,或采用分段密封的作业措施,每段密封时间不超过 3 天;宜采用塑料薄膜覆盖,塑料薄膜应无毒无害,塑料薄膜外面放置重物镇压。

5. 贮后管理

经常检查青贮设备的密封性,及时补漏。当顶部出现积水时应及时排除。

6. 取饲

青贮饲料密封贮藏成熟后,可开启取用,贮藏时间宜在 30 天以上,根据饲喂量取用,保持取用面的平整,每天取用厚度不能少于 30 cm,取料时防止暴晒、雨淋。

四、全株玉米青贮饲料的品质鉴定

全株玉米青贮饲料在饲用前,需进行品质鉴定,根据其颜色、气味、质地、营养等进行判定。

(一)感官分级

参照《全株玉米青贮饲料质量评定》(T/JLSLGY 0001—2020),将抓取的代表性的饲料样品紧握在手中,再松开,置于清洁、干燥的白色磁盘中,在自然光线下观察颜色、结构、杂质,闻气味,品滋味。符合要求的饲料色泽接近原料本色或呈黄绿色,无黑褐色、无霉斑;茎叶结构清晰,质地疏松,无黏性不结块,无干硬;轻微醇香酸味,无刺激、腐臭等异味;无肉眼可见外来杂质。

参照《全株玉米青贮饲料分级技术规范》(DB11/T 1759—2020),以气味、色泽、质地和籽实破损度4项指标得分之和作为分级依据,进行综合评定。得分在81~100分为优良,61~80分为中等,41~60分为较差,0~40分为差,感官评分记为S1,见表8-1。

表8-1 全株玉米青贮饲料的感官评分

分级	气味(25分)	色泽(25分)	质地(25分)	籽实破碎度(25分)
优良 (18~25分)	酸香味,无丁酸味	黄绿色,淡绿色	松散柔软,不粘手	无可见完整籽实
中等 (10~17分)	醋酸味较强,酸香味较弱	黄褐色,淡褐色或淡黄色	柔软、水分稍干或稍湿	整粒籽实1~2个,半粒籽实很少
较差 (1~9分)	刺鼻酸味,丁酸味颇重	墨绿色,淡黄褐色	略带黏性,干燥	整粒籽实超过3个,半粒籽实多
差 (0分)	腐烂味、霉烂味,有很强的丁酸味	严重变色,褐色或黑色	腐烂,粘手,结块	无籽实

(二)营养分级

营养分级指标包括干物质、粗蛋白质、中性洗涤纤维、30 h中性洗涤纤维降解率、酸性洗涤纤维、淀粉6项指标,以6项营养指标中单项得分最低的分数及评分判定为该全株玉米青贮饲料的营养分级及评分,记为S2,见表8-2。

表8-2 全株玉米青贮饲料的营养评分

分级	干物质,鲜重	粗蛋白质,DM	中性洗涤纤维,DM	30 h中性洗涤纤维降解率,DM	酸性洗涤纤维,DM	淀粉,DM
优良 (81~100分)	30%~38%	≥8%	≤45%	≥55%	≤27%	≥30%
中等 (61~80分)	<28%~30%或>38%~40%	≥7%	>45%~50%	<50%~55%	>27%~30%	<25%~30%
较差 (41~60分)	<25%~28%或>40%~42%	≥7%	>50%~55%	<45%~50%	>30%~32%	<20%~25%
差 (0~40分)	<25%或>42%	<7%	>55%	<45%	>32%	<20%

(三)发酵分级

全株玉米青贮饲料发酵分级指标包括pH值、氨态氮/总氮、乳酸/总酸、乙酸/总酸、丁酸/总酸,参照《青贮饲料pH值、有机酸、氨态氮测定方法》(DB15/T 1458—2018)进行测定。以5项发酵指标单项得分之和作为分级依据,判定81~100分为优良、61~80分为中等、41~60分为较差、0~40分为差,发酵评分记为S3,表8-3。

表 8-3　全株玉米青贮饲料发酵评分

pH 值 (20 分)	氨态氮/总氮 (30 分)	乳酸/总酸 (25 分)	乙酸/总酸 (15 分)	丁酸/总酸 (10 分)
≤3.9 (17~20 分)	≤8% (24~30 分)	>60% (21~25 分)	≤20% (12~15 分)	≤2% (8~10 分)
>3.9~4.2 (13~16 分)	>8%~10% (18~23 分)	>50%~60% (16~20 分)	>20%~30% (8~11 分)	>2%~10% (5~7 分)
>4.2~4.4 (9~12 分)	>10%~12% (12~17 分)	>40%~50% (11~15 分)	>30%~40% (5~7 分)	>10%~20% (3~4 分)
>4.4~4.8 (5~8 分)	>12%~15% (6~11 分)	>30%~40% (6~10 分)	>40%~50% (2~4 分)	>20%~30% (0~2 分)
>4.8 (0~4 分)	>15% (0~5 分)	≤30% (0~5 分)	>50% (0~1 分)	>30% (0~1 分)

（四）计算综合评分

综合评分包括感官评分、营养评分和发酵评分,感官评分占总分的 30%,营养评分占总分的 40%,发酵评分占总分的 30%。

Q(综合评分)= S1(感官评分)×0.3+S2(营养评分)×0.4+S3(发酵评分)×0.3

根据综合评分对青贮饲料进行分级:81~100 分为优良、61~80 分为中等、41~60 分为较差、0~40 分为差。

📖 任务小结

青贮饲料的调制过程要遵照国标,按原料选择、切碎、装填与压实、密封、贮后管理、取饲等步骤调制。饲用前,根据颜色、气味、质地、营养等进行品质鉴定,综合评分在中等以上的可用于饲喂,较差和差的尽量不要用于饲喂。青贮需在厌氧环境中,严格按照操作规程才能调制出优质的青贮饲料。

思考与练习..............

一、填空题

1. 全株玉米青贮饲料在饲用前,需进行品质鉴定,根据其颜色、气味、_____、_____等进行判定。

2. 参照《全株玉米青贮饲料质量评定》(T/JLSLGY 0001—2020),将抓取的代表性的饲料样品紧握在手中,再松开,置于清洁、干燥的白色磁盘中,在自然光线下观察颜色、结构、杂质,闻气味,品滋味,符合要求的饲料有以下特征:

颜色	结构	质地	杂质	气味滋味
_____色		质地_____		轻微_____味
无_____色	结构清晰	无_____	无_____杂质	无_____
		不_____		
无_____		无_____		无_____异味

3.《全株玉米青贮饲料分级技术规范》(DB11/T 1759—2020)营养分级指标包括_____、_____、中性洗涤纤维、30 h 中性洗涤纤维降解率、酸性洗涤纤维、淀粉 6 项指标。

二、单项选择题

1.青贮原料每装填 1 层,压实 1 次,装填厚度不得超过( )。

A.50 cm　　　　　　B.80 cm　　　　　　C.100 cm　　　　　　D.30 cm

2.青贮原料装填时,每装填 1 层,压实 1 次,原料压实后,体积缩小( )以上,密度达到( )以上,原料装填压实后,宜高出窖口( )。

A.20% ,300 kg/m³,20 cm　　　　　B.30% , 500 kg/m³,30 cm

C.50% , 650 kg/m³,30 cm　　　　　D.60% , 700 kg/m³,50 cm

3.全株玉米青贮饲料取样后根据气味评分,下列样品中得分最高的是( )。

A.醋酸味较强,酸香味较弱　　　　　B.酸香味,无丁酸味

C.腐烂味、霉烂味,有很强的丁酸味　　D.刺鼻酸味,丁酸味颇重

4.全株玉米青贮饲料取样后根据颜色评分,下列样品中得分最高的是( )。

A.黄褐色,淡褐色或淡黄色　　　　　B.墨绿色,淡黄褐色

C.严重变色,褐色或黑色　　　　　　D.黄绿色,淡绿色

5.全株玉米青贮饲料取样后根据质地评分,下列样品中得分最高的是( )。

A.松散柔软,不粘手　　　　　　　　B.柔软、水分稍干或稍湿

C.略带粘性,干燥　　　　　　　　　D.腐烂粘手、结块

6.参照《全株玉米青贮饲料分级技术规范》(DB11/T 1759—2020),下列样品中得分最高的是( )。

A.整粒籽实 1~2 个,半粒籽实很少　　B.无可见完整籽实

C.整粒籽实超过 3 个,半粒籽实多　　　D.无籽实

7.全株玉米青贮饲料取样后根据营养分级评分,按干物质鲜重、粗蛋白质含量和淀粉含量来评分,下列样品中得分最高的是( )。

A. <25% 或>42% 、<7% 、<20%

B. <25% ~28% 或>40% ~42% 、≥7% 、<20% ~25%

C. <28% ~30% 或>38% ~40% 、≥7% 、<25% ~30%

D. 30% ~ 38% 、≥8% 、≥30%

8.全株玉米青贮饲料,按 pH 值、氨态氮/总氮、乳酸/总酸、乙酸/总酸、丁酸/总酸指标,下列青贮全株玉米样品发酵分级等级最高的是(　　　)。

A. >4.2 ~ 4.4 、>10% ~ 12% 、>40% ~ 50% 、>10% ~ 20%

B. >3.9 ~ 4.2 、>8% ~ 10% 、>50% ~ 60% 、>2% ~ 10%

C. >4.4 ~ 4.8 、>12% ~ 15% 、>30% ~ 40% 、>20% ~ 30%

D. ≤3.9 、≤8% 、>60% 、≤2%

三、多项选择题

1.全株玉米青贮原料要求(　　　)。

A. 收获作业不早于乳熟末期　　　　　　B. 收获作业不晚于蜡熟末期

C. 含水量为 65% ~ 70%　　　　　　　　D. 收获时留茬高度不低于 15 cm

2.玉米青贮从收获到入窖要注意(　　　)。

A. 时间不得超过 8 h,切碎长度为 3 ~ 5 cm

B. 时间不得超过 8 h,切碎长度为 1 ~ 3 cm

C. 宜将玉米籽粒破碎

D. 切碎作业不得带入泥土等杂物

3.青贮饲料密封贮藏成熟后,取用应注意(　　　)。

A. 贮藏时间宜在 30 天以上　　　　　　B. 根据饲喂量取用

C. 保持取用面的平整　　　　　　　　　D. 每天取用厚度不能少于 30 cm

4.全株玉米青贮饲料发酵分级指标包括(　　　)。

A. pH 值　　　　　B. 氨态氮/总氮　　　　C. 乳酸/总酸　　　　D. 乙酸/总酸

四、判断题

1.青贮原料由内到外呈长方形分段装填。　　　　　　　　　　　　　　　　　(　　　)

2.青贮原料装填压实作业后,立即密封,从原料装填至密封不应超过 1 周。　　(　　　)

3.饲料青贮后,要注意经常检查青贮设备的密封性,及时补漏和排除积水。　　(　　　)

任务二　粗饲料的加工调制及品质鉴定

任务描述

1.熟知粗饲料的加工调制及品质鉴定方法。

2.会加工调制粗饲料,并进行品质鉴定。

任务实施

一、认识粗饲料加工调制方法

目前,干草、秸秆、青绿、青贮等常见粗饲料的加工调制方法有物理、化学、微生物处理 3类。物理调制包括打捆、机械加工(切碎、粉碎、压块)、热加工(脱水、蒸煮、膨化和高压蒸汽裂解)、制粒、盐化 5 类方法;化学调制包括碱化、氨化和酸处理 3 种方法;微生物处理常用的有粗饲料发酵法和人工瘤胃发酵法两种方法。

（一）物理调制

物理调制包括机械加工、热加工、制粒、盐化4类方法。

1. 机械加工

利用机械将粗饲料切碎、粉碎或者揉碎，这是粗饲料加工最简单又常用的方法。方便采食，提高采食量，但不能提高粗饲料的消化率和营养价值。反刍动物饲料不可加工过短，一般秸秆喂牛切短3～5 cm。

2. 热加工

热加工包括蒸煮、膨化和高压蒸汽裂解3种方法。可降低纤维素的结晶度，软化粗饲料，不仅能提高适口性、消化率，还能消灭粗饲料上的霉菌。

3. 制粒

把秸秆粉制成颗粒，可提高采食量和增重效率，颗粒饲料质地坚硬，能满足瘤胃的机械刺激，但所需设备多，加工成本高。

4. 盐化

将切短或粉碎的秸秆饲料，用1%的食盐水，与等重量的秸秆充分搅拌后，放入容器内或堆放在水泥地面上，用塑料薄膜覆盖，放置12～24 h，使其自然软化。可明显提高适口性和采食量。

（二）化学调制

利用酸、碱等化学物质对粗饲料进行处理，可降解纤维素和木质素等难以消化的物质，以提高其饲用价值的方法。常用的有碱化、氨化和酸化处理3种方法。

1. 碱化作用

用氢氧化钠、石灰水等碱性物质，溶解粗饲料中的纤维素、半纤维素和木质素等。可溶解60%～80%的木质素，可释放镶嵌在木质素中50%的纤维素。有利于反刍动物对饲料的消化，提高粗饲料的消化率。

2. 氨化处理

秸秆饲料蛋白质含量低，与氨发生氨解反应，形成可溶性的铵盐，成为牛、羊瘤胃内微生物的氮源。同时，氨溶于水对粗饲料有碱化作用，氨化处理是通过氮化与碱化双重作用以提高秸秆的营养价值。

3. 酸化处理

用硫酸、盐酸、磷酸等酸性物质破坏木质素与多糖（纤维素、半纤维素）链间的酯键结构，以提高饲料的消化率。由于处理成本高，在生产上应用较少。

（三）微生物调制

利用某些有益微生物，在适宜培养的条件下，分解秸秆中难以被家畜利用的纤维素或木质素，并增加菌体蛋白、维生素等有益物质，软化秸秆，改善味道，从而提高粗饲料的营养价值和适口性。常用的有粗饲料发酵法和人工瘤胃发酵法两种方法。

1. 粗饲料发酵法

粗饲料发酵法分4步进行：

第一步：将准备发酵的粗饲料如秸秆、树叶等切成20～40 mm的小段或粉碎。

第二步：用50 ℃左右的温水化开菌种（菌种量按每100 kg粗饲料添加1～2 g），将菌种水与粗饲料充分混合,边翻搅,边加水,水分掌握在以手握紧饲料,指缝有水珠,但不流出为宜。

第三步:将搅拌好的饲料,堆积或装入缸中,插入温度计,上面盖好一层干草粉,当温度上升到 35~45 ℃时翻动一次。

第四步:将混合菌种的粗饲料堆积或装缸,压实封闭 1~3 天即可饲喂。

2. 人工瘤胃发酵法

模拟瘤胃条件,在 38~40 ℃,pH 值为 6~8 的厌氧环境,保证必要的氮、碳和矿物质营养。采用人工仿生制作,使粗饲料质地明显呈"软""黏""烂",汁液增多,具有膻、臭味。

二、常见粗饲料的加工调制及品质鉴定

(一)干草加工方法

干草是以天然牧草、人工栽培牧草、禾谷类饲料作物等为原料,经适时刈割、干燥后,能长期贮存的饲用干草产品,如豆科牧草中的苜蓿干草,通常含水量为 10%~15%,营养成分丰富,绿色带有特殊的干草芳香味道,不混有有毒有害物质,可长期保存,是优质青干草。通常选择茎秆较细、叶量适宜的豆科牧草、禾本科牧草来调制青干草。

1. 测水分

(1)仪器测定

选用水分分析仪或饲草专用电子水分测定仪。水分分析仪测定步骤详见各仪器说明书;饲草专用电子水分测定仪将探头插入草垛或草捆内部不同部位,不同部位的平均值代表干草含水量。

(2)感官速判

在生产实践中一般采用感官法测定牧草含水量。取一束晒制干草,用手拧扭,若草束拧成绳,但不形成水滴,则含水量为 40% 左右;取一束晒制干草贴近脸颊,有凉感,抖动时听不见清脆的沙沙声,揉团后缺少弹性,松散慢,则含水量为 17%~40%;取一束晒制干草贴近脸颊,不觉凉爽和湿热,轻轻摇动能听见清脆的沙沙声,则含水量为 17% 左右;取一束晒制干草揉搓,有轻微凉爽感,有飒飒声、柔软、不易脆断,松手后很快散开,但散开不彻底,则含水量为 15%~17%。

2. 干燥

干草加工方法有自然干燥法、人工干燥法、物理化学干燥法 3 类。

(1)自然干燥法

自然干燥法即在自然环境条件下晾晒鲜草的方法,有地面干燥法、草架干燥法和发酵干燥法 3 种。

第一种:地面干燥法。

①适时刈割。以针茅为主的天然草原通常在芒针形成前进行刈割,其他类型的天然草原中优势种在抽穗初期到开花初期进行刈割,留茬高度 2~5 cm,在 5~7 天内无雨时期完成收获;人工种植的苜蓿在现蕾-初花期刈割,留茬高度以 5~8 cm 为宜,越冬前最后一次刈割留茬高度可在 8 cm 以上,保证安全越冬和翌年生长,每茬草刈割时间不超过 3 天。

②散草作业。刈割后 2 h 以内,在原地或地势高处用散草机平铺晾晒 2~3 天,机械行走速度以 6~8 km/h 为宜,适时翻晒,保证散草均匀、厚度一致。

③搂草作业。通常情况下,天然牧草的含水量为 18%~20%,苜蓿的含水量在 40%~45%

时进行搂草。选择在清晨有露水或夜间返潮时将牧草搂成松散的草垄,继续晾晒 2~3 天。

④翻草并垄。草垄上下部分干燥不一致时,在搂草作业后进行 1 次翻草作业,选择空气湿度较大的夜间或清晨进行,避免叶片损失。

⑤捡拾打捆。当天然牧草含水量降到 15% ,人工种植的苜蓿含水量降到 16% 以下,且干燥均匀、无发霉时可进行打捆。含水量未降至 18%~20% ,又突遇大雨时,可捡拾打捆为密度≤120 kg/m³ 的干草捆,运输至储藏设施后继续干燥。人工种植苜蓿草捆的类型及参数见表 8-4。

表 8-4　草捆类型及参数

参数	小草捆	大草捆	
密度/(kg·m⁻³)	80~130	80~120	50~100
形状	方形	圆柱形	方形
最大截面积	42.5 cm×42.5 cm	直径150~180 cm	150 cm×150 cm
长度/cm	50~120	120~168	210~240
单捆质量/kg	9~36	300~500	300~500

第二种:草架干燥法。

此方法适用于潮湿多雨、气候多变的湿润地区。

①选草架。草架可用树干或木棍搭成,也可采用铁丝或木橼做成锥形架、长方形架、木架等,还可做成固定式或移动式。

②堆草。刈割后,当水分降至 45%~50% 时,将草一层一层放置于草架上,由下而上逐层堆放,或打捆(直径 10~20 cm)。草顶端朝里,堆成圆锥形或房脊形。堆草时厚度不超过70~80 cm,离地 20~30 cm,堆中留通道,保持蓬松状态并带一定斜度,便于空气流通和排水。

③整理。堆草完毕,将草架两侧牧草整理平顺,保证雨水沿侧面流至地表,尽可能地避免雨水浸入草内。

第三种:发酵干燥法。

此方法适用于阴湿多雨、光照时间短、光照强度小的地区,但养分损失较多。

刈割后晾晒风干,水分降到 50% 左右,分层堆积,高 3~5 m,逐层严实。牧草依靠自身呼吸和细菌、霉菌等微生物活动产生的热量,同时借助通风,保证牧草在短时间内干燥。每层撒上饲草质量 0.5%~1% 的食盐,表层用土或地膜覆盖,使植物迅速发热,2~3 天后,可打开草堆,使水分蒸发。发酵干燥需 1~2 月方可完成。

(2)人工干燥法

人工干燥法不受季节、天气等影响,可快速干燥,适宜于大规模集约化生产。常用的有常温通风干燥法、低温烘干法和高温快速干燥法 3 种。

第一种:常温通风干燥法。

①搭建库房。搭建干燥草库,库房内有数台大功率鼓风机,地面铺设通风管道,管道上设通气孔。

②牧草干燥。刈割后,压扁,在田间干燥至含水量为 35%~40% ,运送至草库,堆放在通

风管上,开动鼓风机干燥。

第二种:低温烘干法。

①搭建干燥室。搭建饲料作物干燥室,放置空气预热锅炉、鼓风机、牧草传输设备等。

②室内干燥。将空气加热至 50 ~ 70 ℃或 120 ~ 150 ℃,利用鼓风机将热气流吹入干燥室,数小时内可完成干燥。

第三种:高温快速干燥法。

利用高温气流(800 ~ 1 000 ℃以上),使水分含量在数秒至数分钟内降至 14% ~ 15% 。

(3)物理化学干燥法

第一种:压裂草茎干燥法。

利用牧草茎秆压裂机先将比较粗壮的茎秆压裂、压扁,再进行干燥,使牧草含水量下降至 15%以下。以此使茎叶干燥保持一致,减少叶片在干燥中的损失。

第二种:化学添加剂干燥法。

将碳酸钾、氢氧化钾、长链脂肪酸甲基酯等添加或喷洒到牧草上,破坏茎表面的蜡质层,促进牧草水分散失,缩短干燥时间,以此提高蛋白质含量和干物质产量。

粗饲料的加工调制技术

3. 干草质量分级

(1)豆科牧草干草质量分级

《豆科牧草干草质量分级》(NY/T 1574—2007)标准中按感官质量指标和化学质量指标对豆科牧草进行分级,见表 8-5、表 8-6。

表 8-5　豆科牧草干草质量感官和物理指标及分级

指标	等级			
	特级	一级	二级	三级
色泽	草绿	灰绿	黄绿	黄
气味	芳香味	草味	淡草味	无味
收获期	现蕾期	开花期	结实初期	结实期
叶量/%	50 ~ 60	49 ~ 30	29 ~ 20	19 ~ 6
杂草/%	<3.0	<5.0	<8.0	<12.0
含水量/%	15 ~ 16	17 ~ 18	19 ~ 20	21 ~ 22
异物/%	0	<0.2	<0.4	<0.6

表 8-6　豆科牧草干草质量的化学指标及分级

质量指标	等级			
	特级	一级	二级	三级
粗蛋白质/%	>19.0	>17.0	>14.0	>11.0
中性洗涤纤维/%	<40.0	<46.0	<53.0	<60.0
酸性洗涤纤维/%	<31.0	<35.0	<40.0	<42.0

续表

质量指标	等级			
	特级	一级	二级	三级
粗灰分/%	<12.5			
B-胡萝卜素/（mg·kg^{-1}）	≥100.0	≥80.0	≥50.0	≥50.0

注：各项理化指标均以86%干物质为基础计算。

（2）禾本科牧草干草质量分级

《禾本科牧草干草质量分级》（NY/T 728—2003）标准中按蛋白质、水分和外部感官性状将禾本科牧草干草分为4级，见表8-7。

表8-7　禾本科牧草干草质量分级

质量指标	等级			
	特级	一级	二级	三级
粗蛋白质/%，≥	11	9	7	5
水分/%，≤	14	14	14	14

按外部感官性状分级：

特级：抽穗前刈割，色泽呈鲜绿色或绿色，有浓郁的干草香味，无杂物和霉变，人工草地及改良草地杂类草不超过1%，天然草地杂类草不超过3%。

一级：抽穗前刈割，色泽呈绿色，有草香味，无杂物和霉变，人工草地及改良草地杂类草不超过2%，天然草地杂类草不超过5%。

二级：抽穗初期或抽穗期刈割，色泽正常，呈绿色或浅绿色，有草香味，无杂物和霉变，人工草地及改良草地杂类草不超过5%，天然草地杂类草不超过7%。

三级：结实前刈割，茎粗、叶色淡绿或浅黄，无杂物和霉变，干草杂类草不超过8%。

4.青干草的贮藏和管理

（1）贮藏

通常青干草分为散干草和压捆青干草两类，分别采用不同的贮藏方法。

①青干草的贮藏。

露天堆垛：垛址选择要求地势高而平坦、干燥、排水良好，距离畜舍较近，背风或与主风向垂直。垛底用木头、树枝、老草等垫起铺平，高出地面40～50 cm，在垛四周挖30～40 cm的排水沟。堆垛一般堆成圆形或长方形，第一层先从外向里堆，使里面的一排压住外面的稍部，逐排向内堆，呈外部低、中间隆起的弧形。每层30～60 cm厚，直至堆成封顶。含水量高的草堆放在上部，挑出过湿的干草。草垛收顶从堆到草垛全高的1/2或2/3处开始，用干燥的杂草、麦秸或薄膜封顶，垛顶不能有凹陷和裂缝，以防进水。顶脊必须用绳子或泥土封压坚固，防止大风吹刮。堆大垛时，须控制干草含水量在15%以下，每隔50～60 cm垫放一层硬秸秆或树枝，便于散热。

草棚堆藏：草棚选址在离动物圈舍较近、易管理的地方，增设防潮底垫。堆垛方法与露天堆垛一致，干草与棚顶应保持一定距离。

②压捆青干草的贮存。

草捆层层叠放贮藏,草捆垛的大小根据贮存场地确定,一般长 20 m、宽 5 m、高 18 ~ 20 层干草捆,每层应有 0.3 m³ 的通风道,通风道的数目根据含水量与草捆垛的大小而定。

(2)管理

堆垛后,应指定专人负责检查和管理。注意防水、防潮、防霉、防火、防人为、防老鼠等的破坏。初期,应定期检查,发现有漏缝,及时修补。发现温度超过 45 ~ 55 ℃时,及时采取散热措施。散热可用直木棍,先端削尖,在草垛合适部位打通风眼,使内部降温。

(二)秸秆加工方法

1.秸秆青贮

青贮是选用作物中具有部分青绿或保持全部青绿的秸秆,将其压实封闭,与外部空气隔绝,营造缺氧环境,致使微生物厌氧发酵,产生有机酸,保留养分,软化秸秆质地。产生芳香气味,提高适口性。常用的技术有堆贮、包贮、窖贮 3 种。

构树干草的调制与质量评定

(1)堆贮技术

第一步:选择材料。

聚乙烯薄膜(厚 0.8 ~ 1.0 mm):电熨斗烫,连接成长、宽、高比青贮堆长出 30 mm 的大块塑料罩。

麻绳、竹竿、柳条:与青贮堆长宽等长,4 根,0.5 ~ 1.0 cm 粗。

木橛子或铁钎子:30 ~ 50 cm 长,3.0 ~ 4.0 cm 粗。

第二步:选择原料。

选择优质新鲜、清洁干净、无泥沙杂质、无农药污染、无腐烂发霉、含水量不低于 70% 的秸秆。被水淋过或鲜嫩的原料切碎前后晾晒 1 ~ 2 天,水分不足的原料应适量加水。采用感官测定含水量,用手使劲握,水在指缝中似滴不滴即可。

第三步:堆贮。

选场地:地势高、不积水、有保护设施。

做清洁:清理干净、垫上干草。

切原料:1.0 ~ 2.0 cm。

堆底:一次形成,堆一层人工踩压一层,踩实,减少残留空气,避免好氧型微生物活动,降低营养损失。成堆后,拔下蓬松青贮料,扔至堆顶压实。

封堆:在堆的四角钉上有 4 个备好的木橛子;将备好的塑料薄膜熨烫连接好,平铺在青贮堆上;将备好的绳子或竹竿等卷进四边的塑料布上,先南北两面或东西两面一齐卷,以把塑料膜卷紧为宜,将绳子拉紧固定在四周的木橛子上;在堆根上压土踩实,全面封闭直至不透空气为止。一边拉、一边轧、一边堆、一边踩;其间切勿弄坏塑料薄膜;40 天后可开堆取料。

堆贮注意事项:严禁用装过化肥、农药的塑料袋和聚苯乙烯塑料等有毒的薄膜;塑料薄膜的连接,严禁利用针缝或缝纫机轧,防止堆贮透气;封堆后,在堆顶与四周压上约 66 cm 厚的半干草或玉米皮子等软柴,防止塑料老化和冬季冻坏;禁止使用硬枝柴或秸秆;堆贮后,用秸秆、树枝等材料把四周圈好,防猪、鸡等进入弄坏塑料薄膜;堆贮半小时后,堆内会有蒸汽出现,一般可持续一周左右自行消失,其间不能开口放气;堆贮期间若发现小孔,应及时用橡皮膏封好;堆贮玉米秸秆,添加 0.3% 食盐、0.6% 玉米面(堆垛时撒匀);饲喂反刍家畜,添加 0.3% 的尿素;随喂随取,取后将开口封好,防杂菌污染;饲料用完后,将塑料薄膜存放好,来年再用。

（2）包贮技术

包贮技术是利用机械设备完成秸秆或饲料打包青贮的一种方法,在传统青贮方法的基础上采用的一种新型草料青贮技术。

将粉碎好的青贮原料用打捆机进行高密度压实打捆,通过裹包机用拉伸膜包裹,创造厌氧发酵环境,完成发酵过程。具体工艺流程:自走式联合收获收割、切碎、打捆、裹包、运输、存库、饲喂。

包贮技术的优势在于均匀性、密封条件均较好,可单独青贮禾谷类秸秆、禾本科或豆科牧草(混贮更容易);青贮质量高,损失少(避免"渗液损失"),制作不受时间、地点限制,不存在二次发酵现象,运输和使用方便,利于商品化。缺点在于包装材料容易破损,一旦拉伸损坏,霉菌会大量繁殖,导致青贮变质、发霉;容易造成不同草捆之间水分含量参差不齐,出现青贮品质差异。

（3）窖贮技术

窖贮是最常见、最理想的青贮方式。一次性投资较大,坚固耐用,使用年限长,可常年制作,贮藏量大,青贮质量有保证。根据地势及地下水位高低分为地下、地上和半地下窖贮3种形式。

第一步:选址。

选择地势较高、地下水位较低、背风向阳、土质坚实、离饲舍较近、制作和取用青贮饲料方便的地方。

第二步:选窖形。

以长方形为宜,深浅、宽窄和长度可根据养畜数量、饲喂期长短和需要储存的饲草数量而定。窖壁平整光滑,用砖石垒砌,水泥抹面,注意防止渗水和漏气,密封,有利于饲草装填压实。窖底一端须有一定坡度,以利排除多余汁液,一般每立方米可窖贮全株玉米 500～600 kg。

第三步:制作。

原料切割长度为 1～3 cm(过长不利于压实),切短后及时装填入窖,可边切割、边装窖、边压实。装窖时,每装 20～40 cm 踩实一次,注意压实四周和边角。青贮原料的含糖量不低于 2.0%,含水量为 65%。最后在上面盖一层塑料薄膜,用泥土压实,泥土厚度为 30～50 cm,并将表面拍打光滑,窖顶隆起成馒头形。随时检查青贮窖,发现裂缝或下沉,及时覆土,以确保青贮成功。一般经 40～50 天的密闭发酵,即可取用饲喂家畜。

（4）品质鉴定

参照《青贮饲料品质鉴定》(DB50/T 669—2016),采用感官评价、常规实验室鉴定、综合评价3种方法。

感官评价:通过感官对颜色、香气、酸味、质地等指标进行鉴定,见表8-8。

表 8-8　青贮饲料的感官评价标准

等级	颜色	香气	酸味	质地
优良	比较接近原料的颜色,一般呈黄绿色或青绿色	芳香、酒酸味	酸味较浓	柔软湿润,原料茎、叶、花保持原状,叶脉等清晰可见,松散

续表

等级	颜色	香气	酸味	质地
中等	与原料颜色相差较大,呈黄褐色或暗绿色	芳香味弱,稍有酒精或醋酸味	酸味中	柔软,水分稍多,原料茎、叶、花基本保持原状
差	黑色或墨绿色	刺鼻腐臭味、霉味或其他怪味	酸味淡,味苦	腐烂、黏结成块或滴水,原料茎、叶、花原状保持极差

常规实验室鉴定:参照《化学试剂 pH 值测定通则》(GB/T 9724—2007)测定饲料的 pH 值;参照《饲料中水分的测定》(GB/T 6435—2014)测定饲料中水分和其他挥发性物质含量。

综合评价:对感官鉴定法和常规实验室鉴定法中 5 项指标分别打分,综合评定青贮秸秆质量等级,见表 8-9、表 8-10。

表 8-9　常规青贮秸秆评分标准

等级	pH 值	水分	气味(香气、酸味)	颜色	质地	备注
优等	3.4(25) 3.5(23) 3.6(21) 3.7(20) 3.8(18)	65%(20) 66%(19) 67%(18) 68%(17) 69%(16) 70%(14)	甘酸香味 (25~18)	亮黄色 (20~14)	松散柔软, 不粘手 (10~8)	1.括号内的数值表示得分数; 2.秸秆主要是玉米秸秆、花生藤等农作物秸秆
良好	3.9(17) 4.0(14) 4.1(10) 4.2(8)	71%(13) 72%(12) 73%(11) 74%(10) 75%(8)	淡酸味 (17~9)	黄褐色 (13~8)	较松散, 几乎不粘手 (7~4)	
一般	4.3(7) 4.4(6) 4.5(5) 4.7(3) 4.8(1)	76%(7) 77%(6) 78%(5) 79%(3) 80%(1)	刺鼻酒酸味 (8~1)	黄褐偏黑色 (7~1)	略带黏性 (3~1)	

表 8-10　青贮秸秆综合评分等级

得分	72~100	37~71	11~36	≤10
等级	优等	良好	一般	劣质

2.秸秆黄贮

黄贮是相对于青贮而言的一种秸秆饲料发酵方法,主要以收获籽实后的干秸秆为原料,密封于青贮设施中,在厌氧环境下,通过添加水(调节水分含量)和生物菌剂(发酵),导致酸度下降抑制微生物的存活,经压捆、袋装长期保存的一种技术。黄贮的优势在于推广容易、成本不高、操作简单等,经处理,有良好的适口性和酸香味,质地更柔软的饲料利用率可达 90% 左右。避免污染环境,缩小存储空间,节省成本,提高效益。适宜黄贮的最佳时间是玉米蜡质阶段。具体操作步骤如下:

收获:通常玉米植株下部具有 6 片左右的枯叶时收获,将秸秆切成 1 ~ 2 cm 的长度,方便后期压实。

添加剂选用:选用乳酸菌、纤维素酶等微生物饲料添加剂,使用符合《微生物饲料添加剂技术通则》(NY/T 1444—2007)的规定。一般添加在每克玉米秸秆原料中的有效活菌数应不低于 10^5 个。

装填:装入切断秸秆原料,完成一层后立即补充水分,控制含水量 65% ~ 75%,并层层压实;同时,加入适量玉米面,增加糖分比重。

密封:完成装填后立即密封,四周密封严实,将排水沟挖设在四周,避免渗入雨水影响质量。45 天左右可开窖使用。

取用:开封时,从一边打开薄膜,一般移去表层 8 ~ 10 cm,取料时,按打开处的横截面逐层取用,并保持取用面平整。

品质鉴定:可参照《玉米秸秆黄贮技术规程》(DB34/T 3872—2021)用感官指标和理化指标进行综合评价,见表 8-11、表 8-12。

表 8-11　黄贮感官指标评价

指标	优级	良好	差
色泽	黄色	黄褐色	深褐色、黑色
气味	酒香味	轻微酸香味	腐味或腐败味
质地	质地与原料几乎一致,柔软	稍柔软	质地稀松

表 8-12　黄贮饲料理化指标评价

指标	优级	良好	差
pH 值	3.8 ~ 4.4	4.5 ~ 5.2	>5.7
铵态氨	<4%	4% ~ 5%	>5%
粗纤维	35% ~ 37%	37% ~ 42%	>45%

3. 秸秆氨化

氨化主要是通过尿素或氢氧化铵对秸秆进行处理,在化学反应后会破坏秸秆原料酯键(多糖木质间)目的,提升氮元素含量,加快瘤胃微生物繁殖速度,促进消化,提高秸秆的营养价值、消化率与适口性。氨化是一种解决玉米秸秆焚烧、堆放造成环境污染的有效方法。秸秆氨化具体步骤如下:

(1)准备

秸秆切短:氨化选用的秸秆水分不应超过 13%,一般用铡草机切短秸秆,通常将秸秆切成 5 ~ 10 cm 的长度,喂牛长度为 4 ~ 6 cm,喂羊长度为 2 ~ 4 cm。

调节水分:水分一般控制在30%~40%。若含水量偏高,应掺入干秸秆或晾晒;若含水量偏低,需添加水分或加氨时调节。

氨化方法:采用地面堆垛法,首先要选择平坦场地,并在准备堆垛处铺好塑料布;采用氨化池或窖氨化法则需提前砌好池子,并用水泥抹好或做好窖。

(2)配制氨液

称取尿素,重量为秸秆重量的4%~5%,用温水溶化,用水量为秸秆重量的60%~70%,配成尿素(碳铵)溶液。如100 kg秸秆,需称取4~5 kg尿素,加60~70 kg的水。

(3)加氨

将配制好的尿素(碳铵)溶液喷洒在切短的秸秆上,边喷边混合以确保混合均匀,或者每装一层秸秆,喷洒一层尿素水溶液,并压实。用塑料薄膜密封,四周再用土封严,确保不漏气。在氨化期间,需加强密闭管理,一旦发现漏气,应及时采取修补措施。

(4)开封

氨化时间与温度有关,温度越低,氨化时间越长。当外界温度高于35 ℃时,需要在庇荫条件下氨化。当外界气温在30 ℃以上时,经10天即可开封饲喂;当气温在20~30 ℃时,需经20天才能开封饲喂;当气温在10~20 ℃时,需经30天才能开封饲喂;当气温在0~10 ℃时,需经60天才能开封饲喂。

(5)品质鉴定

一般采用感官鉴定法,按颜色、气味、质地、发霉情况分为优、良、中、差4个等级,见表8-13。差等级为不合格产品。

颜色:通常经氨化的麦秸颜色为杏黄色,未氨化的麦秸颜色为灰黄色;氨化的玉米秸颜色为褐色,其原色为黄褐色;氨化的稻草为黄褐色,其原色为黄白色。

气味:氨化成功的秸秆一般具有糊香味和刺鼻的氨味。

质地:氨化秸秆柔软蓬松,用手紧握没有明显的扎手感。

发霉情况:一般氨化秸秆不易发霉。有时氨化设备封口处的氨化秸秆有局部发霉现象(黑色、棕褐色,发灰、发黏,有霉味),但内部秸秆仍可用于饲喂家畜。如发现氨化秸秆大部分已发霉,则不能用于饲喂家畜。

表8-13　氨化秸秆的品质鉴定指标

项目	优等	良等	中等	差
色泽	棕色或深黄、鲜亮	黄褐色、有光泽	暗褐色、略带光泽	黑褐色有白毛
气味	氨味、糊香味	氨味、淡糊香味	氨味、酸味	腐败霉烂味
质地	柔软蓬松	松软无黏性	略带黏性	发黏结块

4.秸秆微贮

秸秆微贮是利用微生物发酵剂(发酵微生物(酶))降解秸秆中的纤维素、木质素等,提高秸秆营养价值的一种技术。微贮具备成本低、霉变率低、不受季节和原料等影响、可长期保存等优势,干玉米秸秆、青玉米秸秆均可通过微贮变成优质粗粮。具体操作步骤如下:

秸秆的氨化及
品质鉴定

①选择微贮窖:微贮前,先建造微贮窖,与氨化、青贮相似。

②选择原料:原料要求无污染、无霉变、未腐烂。通常将稻草、麦秸铡成2~5 cm,玉米铡

成 1 cm 左右。

③计算活菌用量：根据秸秆的量计算菌种数量。通常微贮活性菌每袋 3 g,可处理麦秸、稻秸、干玉米秸 1 t 或青绿玉米秸秆 2 t。

④菌剂复活：常温下,将发酵活性菌倒入 200 mL 水中充分溶解,放置 1~2 h,当天用完。

⑤配制菌液：将复活的菌剂倒入 0.8%~1.0% 食盐溶液中拌匀。

⑥秸秆入窖：入窖前,控制含水量为 60%~65%。先在窖底和四周铺塑料薄膜,再在窖底铺 20~30 cm 厚的秸秆,均匀喷洒菌液,压实,接着铺 20~30 cm 厚的秸秆,喷洒菌液,压实,直到高于窖口 40 cm,再压实。

⑦封窖：先在最上层均匀撒食盐粉(确保饲料上部不发生霉烂变质),压实,盖塑料薄膜,再铺 20~30 cm 厚的稻秸、麦秸或玉米秸秆,覆土 15~20 cm,封窖。

⑧开窖取用：一般经 15~25 天可完成发酵。开窖取料从一端开始,根据喂料需要从上到下、由外及里逐段取用,取料后立即将口封严。

⑨品质鉴定：从感官评价、pH 值评价、卫生指标 3 个方面进行品质鉴定。

感官评价：包括颜色、气味、手感。优质微贮玉米秸秆色泽呈橄榄绿,稻秸呈金黄色,劣质则呈褐色或墨绿色;优质秸秆微贮饲料具有醇香、果香气味、带弱酸味,劣质则具有强酸味、腐臭味、霉味;优质秸秆微贮饲料手感松散,质地柔软湿润,劣质则手感黏腻,或粘成块或干燥粗硬。

pH 值评价：一般当 pH 值<4.3 时,则为上等;当 pH 值为 4.3~5.5 时,则为中等;当 pH 值为 5.5~6.2 时,则为下等;当 pH 值>6.2 时,则为低劣。

卫生指标：秸秆微贮饲料的卫生指标应符合《饲料卫生标准》(GB 13078—2017)的规定。

三、走进生产

秸秆氨化时,应当天完成并密封,以防氨气挥发,影响氨化质量;要经常检查塑料膜,若发现孔洞破裂现象,应立即用胶膜封好;在达到氨化时间后,如暂不喂食就不要打开氨化垛(池),若需饲喂可提前开封,秸秆在阴凉处放置 10~24 h。

饲喂时应注意,禁止饲喂颜色发白、变灰甚至发黑结块并伴有腐烂味的氨化饲料;用量以占饲草量的 40%~60% 为宜,适当搭配豆饼、酒糟等;饲喂前按需取料,放于阴凉处散氨,晴天晾 10~12 h,阴雨天晾 24 h 及以上;氨化饲料只作为成年反刍家畜的饲料,禁止饲喂未断奶的犊牛、羔羊;若发现牛羊出现反刍减少或停止、不安、步态不稳等氨中毒症状,应立即停喂,并灌服食醋等缓解中毒症状。

四、案例启示

2018 年 4 月 28 日 13 时许,犯罪嫌疑人姜某在黑龙江省军川农场十二队 5 号 1 区松树林地南侧自家玉米地内,用随身携带的气体打火机焚烧地内的玉米秸秆时,不慎将姜某玉米地北侧军川农场第十二作业站 5 号 1 区松树林(该林地共由 16 家承包种植)过火引燃,过火林地面积 5.5 ha,经黑龙江省龙垦资产评估有限公司鉴定,造成直接财产损失 122 560 元。2019 年 5 月 9 日,宝泉岭人民检察院依法向宝泉岭人民法院提起公诉。2019 年 5 月 27 日,宝泉岭人民法院以犯失火罪,将姜某判处拘役五个月。

案例评析：姜某因焚烧秸秆,不慎引发火灾,造成严重后果,危害公共安全,因此承担了失火罪的法律责任。焚烧秸秆除有火灾隐患外,还有其他危害。如秸秆露天焚烧不完全产生的氮氧化物、二氧化硫、二氧化碳、可吸入颗粒物、烟尘等,影响区域空气质量、能见度和居民健康。焚烧秸秆会烧死有益生物、降低土壤水分与有机质含量、加速土壤板结,造成农作物产量下降。对于秸秆本身而言,它是一种可再生的清洁资源,经适当处理,可作家畜饲料、肥料、燃料等。因此,要加大秸秆禁烧的宣传教育力度,加强对科技知识和法律法规的学习,利用所学技术,将秸秆饲料化,解决污染问题,提高农业生产附加值,为农民增收,做懂技术、守规矩、有社会责任感的新农人。

📖 任务小结

粗饲料的加工调制方法有物理、化学和微生物处理 3 类。秸秆氨化属于化学调制方法,按准备、配制氨液、加氨、开封等步骤调制,饲用前,根据其颜色、气味、质地、发霉情况等进行品质鉴定,鉴定结果在中等及以上的可用于饲喂,劣质的尽量不要用于饲喂。严格按照调制规程,对粗饲料进行加工调制,使用时注意饲喂禁忌,可大大提高粗饲料的利用效率。

思考与练习…………

一、单项选择题

1. 碱化秸秆一般每千克添加氢氧化钠的量为(　　　)。

A. 10 g　　　　　　　　B. 20 g　　　　　　　　C. 30 g　　　　　　　　D. 30 ~ 50 g

2. 通常选择(　　　)的豆科牧草、禾本科牧草来调制青干草。

A. 茎秆较粗、叶量较多　　　　　　　　B. 茎秆较细、叶量较少

C. 茎秆较细、叶量较多　　　　　　　　D. 茎秆较细、叶量适宜

3. 以下各种类草地刈割时期正确的是:①高大杂类草草地(　　　);②高大禾本科草地(　　　);③芦苇割草地(　　　);④蒿类草地(　　　);⑤针茅为主草地(　　　)。

A. 抽穗前上有 8 ~ 9 片叶时　　　　　　　　B. 在结实期刈割,以减少苦味

C. 抽穗初期刈割　　　　　　　　D. 在芒针形成或出现前刈割

4. 豆科牧草干草根据质量感官指标等级最高的是(　　　)。

A. 黄绿,淡草味　　　　B. 草绿,芳香味　　　　C. 灰绿,草味　　　　D. 黄,无味

5. 豆科牧草干草根据收获期质量指标等级最高的是(　　　)。

A. 现蕾期,叶量 50% ~ 60%　　　　　　　　B. 现蕾期,叶量 20% ~ 30%

C. 开花期,叶量 30% ~ 49%　　　　　　　　D. 开花期,叶量 20% ~ 29%

6. 豆科牧草干草根据杂草含量、含水量和异物含量质量指标等级最高的是(　　　)。

A. 3% ,21% ~ 22% ,0　　　　　　　　B. 5% ,15% ~ 16% ,0.2%

C. 8% ,15% ~ 16% ,0　　　　　　　　D. 3% ,15% ~ 16% ,0

7. 豆科牧草干草根据粗蛋白质含量和类胡萝卜素含量质量指标等级最高的是(　　　)。

A. >11% , ≥100 mg/kg　　　　　　　　B. >14% , ≥100 mg/kg

C. >17% , ≥80 mg/kg　　　　　　　　D. >19% , ≥100 mg/kg

8.《禾本科牧草干草质量分级》(NY/T 728—2003)标准中按蛋白质、水分含量指标等级最高的是(　　　)。

A. >5% , ≤14　　　　B. >7% , ≤14　　　　C. >9% , ≤14　　　　D. >11% , ≤14

9. 下列禾本科牧草干草按刈割时期、草色、气味、有无霉变、杂质杂草等含量质量指标等级最高的是(　　　)。

A. 抽穗前,绿色,有草香味,无杂物和霉变,天然杂草≤8%

B. 结实前,茎粗、淡绿或浅黄,无杂物和霉变,杂草≤8%

C. 抽穗前,黄色,淡草味,无杂物和霉变,杂草≤5%

D. 抽穗前,鲜绿色,有浓郁草香味,无杂物和霉变,杂草不超过5%

10. 用于黄贮的玉米秸秆收获期通常在玉米植株下部具有(　　)片左右的枯叶时收获。

A. 2　　　　　　　B. 4　　　　　　　C. 6　　　　　　　D. 8

二、多项选择题

1. 不受季节、天气等影响,可快速干燥,适宜于大规模集约化生产的干草加工方法有(　　)。

A. 发酵干燥法　　　　　　　　　　B. 常温通风干燥法

C. 低温烘干法　　　　　　　　　　D. 高温快速干燥法

2. 青干草堆垛完成后贮藏管理的工作有(　　)。

A. 防水、防潮、防霉　　　　　　　B. 防火

C. 防人为破坏　　　　　　　　　　D. 防鼠

3. 青秸秆堆贮时的注意事项有(　　)。

A. 薄膜不能有毒

B. 薄膜连接不能用针缝

C. 盖压堆顶和四周的材料要用软材,不能用硬材料

D. 堆贮玉米秸秆要添加食盐和玉米面或尿素

4. 青饲草窖贮时的注意事项有(　　)。

A. 原料切割长度1～3 cm　　　　　B. 每层20～40 cm压实一次

C. 压实边角　　　　　　　　　　　D. 原料含糖量≥2.0%,含水量约65%

三、判断题

1. 粗饲料机械加工可以提高采食量,能提高粗饲料的消化率和营养价值。　(　　)

2. 热加工可提高粗饲料的适口性,不能提高粗饲料的消化率。　　　　　(　　)

3. 制粒可提高采食量和增重效率,颗粒饲料质地坚硬,能满足瘤胃的机械刺激,加工成本也不高。　　　　　　　　　　　　　　　　　　　　　　　　　　　　　(　　)

4. 粗饲料化学调制包括酸化、碱化、氨化和盐化,其中以酸化成本最低,应用最多。

(　　)

5. 牧草地面干燥法养分损失较多。　　　　　　　　　　　　　　　　　(　　)

6. 青干草草棚堆藏时,干草与棚顶不要留空间。　　　　　　　　　　　(　　)

7. 包贮青饲料的缺点是拉伸薄膜容易破损,造成青贮饲料生霉变质或含水量不均匀,质量参差不齐。　　　　　　　　　　　　　　　　　　　　　　　　　　　　　(　　)

8. 秸秆黄贮45天后开窖取用,开封时,从一边打开薄膜,一般从上层直接取用。(　　)

9. 氨化秸秆跟青贮秸秆的含水量都在65%～70%,含水量达不到的还要适当加水。

(　　)

模块四

检验饲料质量

📚 知识目标

1. 理解饲料分析检测的意义。
2. 理解饲料常规养分含量测定、饲料加工质量测定、有毒有害成分检测等原理。
3. 掌握饲料常规养分含量测定、饲料加工质量测定、有毒有害成分检测等方法。

📖 能力目标

1. 能检测饲料常规成分含量。
2. 能检测饲料加工质量的常见指标。
3. 能检测饲料中有毒有害成分。

📑 素质目标

1. 具有综合应用饲料检测相关知识、技能、能力、价值观念以及解决问题的系统思维。
2. 具有团队合作精神。
3. 具有较强的沟通能力，能撰写饲料检测报告，并进行准确、清晰的表述。
4. 具有探究和求真务实的学习态度以及严谨科学的专业精神。

🖼 思政目标

1. 具备饲料产品安全观。
2. 具有科学认真、精益求精的工匠精神。
3. 具有饲料化验人员必备的细心、责任心和公正之心。

随着养殖规模的不断扩大，养殖业正向集约化、标准化和产业化方向发展，对饲料的需求量越来越大，对饲料品质的要求也越来越高。饲料品质的把控依赖于饲料检测技术。当前，对饲料质量进行有效检测的方法主要有传统饲料检测技术和新兴饲料检测技术两种。传统饲料检测技术整体具有主观性强、耗时长、准确度高等特点。新兴饲料检测技术具有简单、快速、无损等特点。在实际生产中需要综合利用检测方法，才能高效检测饲料产品品质，确保养殖业的高效发展。

科学史话

为规范我国饲料企业生产行为，保障饲料产品质量安全，原农业部制定出《饲料质量安全管理规范》(以下简称《规范》)。《规范》于 2013 年 12 月 27 日经原农业部第十一次常务会议审议通过，2014 年第 1 号令公布，自 2015 年 7 月 1 日起实施。2017 年 11 月 30 日，《农业部关于修改和废止部分规章、规范性文件的决定》(以下简称《决定》)发布，根据《决定》：《规范》(2014 年 1 月 13 日农业部令 2014 年第 1 号公布)删去第四条中的"年度备案"。《规范》分总则、原料采购与管理、生产过程控制、产品质量控制、产品贮存与运输、产品投诉与召回、卫生和记录管理、附则 8 章 44 条。

项目九
饲料常规养分含量测定

项目描述

1. 了解饲料常规养分含量测定的任务、原则和要求。
2. 掌握饲料常规养分含量测定的原理。
3. 能检测饲料常规养分含量。

知识准备

饲料常规养分含量测定,是饲料生产中的重要环节,也是保证饲料原料及产品质量的重要手段。饲料常规营养指标包括水分、粗蛋白质、粗脂肪、粗纤维、粗灰分、钙、总磷等,每项指标需依据中华人民共和国国家标准规定的测定方法进行检测。饲料分析检测的方法包括感官检测法、物理法、化学分析法、近红外光谱分析技术等。常规养分含量测定常用的是化学分析法,经化学分析得到的数据,可直接用于饲料配合。

任务一 饲料样品的采集与制备

任务描述

1. 熟知饲料样本采集的术语。
2. 掌握不同饲料样品的采集与制备方法。
3. 会制备不同饲料样品,并妥善保管。

任务准备

一、认识采样的几个术语

中华人民共和国国家标准《饲料 采样》(GB/T 14699—2023)中提供了动物饲料的采样方法,有如下术语:

交付物:一次提供、发送或接收的饲料总量。

批(批次):假定特性相同的某一个确定量交付物的总称。

份样:从同一批产品中某一个点所取的样品。

总份样:采自同一批产品的所有份样合并、混合而得到的样品。

缩分样:总份样经连续分取或缩减而得到的具有代表性的部分样品,其质量或体积近似于实验室样品总量。

实验室样品:由缩分样分取的部分样品用于分析和其他检测用,并且能代表该批产品的质量和状况。所取每种样品,一般分 3 份或 4 份实验室样品,一份提交检验,至少一份保存用于复核,如果超过 4 份实验室样品,需增加缩分样,以满足最小实验室样品量的要求。

代表性采样:从一批产品中获得小部分样品,测定这小部分样品的任何特性均可代表该批产品的平均值。

选择性采样:如果被采样的一批(批次)样品的某部分在质量上明显不同于其他部分,则这部分产品应区别对待,单独作为一批产品进行采样,并在采样报告中加以说明。

初级样品:也称原始样品,是从生产现场(如田间、仓库、青贮窖等)待测饲料中按不同深度和广度(几何法)采集的样品经混合而来,一般不小于 2 kg。

次级样品:将混合均匀的初级样品按四分法取出或分成几个平行样品,每个次级样品一般不小于 1 kg。

分析样品:也称试验样品,把次级样品进行粉碎、混匀等处理,取出需要的小部分用于样品分析。

二、认识采样设备

(一)从固体产品采样的装置

1. 手工采样工具

手工采样一般用于采集流速比较慢的流动产品。

(1)散装饲料的采样工具

普通铲子、手柄勺(短柄或长柄)等小工具:一般用于量不大的粉状或颗粒饲料的采样。

取样钎:一般有一个或更多个分割室,有套管和单管两种,饲料取样常用单管取样钎。

探针采样器:适合粉状或颗粒状饲料采样,具有凹槽、锁扣和锐利的尖端,便于取样且取样后不会洒漏。

圆锥取样器:一般为不锈钢材质、具有尖头和开启的进料口,呈锥体形。

(2)袋装或其他包装饲料的采样工具

常用的有手柄勺、麻袋取样钎或取样器、管状取样器、圆锥取样器和分层取样器。分层取样器由两根紧密配合的铁质镀锌管或不锈钢管构成,外管与内管均切有数量相同的槽口。取样时,转动手柄和内外管,封闭槽口,插入物料,继续转动,打开槽口取样。取样结束,抽出,转动内外管将槽口封闭,倒出物料。

2. 机械采样装置

从流动的产品中,周期采样可以使用认可的设备(如气力装置),种类较多,可根据物料类型和特性、输送设备等进行选择,适用于货车箱内大量散装的颗粒或粉状饲料。一般安装在大型饲料厂的输送管道、分级筛或打包机等处。

(二)从液体或半液体产品采样的设备

常用适当大小的搅拌器、取样瓶、取样管、带状取样器和长柄勺等。

油液扦样器:对油罐车取样,底部有单向活动阀门,取样后上提取样器绳索,封闭阀门取出液体样品。

抽拉式液体取样器:对桶装油抽样。

空心探针:常用于桶和小型容器采样。它是一根镀镍或不锈钢材质的金属管,管壁有数个小孔,孔边缘光滑;管上有把柄,管下呈圆锥形。

三、认识装样品容器

装样品容器应确保样品特性不变直至检测完成,大小以样品完全充满容器为宜,始终密封直至检测时打开。

固体产品样品容器多用防水和防脂材料,如玻璃、不锈钢、锡或合适的塑料等;多用广口瓶、圆柱形,与所装样品数量配套;某些对光敏感的物质如维生素 A、维生素 D_3、维生素 B_{12} 等,一般选用不透明容器。

液体或半液体产品容器应由合适材料制成,如玻璃或塑料,一般要求容量合适、密闭、深色。对光敏感的物质要求同固体产品。

四、认识采样方法

一般常用的采样方法有几何法和四分法两种。

几何法:一般用于采集初级样品和大批量原料。把待检饲料看成有规则的几何体,如立方体、圆柱体和圆锥体等。取样时,把想象的几何体分成若干个体积相等的部分,这些部分需在全体中均匀分布,然后从分成的均匀部分中取出体积相等的样品,混合即为原始样品。

四分法:一般用于采集小批量样品和均匀样品或从初级样品中获取次级和分析样品。将待检饲料全部倒在清洁的器皿上或平铺在方形纸或塑料布上,混匀后堆成等厚的圆锥体,然后从锥体顶部垂直下压,压成圆饼形或方饼形;也可直接铺成等厚度的正四方体。用取样铲或直尺从正中画"+"字,将样品分成 4 份,弃去对角线两个部分,所剩下的对角部分再混匀,再按上述方法进行缩分,反复数次直至样品量达到需要量为止。

📖 **任务实施**

一、采样前准备

明确采样位置与采样量。采样应在不受外来污染危害影响的地方进行,可在装货或卸货中进行,根据批次产品数量和实际采样特点确定份样数量和重量,确保得到有代表性的样品。

找准饲料类型。一般饲料有谷物、种子、豆类和颗粒饲料等固体饲料、粉状固体饲料、粗饲料、青绿饲料、青贮饲料、块饼类、糟渣类农副产品、液体或半液体饲料等类型。

翔实记录数据。采样前准确、完整记录与原料或产品相关的资料,如生产厂家、生产日期、批号、产品种类、规格和采样时间、贮存条件和时间等。

二、不同饲料产品原始样品的采集

(一)粉状和颗粒固体饲料

1. 从散装产品中采样

在装货或卸货时采样。从堆状等散装产品中取样时,用取样器从距离边缘 0.5 m 的上、中、下等不同部位(覆盖产品表面和内部)随机取样混合,随机选择份样的最小数量,见表9-1。

表 9-1　散装产品随机选择份样的最小量

批次的重量 m/t	份样的最小数量
≤2.5	7
>2.5	$\sqrt{20m}$,不超过100

在散装饲料中产品进入包装车间或成品库的流水线上取样时,需根据流速,用长柄勺或取样器等工具,在流水线的某一截面,每隔一定时间取样。根据流速和本批次产品的量,计算产品通过采样点的时间,该时间除以所需采样的份样数得到采样时间间隔。

在筒仓、方仓等贮存的散装饲料产品按高度分层采样。方仓采样前将层表面分成 6 等份,在每等份四边形对角线四角(料堆边缘点距边缘 50 cm)与交叉点 5 个不同地方采样。当料层厚度<0.75 m 时,从距料层表面 10～15 cm 深处的上层和靠近地面的下层,自上而下在两层中选取;当料层厚度>0.75 m 时,从距料层表面 10～15 cm 深处的上层、中层和靠近地面的下层(距离底部 20 cm),自上而下在三层中选取。筒仓高度分层采样同方仓,每层按直径分内(中心)、中(半径的一半处)、外(距离仓边缘 30cm 左右)3 圈。当直径<8 m 时,每层按内、中、外分别对称采集 1、2、4 个点,共计 7 个点;当直径>8 m 时,每层按内、中、外分别对称采集 1、4、8 个点,共计 13 个点。将各点采集的样品混合即可。

2. 从袋装产品中取样

随机选取并打开包装袋,选用袋装或其他包装饲料的采样工具,采样的包装袋总数量由中华人民共和国国家标准《饲料 采样》(GB/T 14699—2023)中规定的最小份样数决定,见表9-2、表9-3。

表 9-2　袋装产品随机选择份样最小量(袋装质量≤1 kg)

批内包装袋数 n	最小份样数
1～6	每袋取样
7～24	6
>24	$\sqrt{2n}$,不超过 100

表 9-3　袋装产品随机选择份样最小量(袋装质量>1 kg)

批内包装袋数 n	最小份样数
1～4	每袋取样
5～16	4
>16	$\sqrt{2n}$,不超过 100

取样时,手握取样钎柄,槽口向下,从饲料包口缝线处以对角线方向插入包中,转动取样钎至槽口朝上,抽出取样钎,将钎柄下端流样口对准盛样容器,倒出样品。

(二)粗饲料

粗饲料主要包括农作物秸秆和干草类。采样时,在堆垛中选取至少 5 个不同部位的点,应用几何法采样,每个点采样量为 200 g 左右。采样时需避免茎叶分离,确保样品完整,具有代表性。采样结束后,将样品置于纸或塑料布上,用剪刀剪成 1～2 cm 的小段,充分混合备用。制作分析样品时,还需粉碎过筛。

(三)青绿饲料

青绿饲料包括青绿牧草、饲用作物的茎叶、叶菜类和水生植物等。一般在田间或牧场,根据类型划分均等的方形区域分点取样,每个区域至少 5 个点,每点面积 1 m²。在采样点位置,距离地面 3～4 cm 处收割牧草,除去不可食部分,将样品剪碎混匀即可,水生植物应晾干后再剪碎。

（四）青贮饲料

青贮饲料一般贮存在圆筒窖、青贮塔或方形青贮壕内。取样时,先除去覆盖的泥土、秸秆及发霉变质的饲料。圆筒窖中青贮饲料的采样方法与筒仓的散装饲料产品类似,方形青贮壕中青贮饲料的采样方法与方仓的散装饲料产品类似,青贮塔内产品采样应注意安全,最好在搬运过程中采样,随机选取份样的最小数量参照中华人民共和国国家标准《饲料 采样》（GB/T 14699—2023）中规定的最小份样数,见表 9-4。

表 9-4　随机选择份样最小量

批次产品的量 m/t	最小份样数
≤2.5	7
>2.5	$\sqrt{20m}$,不超过 100

（五）块饼、砖状产品类饲料

此类饲料主要有块状饼粕、矿物质舔砖、舔块等。大块圆饼状饲料从不同部位至少选取五大块,从每块中切取对角的小三角形,将其捶碎混合;小块状饲料,选取有代表性的 25～30 片,粉碎后混匀即可。采样时份样数和样品质量参照中华人民共和国国家标准《饲料 采样》（GB/T 14699—2023）中规定的最小份样数和样品质量,见表 9-5、表 9-6。

表 9-5　采样时最小份样数

批内含的产品单元（块）数 n	最小的份样数（产品单位数）
≤25	4
26～100	7
>100	$\sqrt{n}$,不超过 40

表 9-6　样品的质量

最小总份样量/kg	最小缩分样量/kg	最小实验室样品量/kg
4	2	0.5
最小量应可供取 4 个实验室样品		

（六）糟渣类农副产品

糟渣类农副产品包括酒糟、醋糟、豆渣等。取样时,在容器或堆中分上、中、下 3 层取样,每层取 5～10 个点,每点取 100 g 左右放入桶中充分混合。

（七）块根、块茎及瓜果类饲料

采样时,从田间或地窖内随机分点采集 15 kg,按大、中、小分堆称重求出比例,按比例取 5 kg 次级样品,洗涤干净备用。

（八）液体

用容器盛装的液体饲料,可从不同容器中分别取样混合,最小抽取容器数见表 9-7、

表 9-8。取样时,需先将液体饲料搅拌均匀,然后用取样器缓慢地自桶口插至桶底,将取出样品注入样品瓶混匀;散装液体原料按高度分上、中、下 3 层取样。上层距液面约 40 cm,中层在中间,下层距底部 40 cm 左右,3 层采样量比例约为 1∶3∶1,可根据容器形状参照散装固体产品布点采集,混合即可;常温呈固体的动物性油脂,可参照散装固体产品采样方法获取原始样品,次级样品采集需加热混匀后方可进行;糖蜜等黏性液体可在卸料过程中定时用器具抓取。

表 9-7 最小抽样容器数(容器体积<1 L)

批次内含的容器数 n	最小抽取容器数
≤16	4
>16	$\sqrt{2n}$,不超过 50

表 9-8 最小抽样容器数(容器体积>1 L)

批次内含的容器数 n	最小抽取容器数
1~4	逐个
>16	$\sqrt{2n}$,不超过 50

三、饲料样品的制备

将原始样品混合均匀后,用四分法从中取出不小于 1 kg 的次级样品,再经过烘干、粉碎、混匀等处理,制备分析样品,长期保存。

(一)制备风干样品

风干样品自然含水量在 15% 以下,常见的有玉米、小麦等籽实、糠麸、青干草、配合饲料等,制备步骤如下:

1. 粉碎

常用植物样品粉碎机(常用)、中草药粉碎机等粉碎设备。粉碎中注意防止温度过热引起水分散失和成分变性。植物样品粉碎机易清洗,不会过热及使水分发生明显变化,能使样品经研磨后完全通过适当筛孔。

2. 过筛

粉碎粒度的大小直接影响饲料的混合均匀度和分析结果的准确性,见表 9-9。对于不易粉碎的粗饲料,如果难以通过筛孔,应尽可能地将其弄碎,例如,用剪刀仔细剪碎后均匀混入已粉碎样品。一般样品粉碎机粉碎后,过 0.25~1.00 mm 孔径的筛可得分析样品。

表 9-9 主要分析指标样品粉碎粒度的要求

指标	分析筛规格/目	筛孔直径/mm
氨基酸、维生素、微量元素、脲酶活性、蛋白质溶解度	60	0.25
水、粗蛋白质、粗脂肪、粗灰分、钙、磷、盐	40	0.45
粗纤维、体外胃蛋白酶消化率	18	1.00

3. 混匀

过筛后仔细混合均匀,装入磨口广口瓶内保存备用,并注明样品名称、制样日期和制样人等。样品密封存放于干燥通风且不受光直接照射的地方,保持样品的稳定性,避免虫蛀、微生物及植物细胞自身呼吸作用等影响。

(二)制备半干样品

新鲜样品含水量为 70% ~ 90%,不易粉碎和保存,一般需去掉初水分,制成半干样品备用。

初水分是将新鲜样品在 60 ~ 65 ℃ 的恒温干燥箱中烘 8 ~ 12 h,除去部分水分,回潮后与周围空气湿度保持平衡。测定步骤如下:

1. 称量瓶称重

在天平上称取称量瓶的重量。

2. 称量样品

在称量瓶中称取新鲜样品 200 ~ 300 g。

3. 灭酶

将盛有新鲜样品的称量瓶放入 120 ℃ 烘箱中烘 10 ~ 15 min,灭活饲料中存在的酶。

4. 烘干

灭酶后,将盛有样品的称量瓶迅速放在 60 ~ 70 ℃ 烘箱中烘 8 ~ 12 h,直至样品干燥易磨碎。

5. 回潮和称重

取出盛有样品的称量瓶,放置空气中冷却 24 h,充分回潮称重。

6. 再烘干

再将盛有样品的称量瓶放入 60 ~ 70 ℃ 烘箱中烘 2 h 左右。

7. 再回潮和称重

取出盛有样品的称量瓶,放置空气中冷却 24 h,充分回潮称重,直至两次称重之差<0.5 g 为止。

8. 计算

$$饲料中初水分含量=\frac{新鲜样品质量-半干样品质量}{新鲜样品质量}\times100\%$$

四、饲料样品的登记、保管与存放

(一)登记

①置于干燥且洁净的磨口广口瓶内,作为分析样品用。

②瓶外贴上标签。内容:样品名称、采样和制样时间、采样和制样人、额外信息等。

③有专门的样品登记本,详细记录与样品相关的资料。登记内容:样品名称(一般名称、学名和俗名)和种类(注明品种、质量等级);生长期(成熟程度)、收获期、茬次;调制和加工方法及贮存条件;外观性状及混杂度;样品材料的明示成分;采样地点、日期和采集部位;生产厂家和出厂日期;重量;采样人、制样人和分析人姓名与采样单位名称。

(二)保管与存放

①由专人采集、登记、粉碎与保管。

②保存时间:一般的原料样品保留两周,成品样品保留一个月;特殊的保留 1 ~ 2 年(饲喂

后可能存在问题的饲料)。

③长期保存:用锡铝纸软包装,抽真空充氮气密封,冷库保存;瓶装样品,用纸包少量樟脑丸放入瓶中,标签涂蜡,瓶塞密封。

(三)采样报告

采样后,应由采样人尽快完成采样报告,采样报告包含:实验室登记中的信息、被采样人的姓名和地址、制造商、进口商、分装商和(或)销售商的名称、货物的多少(重量和体积)、采样目的、交付给认可实验室分析的实验室样品数量、采样过程中可能出现偏差的详情等。

📖 **任务小结**

饲料样本的采集和制备是饲料分析和检验的基础,是饲料生产厂家和质检机构重视的步骤,需参照中华人民共和国国家标准《饲料 采样》(GB/T 14699.1—2023)标准,不同饲料的采样方法和采样量不同,采样人员必须具备高度的责任心、实事求是的职业态度和熟练的采样技能,并妥善处理与保管饲料样品,每一步都认真操作,才能确保后续分析结果的准确性。

饲料样品的采集与制备

思考与练习............

一、单项选择题

1. 一个直径 15 m,料层厚 3 m 的圆柱形筒仓里的饲料取样时应至少取(　　)位置的样品。

　A.7 个　　　　　　B.8 个　　　　　　C.10 个　　　　　　D.13 个

2. 装有 2.5 t 散装饲料的车,料层高 70 cm,饲料采样份样数至少有(　　)。

　A.2 个　　　　　　B.3 个　　　　　　C.5 个　　　　　　D.6 个

3. 72 袋袋装饲料(饲料总量>1 kg)抽样最小份样数是(　　)。

　A.36 个　　　　　　B.18 个　　　　　　C.72 个　　　　　　D.12 个

4. 4 袋和 13 袋袋装饲料(饲料总量<1 kg)抽样最小份样数分别是(　　)。

　A.2 个,6 个　　　　B.4 个,6 个　　　　C.2 个,6 个　　　　D.2 个,4 个

5. 糟渣类农副产品在容器或堆中分上、中、下 3 层取样,每层取 5～10 个点,每点取(　　)左右放入桶中充分混合。

　A.1 kg　　　　　　B.500 g　　　　　　C.200 g　　　　　　D.100 g

6. 散装液体原料按高度分上、中、下 3 层取样。上层距液面约 40 cm,中层在中间,下层距底部 40 cm 左右,3 层采样量分别比例约为(　　)。

　A.1∶1∶1　　　　　B.1∶2∶1　　　　　C.1∶3∶1　　　　　D.2∶1∶1

7. 氨基酸、维生素、微量元素含量测定,饲料样品粉碎后要选择(　　)的标准筛过筛。

　A.20 目　　　　　　B.40 目　　　　　　C.60 目　　　　　　D.80 目

二、多项选择题

1. 用于量不大的粉状或颗粒饲料的采样工具有(　　)。

　A.取样钎　　　　　B.探针采样器　　　　C.手柄勺　　　　　D.普通铲子

2. 袋装或其他包装饲料的采样工具有(　　)。

　A.取样钎　　　　　B.手柄勺　　　　　C.管状取样器　　　　D.分层取样器

3.从液体或半液体产品采样的设备有(　　　)。

A.手柄勺　　　　　　B.空心探针　　　　　C.抽拉式取样器　　　D.取样瓶

4.选用不透明容器装的饲料样品有(　　　)。

A.维生素 B₂　　　　B.维生素 C　　　　　C.叶酸　　　　　　D.维生素 A

5.饲料样品采样前的准备工作有(　　　)。

A.确定采样位置及采样量　　　　　　　　B.找准饲料类型,准备采样工具

C.防止采集对象受污染　　　　　　　　　D.翔实记录来源地商家和饲料相关信息数据

6.制备的分析样品留样长期保存的方法有(　　　)。

A.用锡铝纸软包装

B.抽真空充氮气密封

C.冷库保存

D.瓶装样品,用纸包少量樟脑丸放入瓶中,标签涂蜡,瓶塞密封

三、判断题

1.散装饲料通常用自动机械取样器取样。　　　　　　　　　　　　　　(　　)

2.采用自动机械取样器自每车至少 8 个不同角度处采样。　　　　　　　(　　)

3.采用自动机械取样器采集的样品为次级样品。　　　　　　　　　　　(　　)

4.四分法适合均匀性物品或缩分样。　　　　　　　　　　　　　　　　(　　)

5.样品需由专人采集、登记、粉碎与保管。　　　　　　　　　　　　　　(　　)

6.初级样品是从生产现场饲料中按不同深度和广度(几何法)采集的样品经混合而来,一般不小于 1 kg。　　　　　　　　　　　　　　　　　　　　　　　　(　　)

7.几何法一般用于采集初级样品和大批量原料。　　　　　　　　　　　(　　)

8.制备半干样品时,将盛有新鲜样品的称量瓶放入 120 ℃烘箱中烘 10～15 min,目的是更快速地烘干水分。　　　　　　　　　　　　　　　　　　　　　(　　)

任务二　饲料中水分的测定

任务描述

1.熟知饲料水分含量测定的原理与方法。

2.掌握不同饲料水分含量测定的方法。

3.会测定不同饲料中水分的含量。

任务准备

一、测定原理

当前水分测定的方法有烘箱干燥法、真空干燥法、甲苯蒸馏法、冷冻干燥法、水分快速测定法等。常用的方法有烘箱干燥法和水分快速测定法两种。

烘箱干燥法的测定原理:参照中华人民共和国国家标准《农作物种子检验规程 水分测定》(GB/T 3543.6—1995)进行测定,将样本放入恒温干燥箱烘若干小时(不同方法烘干时间

和温度有差异),直至水分完全挥发至恒重,两次称重小于 0.002 g,根据质量之差求出水分含量。

水分快速测定法通常用于生产中中控或工艺控制。用卤素灯或红外线快速加热除去水分和挥发性物质,集称重、干燥于一体,测定水分快速、简便,但其精密度较差,当样品份数较多时,效率反而降低。具体操作见仪器设备说明书。

二、准备设备及用品

粉碎机(能迅速均匀地粉碎 30 g 试样);天平(分度值 0.1 g、0.01 g、0.001 g);0.5 mm、1.0 mm 和 4.0 mm 的金属丝筛子;金属皿或玻璃皿(无盖,能使 100 g 试样整粒单层分布于皿底);样品盒、金属盒或玻璃皿;称量瓶;恒温烘箱(有鼓风装置,温度为 60~80 ℃);恒温烘箱(温度保持为 130~133 ℃);干燥器[用氯化钙(干燥试剂)或变色硅胶作干燥剂];修枝剪。

三、样品的选取和制备

农作物种子制备样品按照《农作物种子检验规程 扦样》(GB/T 3543.2—1995)的要求:选取有代表性的送检样品,需粉碎种类为 100 g,不需磨碎种类为 50 g;将送检样品充分混合,用机械分样器法或四分法缩减样品,制备分析样品。使用钟鼎式分样器时应先刷净,样品放入漏斗时应铺平,用手很快拨开活门,使样品迅速下落,再将两个盛接器的样品同时倒入漏斗,继续混合 2~3 次,然后取其中一个盛接器按上述方法继续分取,直至达到规定重量为止。使用横格式分样器时,先将种子均匀地散布在倾倒盘内,然后沿着漏斗长度等速倒入漏斗内。

含水量较高的多汁鲜样或青贮饲草等,参照中华人民共和国农业部《饲草产品抽样技术规程》(NY/T 2129—2012)中的标准,按用手工或机械方法进行样品缩分,制作实验室样品,每份样品不少于最小份样数的规定;含水量高于 15% 的青贮饲料、鲜草等样品,需进行预干燥处理,详见《饲草试样水分测定》步骤。

📖 **任务实施**

一、玉米等农作物种子水分测定(烘箱干燥法)

(一)取样磨碎

取样样品应符合《农作物种子检验规程 扦样》(GB/T 3543.2—1995)的要求,取 15~25 g 样品,磨碎。磨碎细度见表 9-10。

表 9-10　必须磨碎的作物种类及磨碎细度(GB/T 3543.6—1995)

作物种类	磨碎细度
燕麦属、水稻、甜荞、苦荞、黑麦、高粱属、小麦属、玉米	至少有 50% 的磨碎成分通过 0.5 mm 筛孔的金属丝筛子,而留在 1.0 mm 筛孔的金属丝筛子上的不超过 10%
大豆、菜豆属、豌豆、西瓜、巢菜属	需要粗磨,至少有 50% 的磨碎成分通过 4.0 mm 筛孔
棉属、花生、蓖麻	磨碎或切成薄片

(二)烘干称重

1.烘干称量瓶

取两个称量瓶预先烘干、冷却、称重,并最好标记。

2. 称量样品

取试样两份(磨碎种子从不同部位取得),每份 4.5 ~ 5.0 g,分别放入预先烘干和称重的称量瓶中,再称重(精确至 0.001 g)。

3. 烘干

①低温烘干法:烘箱通电预热至 110 ~ 115 ℃,样品摊平放入烘箱内上层,打开称量瓶盖,迅速关闭箱门,箱温在 5 ~ 10 min 内回升至(103±2)℃时开始计时,烘 8 h。

②高温烘干法:烘箱通电预热至 140 ~ 145 ℃,样品摊平放入烘箱内上层,打开称量瓶盖,打开箱门在 5 ~ 10 min 后,关闭箱门,烘箱温度在 130 ~ 133 ℃时开始计时,烘 1 h。

③高水分预先烘干法:当禾谷类种子水分超过 18%,豆类和油料作物水分超过 16% 时,采用预先烘干法。称取两份样品各(25.00±0.02)g,置于直径大于 8 cm 的样品盒中,在(103±2)℃烘箱中预烘 30 min(油料种子在 70 ℃预烘 1 h),取出后在室温冷却和称重。分别磨碎两个半干样品,从磨碎物中各取 4.5 ~ 5.0 g 样品,按低温烘干步骤进行测定。

4. 称重

用坩埚钳或戴手套,在烘箱内盖好称量瓶盖,取出,在干燥器内冷却至室温,30 ~ 45 min 后称重。

5. 计算结果

$$种子水分\% = \frac{M_2 - M_3}{M_2 - M_1} \times 100$$

式中　M_1——称量瓶的重量,g;

　　　M_2——称量瓶与样品烘干前的重量,g;

　　　M_3——称量瓶与样品烘干后的重量,g。

若用预先烘干法,可从第一次(预先烘干)和第二次按上述公式计算所得的水分结果换算样品的原始水分,按下式计算:

$$种子水分\% = S_1 + S_2 - (S_1 \times S_2)/100$$

式中　S_1——第一次整粒种子烘后失去的水分,%;

　　　S_2——第二次磨碎种子烘后失去的水分,%。

一个样品两次测定之间的差距不超过 0.2%,结果用两次测定值的算术平均值表示。

(三)饲草试样水分的测定

1. 预干燥处理

预干燥处理适用于含水量高于 15% 的青贮饲料、鲜草等样品,测定水分含量 W_0。

(1)称样

金属皿在 65 ℃干燥箱中烘干 24 h,自然冷却,称重 m_0(精确至 0.1 g);称取样品 m_1 约 1 000 g(精确至 0.1 g);将样品剪短至 3 ~ 4 cm,平铺在金属皿底部,厚度不超过 3 cm。

(2)杀青

新鲜草样应先在 103 ℃鼓风干燥箱中杀青 15 min,再移至 65 ℃干燥箱中烘干。其他样品直接烘干。

(3)烘干

将金属皿放入 65 ℃干燥箱中,单层平铺,烘 24 h,取出后放置自然冷却至室温(至少 4 h),称量 m_2 样品与金属皿总重(精确至 0.1 g);再次放入 65 ℃干燥箱中烘 3 h,取出后置于室内,自然冷却回潮(至少4 h),称重。

（4）计算

当两次称重差<2.50 g时,用第一次烘干后样品中(m_2-m_0)计算水分含量。

当两次称重差>2.50 g时,重新在65 ℃干燥箱中烘干,直至最近两次称重差<2.50 g,用恒重称量值计算水分含量。

2.直接干燥

直接干燥处理适用于含水量不高于15%的样品,测定水分含量W_1。

（1）称样

将称量瓶和盖一起放入103 ℃干燥箱中烘干30 min后取出,在干燥器中冷却至室温,称重m_3(精确至0.001 g)。平行称取5 g左右试样m_4(精确至0.001 g),放入称量瓶,铺平。

（2）烘干

将称量瓶置于103 ℃干燥箱中,打开瓶盖,烘干4 h。盖上盖子,取出放入干燥器中冷却至室温,称重m_5(精确至0.001 g)。

3.数据处理

（1）预干燥水分含量

$$W_0 = m_1 - (m_2 - m_0)/m_1 \times 100\%$$

式中　m_0——金属皿的重量,g;

　　　m_1——鲜样的质量,g;

　　　m_2——金属皿与预干燥后试样的质量,g。

（2）直接干燥水分含量

$$W_1 = m_4 - (m_5 - m_3)/m_4 \times 100\%$$

式中　m_3——称量瓶的重量,g;

　　　m_4——试样的质量,g;

　　　m_5——称量瓶和干燥后试样的质量,g。

其结果以两次平行测定的算术平均值表示,保留小数点后一位数值。

（3）样品水分含量

$$W = W_0 + W_1 \times (1 - W_0)$$

未经预干燥处理的样品,其水分含量为W_1。

二、水分快速测定法

详见微课视频《饲料中水分的测定》。

📖 **任务小结**

在生产实践中,要比较饲料的营养价值,首先必须测定水分的含量。需注意在整个操作过程中,移动称量瓶时,必须用坩埚或干净的纸条,不允许用手直接接触;样品烘干的时间要在达到指定温度后开始计时;样品烘干时,要打开称量瓶盖,冷却和称重时应盖紧瓶盖。实践中要坚守正直诚信的价值观,熟练利用设备进行分析测定,做到操作规范、细致认真,保证结果客观公正,为准确评价饲料原料和产品的质量提供可靠的依据。

饲料中水分的测定

思考与练习............

一、单项选择题

1. 测定饲料中的水分含量时,样品粉碎后需过( )目筛。

A. 60 　　　　　　　　B. 40 　　　　　　　　C. 18 　　　　　　　　D. 10

2. 测定饲料水分时,为保证结果的准确,可用恒重称量瓶,称取( )份平行样。

A. 1 　　　　　　　　　B. 2 　　　　　　　　　C. 3 　　　　　　　　　D. 4

3. 饲料水分测定时,当测得称量瓶两次重量之差( )为恒重。

A. <0.000 5 g 　　　　B. <0.000 6 g 　　　　C. <0.001 g 　　　　D. <0.005 g

4. 称样时,含水量0.1 g以上样品厚度在( )以下。

A. 8 mm 　　　　　　B. 7 mm 　　　　　　C. 5 mm 　　　　　　D. 4 mm

5. 在整个操作过程中,移动称量瓶时,可用( )。

A. 手 　　　　　　　B. 坩埚钳 　　　　　　C. 镊子 　　　　　　D. 以上均不正确

6. 对饲料中的水、粗蛋白质、粗脂肪、粗灰分、钙、磷、盐含量进行检测时,样品粉碎后应选用( )的标准筛过筛。

A. 20目 　　　　　　B. 40目 　　　　　　C. 60目 　　　　　　D. 80目

E. 100目 　　　　　F. 120目

7. 烘箱干燥法测定饲料水分含量达到恒重的标准是前后两次称重不超过( )。

A. 0.001 g 　　　　　B. 0.002 g 　　　　　C. 0.003 g 　　　　　D. 0.000 2 g

8. 制备小麦、玉米分析样品至少要有50%的磨碎成分通过0.5 mm筛孔的金属丝筛,制备大豆分析样品至少要有50%的磨碎成分通过4.0 mm筛孔,0.5 mm筛孔和4.0 mm筛孔的金属丝筛的目数分别是( )。

A. 35目、5目 　　　　B. 35目、18目 　　　　C. 35目、20目 　　　　D. 60目、40目

9. 小麦和玉米的水分含量测定要求两次测量值误差不能超过( )。

A. 1% 　　　　　　　B. 2% 　　　　　　　C. 5% 　　　　　　　D. 0.2%

10. 饲草试样水分含量测定预干燥处理时,称量样品1 000 g,烘干后称量精确度为( )。

A. 0.1 g 　　　　　　B. 0.01 g 　　　　　　C. 0.001 g 　　　　　　D. 0.000 1 g

二、多项选择题

1. 测定饲料水分时,可用到的设备及用品有( )。

A. 粉碎机 　　　　　B. 称量瓶 　　　　　C. 烘箱 　　　　　D. 凯氏定氮仪

2. 饲料水分含量测定干燥器中的干燥剂使用的有( )。

A. 浓硫酸 　　　　　B. 氯化钙 　　　　　C. 无水硫酸铜 　　　　　D. 变色硅胶

三、判断题

1. 烘箱干燥法测定水分速度较慢,但结果精确稳定。 　　　　　　　　　　( )

2. 烘箱干燥法测定水分,烘箱设置温度为(105±2)℃。 　　　　　　　　　( )

3. 操作过程中,可用手直接移动称量瓶。 　　　　　　　　　　　　　　( )

4. 样品烘干时,要打开称量瓶盖,冷却和称重时应盖紧瓶盖。 　　　　　　( )

5. 从烘箱中取出称量瓶,直接放在空气中冷却。 　　　　　　　　　　　( )

6.饲草试样水分测定最后结果以两次平行测定的算术平均值表示,保留小数点后三位数值。　　　　　　　　　　　　　　　　　　　　　　　　　　　　　(　　)

7.饲料样品水分含量测定的烘干过程中,要盖严称量皿的盖子。　　　　　(　　)

任务三　凯氏定氮法测定粗蛋白质

任务描述

1.熟知饲料粗蛋白质含量测定的原理及方法。

2.掌握不同饲料粗蛋白质含量测定的方法。

3.会测定不同饲料中粗蛋白质含量。

任务准备

一、测定原理

参照《饲料中粗蛋白的测定 凯氏定氮法》(GB/T 6432—2018)标准:饲料样品在催化剂(硫酸铜和硫酸钾)的作用下,先用浓硫酸消煮,使饲料中的含氮化合物转变为硫酸铵,非含氮物质以二氧化碳、水和二氧化硫的形式挥发。再在消化液中加浓碱(氢氧化钠)蒸馏使氨气逸出,被硼酸吸收液吸收后,最后用盐酸标准溶液滴定,测定出氮的含量,乘以6.25,即为粗蛋白质含量。

目前,参照此原理用凯氏定氮仪测定粗蛋白质,方便快捷,被广泛应用于实践中。

二、仪器设备

①分析天平:感量0.000 1 g。

②消煮炉或电炉。

③酸式或通用滴定管:25 mL、50 mL。

④消化管或凯氏烧瓶:250 mL。

⑤凯氏蒸馏装置:常量直接蒸馏式或半微量蒸馏式。

⑥三角瓶:150 mL、250 mL。

⑦容量瓶:100 mL。

⑧凯氏定氮仪:以凯氏原理制造的各类型半自动和全自动蛋白质测定仪。

三、试剂或材料准备

①水:GB/T 6682,三级。

②硼酸:化学纯。

③氢氧化钠:化学纯。

④硫酸:化学纯。

⑤硫酸铵。

⑥蔗糖。

⑦混合催化剂:0.4 g 硫酸铜($CuSO_4 \cdot 5H_2O$),6 g 无水硫酸钾或硫酸钠,磨碎混匀。

⑧硼酸吸收液Ⅰ:称取 20 g 硼酸,用水溶解并稀释至 1 000 mL。

⑨硼酸吸收液Ⅱ:1% 硼酸水溶液 1 000 mL,加入 0.1% 溴甲酚绿乙醇溶液 10 mL,0.1% 甲基红乙醇溶液 7 mL,4% 氢氧化钠水溶液 0.5 mL,混匀,室温保存期为 1 个月(全自动程序用)。

⑩氢氧化钠溶液:称取 40 g 氢氧化钠,用水溶解,待冷却至室温后,用水稀释至 100 mL。

⑪盐酸标准滴定溶液:$c(HCl) = 0.1$ mol/L 或 0.02 mol/L 用基准物质碳酸钠进行标定。

$c(HCl) = 0.1$ mol/L:8.3 mL 浓盐酸,注入 1 000 mL 水中。(用于常量定氮法)

$c(HCl) = 0.02$ mol/L:1.67 mL 浓盐酸,注入 1 000 mL 水中。(用于半微量定氮法)

⑫甲基红乙醇溶液:称取 0.1 g 甲基红,用乙醇溶解并稀释至 100 mL。

⑬溴甲酚绿乙醇溶液:称取 0.5 g 溴甲酚绿,用乙醇溶解并稀释至 100 mL。

⑭混合指示剂溶液:将甲基红乙醇溶液和溴甲酚绿乙醇溶液等体积混合,避光保存,有效期为 3 个月。

四、样品制备

按照《饲料 采样》(GB/T 14699.1—2023)抽取有代表性的饲料样品,用四分法缩减取样。

按照《动物饲料 试样的制备》(GB/T 20195—2006)制备试样,粉碎,全部通过 0.42 mm 试验筛,混匀,装入密闭容器中备用,见表 9-11。

表 9-11　标准检验振动筛的筛孔尺寸与标准目数对照表

序号	标准筛尺寸/mm	筛孔尺寸/mm	标准目数/目
1	φ200×50	4.00	5
2	φ200×50	3.35	6
3	φ200×50	2.80	7
4	φ200×50	2.36	8
5	φ200×50	2.00	10
6	φ200×50	1.70	12
7	φ200×50	1.18	16
8	φ200×50	1.00	18
9	φ200×50	0.850	20
10	φ200×50	0.710	25
11	φ200×50	0.600	30
12	φ200×50	0.500	35
13	φ200×50	0.425	40
14	φ200×50	0.355	45
15	φ200×50	0.300	50
16	φ200×50	0.250	60
17	φ200×50	0.212	70
18	φ200×50	0.180	80
19	φ200×50	0.150	100

序号	标准筛尺寸/mm	筛孔尺寸/mm	标准目数/目
20	$\phi200\times50$	0.125	120
21	$\phi200\times50$	0.090	170
22	$\phi200\times50$	0.075 0	200
23	$\phi200\times50$	0.063 0	230
24	$\phi200\times50$	0.053 0	210
25	$\phi200\times50$	0.045 0	325
26	$\phi200\times50$	0.040 0	360
27	$\phi200\times50$	0.038 5	400
28	$\phi200\times50$	0.030 8	500
29	$\phi200\times50$	0.025 0	600

目数:用于衡量物料的粒度或粗细度,是筛网 1 in×1 in 面积内,物料能够通过的网孔数,如 40 目,表示物料能够通过筛网 1 in×1 in 面积内有 40 个网孔。

任务实施

一、常量定氮法(凯氏定氮仪测定)

(一)消煮

①称取两份试样 0.5~2 g(准确至 0.000 1 g),做平行对照;称取等量的蔗糖,做空白对照;分别置于消煮管底部,做好标记。

②加入 6.4 g 混合催化剂(6 g 硫酸钾+0.4 g 硫酸铜),混匀。

③量取 12 mL 浓硫酸倒入消煮管,再加入 2 粒玻璃珠(防止爆沸)。

④将倒好样品和试剂的消煮管,插入消化炉消化管架上,连同消化炉一并放入通风橱内,打开消化炉开关,设定消煮温度为 280 ℃左右开始消煮,待样品焦化,泡沫消失后,再加强火力(360~410 ℃),直至消煮液呈现透明的蓝绿色,继续加热至少 2 h,得到消煮液。

(二)氨蒸馏

①将试样消煮液冷却,加入 60~100 mL 蒸馏水,摇匀,再冷却。

②将消煮管放置在凯氏定氮仪的蒸馏托架上,上口与定氮仪上的密封胶圈对接密封。

③将 200 mL 锥形瓶(装有 25 mL 硼酸吸收液与两滴混合指示剂)放至定氮仪蒸馏托架旁的硼酸吸收管尖头下,使尖头末端浸入吸收液液面下。

④将凯氏定氮仪的蒸馏水进水口、加碱口、加酸口分别插入装有充足蒸馏水、40%氢氧化钠溶液、2%硼酸吸收液的容器中(在硼酸吸收液中事先滴入 2~3 滴甲基红-溴甲酚绿混合指示剂溶液显橙红色,否则补加硫酸)。

⑤将定氮仪的冷凝管接口接好水龙头并打开,打开定氮仪开关,在面板菜单中,按调整好的流速,分别按下菜单中的加水、加碱和加酸指令,向定氮仪中加入蒸馏水,向消化管中加40%氢氧化钠溶液 50 mL,蒸馏直至流出液 pH 值为中性,蒸馏时间以吸收液的体积达到约

100 mL 时为宜,约 10 min。降下锥形瓶,用水冲洗冷凝管末端,冲洗液均需流入锥形瓶中。

⑥蒸馏完毕后,硼酸吸收液由橙红色变为浅蓝色。

(三)滴定

将配好的 0.1 mol/L 盐酸溶液倒入 25 mL 酸式滴定管中,记录初始刻度,把锥形瓶中的硼酸吸收液放至滴定台上滴定,直至吸收液由浅蓝色刚刚变成灰红色,且摇晃后灰红色不退去为终点,记录终点刻度,计算盐酸消耗量。

二、半微量定氮法

(一)消煮

同常量定氮法步骤。

(二)氨的蒸馏

①将试样消煮液冷却,加入 20 mL 蒸馏水,移液至 100 mL 容量瓶中,冷却后用蒸馏水稀释至刻度,摇匀,作为试样分解液。

②将半微量蒸馏装置的冷凝管末端浸入装有 20 mL 硼酸吸收液与两滴混合指示的锥形瓶中。蒸汽发生器的水中应加入甲基红指示剂和硫酸数滴,保持蒸馏过程液体呈橙红色;否则,补加硫酸。

③准确移取 10 ~ 20 mL 分解液至蒸馏装置的反应室中,用少量水冲洗进样入口,塞好玻璃塞。

④加入 10 mL 氢氧化钠溶液,小心提起玻璃塞使之流入反应室,将玻璃塞塞好,在入口处加水密封,防止漏气。

⑤蒸馏 4 min,降下锥形瓶使冷凝管末端离开吸收液面,继续蒸馏 1min,至流出液 pH 值为中性。用少量蒸馏水冲洗吸冷凝管末端,冲洗液均需流入锥形瓶中。

⑥蒸馏完毕后,硼酸吸收液由橙红色变为浅蓝色。

(三)滴定

同常量定氮法步骤。

三、计算与精密度检验

(一)计算

$$CP = \frac{(V_2 - V_1) \times C \times 0.014\ 0 \times 6.25}{W \times (V'/V)} \times 100\%$$

式中　V_2——滴定试样时所消耗的盐酸标准滴定溶液体积,mL;

V_1—— 滴定空白时所消耗的盐酸标准滴定溶液体积,mL;

V'——蒸馏用消煮液体积,mL;

V——试样消煮液总体积 ,mL;

C——盐酸标准滴定溶液的浓度,mol/L;

W——试样质量,g;

0.014 0——与 1.00 mL 盐酸标准溶液相当的,以克表示的氮的质量;

6.25——氮换算成蛋白质的平均系数。

每个试样取两个平行样进行测定,以算术平均值为测定结果,保留至小数点后两位。

(二)精密度的检验

①精确称取 0.2 g 硫酸铵代替试样,按照蒸馏、加碱、滴定等各个步骤,测得其含氮量为

$(21.19\pm0.2)\%$。

②测定结果的数值应符合以下要求:

$$相对偏差 = \frac{|测定值-平均值|}{平均值}$$

粗蛋白质含量在25%以上的,允许相对偏差不超过1%;在10%~25%的,允许相对偏差不超过2%;在10%以下的,允许相对偏差不超过3%。

📖 **任务小结**

凯氏定氮法是测定粗蛋白质常用的方法,实践中要对照国家标准,坚守正直诚信的价值观,灵活选择测定步骤,熟练利用凯氏定氮仪等设备进行分析测定。因浓硫酸具有强腐蚀性、消煮产生的二氧化硫有毒性、凯氏定氮仪蒸馏后要用蒸馏水冲洗管道防止阻塞、空白滴定消耗0.1 mol/L盐酸标准滴定溶液不得超过0.2 mL、消耗0.02 mol/L盐酸标准滴定的溶液不得超过0.3 mL、注意滴定终点的半滴操作等,大家需规范操作、细致认真,确保人身安全、设备安全、结果客观公正,为准确评价饲料原料和产品的质量提供可靠的依据。

思考与复习............

一、单项选择题

1.饲料粗蛋白质含量测定在经过盐酸标准溶液滴定至终点后,三角瓶中的溶液中的成分,除指示剂和水外,还有(　　　)。

A.硼酸　　　　　　　B.硼酸铵　　　　　　C.碳酸铵　　　　　　D.氯化铵

2.饲料粗蛋白质含量测定开始消煮的温度是(　　　)℃。

A.200　　　　　　　B.250　　　　　　　C.280　　　　　　　D.320

3.饲料粗蛋白质含量测定消煮完成的终点是(　　　)。

A.消煮管内混合物变黑色　　　　　　　B.消煮管内混合物变褐色

C.消煮管内混合物变绿色　　　　　　　D.消煮管内混合物变蓝色继续消煮至少2 h

4.饲料样品完成消煮后消化管要加碱移动到凯氏定氮仪放消化管的位置上进行中和,此时若胶塞没有密封严,测定结果粗蛋白质含量会(　　　)。

A.升高　　　　　　　B.下降　　　　　　　C.不升高也不下降　　D.影响不大

5.饲料粗蛋白质测定过程中,硼酸吸收液在吸收前滴入混合指示剂后的正常颜色是(　　　)。

A.无色　　　　　　　B.灰黄色　　　　　　C.浅蓝色　　　　　　D.橙红色

6.饲料粗蛋白质测定过程中,硼酸吸收液在吸收完成后的终点颜色是(　　　)。

A.无色　　　　　　　B.灰黄色　　　　　　C.浅蓝色　　　　　　D.橙黄色

7.饲料粗蛋白质测定最后用0.1 mol/L的盐酸滴定硼酸吸收液的终点是(　　　)。

A.无色

B.灰黄色

C.浅蓝色

D.吸收液由浅蓝色刚刚变成灰红色,且摇晃后灰红色不退去

8. 在测定饲料粗蛋白质含量时,为了判断测定过程的有效性,在测定开始时精确称取0.2 g 硫酸铵代替试样,按照蒸馏、加碱、滴定等各步骤,应测得其含氮量为(　　　)±0.2%。

　　A. 16.25%　　　　　　B. 6.25%　　　　　　C. 12.65%　　　　　　D. 21.19%

二、多项选择题

1. 饲料粗蛋白质含量测定时用浓硫酸的作用是(　　　)。

　　A. 提供低 pH 反应环境　　　　　　B. 强氧化作用

　　C. 使饲料中的含氮化合物转变为硫酸铵　　D. 碳化碳水化合物

2. 饲料粗蛋白质含量测定消煮过程中,饲料中的非含氮物质以(　　　)的形式挥发。

　　A. 水　　　　　　B. 二氧化碳　　　　　　C. 二氧化硫　　　　　　D. 三氧化硫

3. 饲料粗蛋白质含量测定的安全注意事项有(　　　)。

　　A. 浓硫酸和浓盐酸取用要小心避免进溅进入眼睛和接触灼伤,吸入灼伤或中毒,并妥善将浓硫酸试剂瓶放置到不容易碰翻的地方

　　B. 浓硫酸或浓盐酸试剂瓶外若溢流有浓硫酸要及时清理,并避免接触洒漏在桌面上的浓硫酸、浓盐酸、氢氧化钠结晶或浓碱液,戴手套及时清洗抹布

　　C. 称量氢氧化钠时避免粉尘进入眼睛或吸入鼻腔腐蚀气管

　　D. 消化管在放入消化炉上消化时,外壁不能有水或其他液体

4. 凯氏定氮仪使用维护注意事项有(　　　)。

　　A. 检测结束后要及时用蒸馏水代替碱液冲洗管路,防止管路堵塞

　　B. 及时清理反应管胶塞

　　C. 及时清理放置反应管的托架和附近溢流的氢氧化钠液体或结晶

　　D. 用硼酸吸入管插入装蒸馏水的容器对硼酸液吸入管路进行清洗

　　E. 及时清洗称量浓硫酸、浓盐酸和氢氧化钠的玻璃器皿

三、判断题

1. 饲料粗蛋白质含量测定中冷凝管吸收尖头应放在硼酸吸收液的液面上。　　(　　　)

2. 饲料粗蛋白质含量测定硼酸吸收的终点是蒸馏时间 10 min。　　(　　　)

3. 硼酸吸收完成后,降下锥形瓶,用水冲洗冷凝管末端,冲洗液均需流入锥形瓶中。

　　　　　　　　　　　　　　　　　　　　　　　　　　　　　　　(　　　)

4. 饲料粗蛋白质测定结果保留小数点后一位即可。　　(　　　)

任务四　测定粗脂肪

任务描述

1. 熟知饲料中粗脂肪含量测定的原理与方法。

2. 掌握不同饲料粗脂肪含量测定的方法。

3. 会测定不同饲料中粗脂肪的含量。

✏️ **任务准备**

一、测定原理

参照《饲料中粗脂肪的测定》(GB/T 6433—2006):利用脂肪溶于乙醚、石油醚等有机溶剂的特性,借助一定设备,用无水乙醚萃取饲料样品中的脂肪,将被浸提的脂肪收集在脂肪接收瓶或溶剂杯中,通过测定的浸提前后质量差,计算粗脂肪含量。传统方法用玻璃索氏提取器提取,目前常用脂肪测定仪提取,方便快捷。

二、试剂与设备准备

粉碎机或研钵、40 目分析筛(孔径 0.42 mm)、万分之一天平、电热恒温水浴锅、恒温烘箱(50~200 ℃)、无水乙醚或石油醚(分析纯)、干燥器(用氯化钙或变色硅胶为干燥剂)、玻璃索氏提取器(100 或 150 mL)、SOX606 脂肪测定仪。

三、分析样品制备

取有代表性的样品,用四分法缩减至 500 g,用粉碎机粉碎过 40 目筛,再用四分法缩减至 200 g 左右,置于密闭玻璃容器内。

📞 **任务实施**

一、用玻璃索氏提取器提取粗脂肪

(一)脂肪接收瓶恒重

将索氏脂肪提取器清洗干净并烘干,将脂肪接收瓶在(105±2)℃干燥箱中烘干 30 min,取出在干燥器中冷却 30 min,称重,继续烘干 30 min,再冷却称重,重复烘干、冷却与称重操作,直至前后两次质量差小于 0.000 8 g,即为恒重。记录脂肪接收瓶的质量 m_1。

(二)称样

用万分之一天平准确称取样品 1~5 g(记录数据 m,准确至 0.000 2 g),于滤纸筒中,或用滤纸包好并用铅笔标号,放入 105 ℃烘箱中,烘 120 min(或称测水分后的干试样,折算成风干样重);滤纸筒应低于提取器虹吸管的高度,滤纸包的长度应以可全部浸泡于乙醚中为准。

(三)浸提

①用长镊子将滤纸筒或滤纸包放入浸提管中。

②在脂肪接收瓶中加无水乙醚 60~100 mL(抽提瓶容积的 2/3),接好冷凝管、浸提管和脂肪接收瓶。

③在 60~75 ℃的水浴(用蒸馏水)上加热,脂肪接收瓶中的乙醚蒸发至冷凝管处凝结成液体滴到浸提管中,样品受到乙醚的浸渍后,脂肪溶解于乙醚,当浸提管中的乙醚聚集到虹吸管的高度时,含有脂肪的乙醚会回流至脂肪接收瓶,控制乙醚回流次数为每小时约 10 次,共回流约 50 次(含油高的试样约 70 次)或用滤纸点滴检查抽提管流出的乙醚挥发后不留下油迹为抽提终点,回流时长一般 5~7 h。

(四)回收乙醚

取出滤纸包或滤纸筒,使乙醚继续回流 1~2 次,冲洗浸提管中的残留脂肪。继续使脂肪接收瓶中的乙醚蒸发,当浸提管中的乙醚聚集到虹吸高度的 2/3 时,取下浸提管,回收乙醚。重复操作,直至乙醚全部回收完毕。

（五）浸提后称重

取下脂肪接收瓶，在 60 ~ 70 ℃水浴中蒸干剩余乙醚；洗净并擦干脂肪接收瓶，置于（105±2）℃烘箱内烘干 2 h，干燥器中冷却 30 min，称重，继续烘干 30 min，再冷却称重，重复烘干、冷却与称重操作，直至前后两次质量差小于 0.001 g，即为恒重，记录数据 m_2。

（六）计算

$$粗脂肪含量 = \frac{m_2 - m_1}{m} \times 100\%$$

式中　m——风干试样的质量，g；

　　　m_1——恒重脂肪接收瓶的质量，g；

　　　m_2——恒重盛有脂肪的脂肪接收瓶的质量，g。

（七）测定数值要求

每个试样取两平行样进行测定，以其算术平均值为结果。

粗脂肪含量在 10% 以上（含 10%）时，允许相对偏差为 3%；粗脂肪含量在 10% 以下时，允许相对偏差为 5%。

二、脂肪测定仪测定粗脂肪

扫描二维码观看微课视频《索氏提取仪测定粗脂肪》。

📖 任务小结

饲料产品、饲料原料中脂肪含量是衡量产品质量是否合格的一项重要指标。操作中用到乙醚，需要注意乙醚的安全使用。取出滤纸包放入相应铝盒中，在室温通风口处使乙醚挥发，不要立即放入（105±2）℃烘箱中烘干，否则会引起燃烧；另外，抽提室内严禁有明火存在或用明火加热，保持室内良好通风。在实践中要坚守正直诚信的价值观，熟练利用索氏脂肪提取器等设备进行分析测定，大家需要对照国家标准，规范操作、细致认真，确保人身安全、设备安全、结果客观公正，为准确评价饲料原料和产品的质量提供可靠的依据。

索氏提取仪测定粗脂肪

思考与练习············

一、单项选择题

1. 用来测定脂肪含量的饲料样品用（　　）标准筛过筛。

A. 18 目　　　　　　B. 20 目　　　　　　C. 40 目　　　　　　D. 60 目

2. 饲料脂肪含量测定的蒸馏温度是（　　）。

A. 45 ℃　　　　　　B. 40 ℃　　　　　　C. 45 ~ 75 ℃　　　　D. 60 ~ 75 ℃

3. 饲料脂肪含量用水浴蒸馏测定时，控制乙醚回流次数约为每小时 10 次，一般需要回流约（　　）次抽提完成。

A. 20　　　　　　　　B. 30　　　　　　　　C. 40　　　　　　　　D. 50

4. 脂肪含量测定时，试样冷却称重操作，直至前后两次质量之差小于（　　），即为恒重。

A. 0.1 g　　　　　　B. 0.01 g　　　　　　C. 0.001 g　　　　　D. 0.000 1 g

5. 萃取试剂选用石油醚时，一般用（　　）溶剂杯。

A. 铝制　　　　　　B. 玻璃　　　　　　　C. 钢制　　　　　　D. 铁制

二、多项选择题

用脂肪测定仪测定样品脂肪含量时有以下注意事项(　　　)。

A. 滤纸包高度不能超过虹吸管最高端

B. 抽提过程中乙醚液面要淹没滤纸包

C. 测定仪在通风橱中要一直保持有效抽风状态

D. 量取和倒入乙醚等抽提剂时在通风橱中操作,并避免碰翻抽提剂试剂瓶

三、判断题

1. 水浴蒸馏抽提饲料样品脂肪,控制乙醚回流次数约为每小时 10 次,回流时长一般 5～7 h。(　　　)

2. 饲料样品乙醚抽提脂肪的终点是抽提时间达到5～7 h。(　　　)

3. 测定粗脂肪含量用索氏提取法。(　　　)

4. 浸提脂肪选用的萃取试剂是乙酸。(　　　)

5. 同一套抽提系统短时间内尽量使用同一种溶剂,防止溶剂交叉污染。(　　　)

6. 乙醚浸提时,取出滤纸包放入相应铝盒中,可立即放入干燥箱中烘干。(　　　)

7. 仪器长时间不用时,应排除冷凝管中的溶剂。(　　　)

任务五　纤维测定仪测定粗纤维

任务描述

1. 熟知饲料中粗纤维含量测定的原理与方法。

2. 掌握不同饲料粗纤维含量测定的方法。

3. 会测定不同饲料中粗纤维的含量。

任务准备

一、测定原理

参照《饲料中粗纤维的含量测定 过滤法》(GB/T 6432—2018):用固定量的酸碱,在特定条件下消煮饲料样品,再用醚、丙酮除去醚溶物,经高温灼烧扣除矿物质的量,所余量为粗纤维。(试样用沸腾的稀释硫酸处理,过滤分离残渣,洗涤,然后用沸腾的氢氧化钾溶液处理,过滤分离残渣,洗涤,干燥,称重,然后灰化。灰化失去的质量相当于饲料中粗纤维的质量。)它不是一个确切的化学实体,只是在公认强制规定的条件下,测出概略养分。维生素以粗纤维为主,还有少量半纤维素和木质素。

目前参照此原理用纤维测定仪测定粗纤维,方便快捷,被广泛应用于实践中。

二、试剂与设备准备

(一)试剂

除另有规定外,所有试剂均为分析纯和符合《分析实验室用水规格和试验方法》(GB/T 6682—2008)中三级用水规格(蒸馏或离子交换等方法制取)。

①盐酸溶液:0.5 mol/L,硫酸溶液:(0.13±0.005) mol/L,氢氧化钾溶液:(0.23±0.005)

mol/L,丙酮。

②滤器辅料:海砂或硅藻土,或质量相当的辅料。使用前,海砂用沸腾盐酸(4 mol/L)处理,用水洗至中性,在(550±25)℃下至少加热 1 h。

③防泡剂:如正辛醇。

④石油醚:沸点范围为 30~60 ℃。

(二)设备

①粉碎设备:样品粉碎机(能使样品粉碎,完全通过 1 mm 的筛)或研钵。

②分样筛:孔径 1.0 mm(18 目)、0.42 mm(40 目)。

③分析天平:感量 0.000 1 g。

④滤埚:石英的、陶瓷的或硬质玻璃的,带有烧结的滤板,滤板孔径为 40~100 μm(按 ISO 7493:1980 孔隙度 P100);或 WhatmanGF/A 滤纸(或与之相当的滤纸、滤布)。陶瓷筛板、灰化皿。

⑤烧杯或锥形瓶:容量为 500 mL,带有一个适当的冷却装置,如冷凝器。

⑥电加热鼓风干燥箱:(130±2)℃。

⑦干燥器:盛有蓝色硅胶干燥剂,内有厚度为 2~3 mm 的多孔板。

⑧马弗炉:电加热,通风,温度可控,在 475~525 ℃ 条件下,保持滤埚周围温度准至 ±25 ℃。

⑨冷提取装置:附有一个滤埚支架;一个装有至真空和液体排出孔旋塞的排放管;连接滤埚的连接环。

⑩加热装置(手工操作方法):带有一个适当的冷却装置,在沸腾时能保持体积恒定。

⑪加热装置(半自动操作方法):用于酸和碱消煮,附有:一个滤埚支架;一个装有至真空和液体排出孔旋塞的排放管;一个容积至少 270 mL 的圆筒,供消煮用,带有回流冷凝器;将加热装置与滤埚及消煮圆筒连接的连接环;可选择性地提供压缩空气;使用前,设备用沸水预热 5 min。

三、分析样品(试样)制备

取具有代表性的试样至少 2 kg,用四分法缩分至 250 g,粉碎过 1.0 mm(20 目)孔筛,棉籽粕则全部通过 0.42 mm(40 目)孔筛,混匀,装入样品瓶中,密闭,保存备用。

📟 任务实施

一、用手工操作法测定粗纤维

(一)称量

称取约 1 g 制备的试样,准确至 0.1 mg(m_1)。

(二)试样处理

若试样脂肪含量超过 100 g/kg 或脂肪不能用石油醚直接提取时,则需采用预先脱脂的方法。将试样装移至一滤埚,在冷提取器装置中,在真空条件下,用石油醚脱脂 3 次,每次用石油醚 30 mL,每次洗涤后抽吸干燥残渣,将残渣转移至一烧杯;若试样脂肪含量不超过 100 g/kg,则将试样装移至 500 mL 烧杯。

如果试样碳酸盐(碳酸钙形式)超过 50 g/kg,则先除去碳酸盐处理后进行酸消煮。具体做法:将 100 mL 盐酸倾注在试样上,连续振摇 5 min,轻轻地将此混合物倾入一滤埚,滤锅底部覆盖一薄层滤器辅料,用水洗涤两次,每次用水 100 mL,细心操作最终使尽可能少的物质留在滤器上。将滤锅内容物转移至原来的烧杯中直接从酸消煮开始处理;如果其碳酸盐(碳酸钙形式)不超过 50 g/kg,直接按酸处理操作,且不需进行脱脂步骤,再直接进行碱消煮。

（三）酸消煮

将 150 mL 硫酸倾注在试样上。尽快使其沸腾,并保持沸腾状态(30±1)min。在沸腾开始时,转动烧杯。如果产生泡沫,则加数滴防泡剂。在沸腾期间使用一个适当的冷却装置保持体积恒定。

（四）第一次过滤

在滤埚中铺一层滤器辅料,其厚度约为滤埚高度的 1/5,滤器辅料上可盖筛板或用滤布以防溅起。

当消煮结束时,将液体通过一个搅拌棒滤至滤锅中或滤纸上,用弱真空抽滤,使 15 mL 大部分全部通过。如果滤器堵塞,则用一个搅拌棒小心地移去覆盖在滤器辅料上的粗纤维。

残渣用热水洗涤 5 次,每次约用 10 mL 水,要注意使滤锅的过滤板始终被滤器辅料覆盖,使粗纤维不接触滤板。

停止抽真空,加一定体积的丙酮,刚好能覆盖残渣,静置数分钟后,慢慢抽滤排出丙酮,继续抽真空,使空气通过残渣,使之干燥。

（五）脱脂

在冷提取装置中,在真空条件下,试样用石油醚(5.7)脱脂 3 次,每次用石油醚 30 mL,每次洗涤后抽吸干燥。

（六）碱消煮

将残渣定量转移至酸消煮用的同一烧杯中。加 150 mL 氢氧化钾,尽快使其沸腾,保持沸腾状态(30±1)min,在沸腾期间用一适当的冷却装置使溶液体积保持恒定。

（七）第二次过滤

烧杯内容物通过滤锅过滤,滤锅内铺有一层滤器辅料,其厚度约为滤埚高度的 1/5,盖一筛板以防溅起。

残渣用热水洗至中性。

残渣在真空条件下用丙酮洗涤 3 次,每次用丙酮 30 mL。每次洗涤后抽吸干燥残渣。

（八）干燥

将滤埚置于灰化皿中,灰化皿及其内容物在 130 ℃ 干燥箱中至少干燥 2 h。在灰化或冷却过程中,滤锅的烧结滤板可能有些部分变得松散,从而导致分析结果错误,因此将滤锅置于灰化皿中。

滤埚和灰化皿在干燥器中冷却,从干燥器中取出后,立即对滤埚和灰化皿进行称量(m_2),准确至 0.1 mg。

（九）灰化

将滤埚和灰化皿置于马弗炉中,其内容物在(500±25)℃ 下灰化,直至冷却后连续两次称量的差值不超过 2 mg。

每次灰化后,让滤埚和灰化皿初步冷却,在常温热时置于干燥器中,使其完全冷却,然后称量(m_3),准确至 0.1 mg。

（十）空白测定

用大约相同数量的滤器辅料,按酸消煮至灰化的方法进行空白测定,但不加试样。灰化引起的质量损失不应超过 2 mg。

（十一）结果计算

试样中粗纤维的含量（X）以克每千克（g/kg）表示：

$$X = \frac{m_2 - m_3}{m_1}$$

式中　m_1——分析样品质量,g;

　　　m_2——灰化盘、滤坩以及在 130 ℃干燥后获得的残渣质量,mg;

　　　m_3——灰化盘、滤坩以及在（500±25）℃灰化后获得的残渣质量,mg。

结果四舍五入,准确至 1 g/kg。

注意:结果也可用质量分数（%）表示。

（十二）重复性

每个试样取两个平行样进行测定,以其算术平均值为结果。

粗纤维含量在10%以上的,允许相对偏差不超过4%;在10%以下的,允许相差（绝对值）为0.4。

二、粗纤维测定仪测定粗纤维

操作过程扫码观看微课视频《纤维测定仪测定粗纤维》。

纤维测定仪
测定粗纤维

📖 任务小结

用手工法测定粗纤维时需要注意盐酸、硫酸、氢氧化钾等均为分析纯,且经过标定;确保分析样品全部通过 18 目标准筛;用酸碱消煮时,确保快速沸腾,时间应控制在 1 ~ 2 min;及时补充水分;将酸洗石棉搅拌成稀薄悬浮液再导入坩埚中,自然过滤水分;抽滤过滤器使用 200 目的不锈钢网或尼龙滤布。

纤维测定仪测定粗纤维时,要注意仪器维护和安全。烘箱干燥乙醇或丙酮处理后的玻璃坩埚前,要充分洗去或挥发尽乙醇或丙酮,再放入高温干燥箱中干燥,以防产生安全事故;玻璃坩埚应轻拿轻放,避免磕碎、碰碎、摔碎等;灰化时间不足、灰化温度不足、冷却后受潮、称量时温度过高等均会严重影响结果,坩埚不能急剧升温和降温,温差变化迅速可能会使坩埚损坏;仪器清洗最好选用热水进行清洗;在酸解（或碱解）完成后,排液时应缓慢进行,防止漂浮的样品黏附在消解管壁上,若样品黏附得比较牢固,无法用水清洗时,可用软毛刷从底部轻轻刷掉;维护及清洗前请拔掉电源插座,且红外加热管和坩埚等容器必须是冷却的。

在实践中要坚守正直诚信的价值观,对照国标,规范操作、细致认真,确保人身安全、设备安全、结果客观公正,为准确评价饲料原料和产品的质量提供可靠的依据。

思考与练习...........

一、单项选择题

1.饲料粗纤维含量测定时要注意酸碱消煮液不能沸腾而是微沸的原因是（　　　）。

A.沸腾浪费电量

B.微沸温度比沸腾温度低

C. 没必要

D. 沸腾时汽化严重,不便于补加蒸馏水

2. 饲料粗纤维测定为什么过滤时用了滤埚,还要再加一个灰化皿最重要的原因是(　　)。

A. 滤埚放得更稳些

B. 滤埚太重,需用灰化皿装

C. 灰化皿耐高温

D. 在灰化或冷却过程中,滤锅的烧结滤板可能有些部分变得松散,从而导致分析结果错误,因此将滤锅置于灰化皿中

3. 燕麦的粗纤维含量通常在10%以上,大豆饼粗纤维含量应在4.8%左右,下列两种样品检测结果有效的是(　　)。

A.13% ,5.2%　　　　B.14% ,4.5%　　　　C.11% ,5.6%　　　　D.10.5% ,5.3%

二、多项选择题

1. 影响饲料粗纤维测定结果的因素有(　　)。

A. 酸碱浓度不准确

B. 没有在酸碱消煮时及时补加热蒸馏水

C. 酸碱消煮时补加热蒸馏水过多

D. 消煮完成后乙醚或丙酮过滤不充分

2. 下列操作错误的有(　　)。

A. 粉碎样品后用40目筛过筛

B. 选用标记为CP级别的试剂

C. 选用滤板孔径为 $40 \sim 100~\mu m$ 的滤埚

D. 消煮时间 10 min

三、判断题

1. 饲料粗纤维测定前要求样品已经测定完粗脂肪,或已经用石油醚脱脂处理。　　(　　)

2. 粗纤维空白测定,用大约相同数量的滤器辅料,按酸消煮至灰化进行空白测定,但不加试样,灰化引起的质量损失不应超过 1 mg。　　(　　)

3. 坩埚耐受温差范围很大,可直接打开炉门从灰化炉中取出冷却。　　(　　)

4. 当消煮结束时,将液体通过一个搅拌棒滤至滤锅中或滤纸上,用强压真空抽滤。

(　　)

任务六　饲料粗灰分的测定

任务描述

1. 熟知饲料中粗灰分含量测定的原理与方法。

2. 掌握不同饲料粗灰分含量测定的方法。

3. 会测定不同饲料中粗灰分的含量。

✎ 任务准备

一、测定原理

参照《饲料中粗灰分的测定》（GB/T 6438—2007）：将饲料样品置于 550 ℃高温炉中灼烧，所有有机物质经灼烧全部氧化分解，剩余的残渣即为粗灰分，对其称重计算。粗灰分主要成分有矿物质氧化物或盐类等无机物质、少量泥沙等。

二、仪器设备准备

①粉碎设备：样品粉碎机（能使样品粉碎，完全通过 1 mm 的筛）或研钵。

②分样筛：孔径 1.0 mm（18 目）、0.42 mm（40 目）。

③分析天平：感量为 0.001 g。

④马弗炉：电加热，可控温度，带高温计，摆放煅烧盘或坩埚的地方，在 550 ℃时温差不超过 20 ℃。

⑤干燥箱：温度控制在（103±2）℃。

⑥电热板、电炉或煤气喷灯。

⑦煅烧盘或坩埚：煅烧盘为铂、铂合金或瓷质，长方形；坩埚为瓷质。

⑧干燥器：盛有有效的干燥剂。

三、分析样品制备

用天平称量 2 kg 样品得到原始样品放置于牛皮纸或硅胶板上，使用四分法采集饲料样品 50 g，用研钵或粉碎机磨碎，过 40 目筛后得到分析样品。

📖 任务实施

一、坩埚恒重

将干净坩埚放入马弗炉中，在（550±20）℃下灼烧 30 min 取出，在空气中冷却约 1 min，放入干燥器中冷却 30 min 至室温称重（准确至 0.001 g），再重复灼烧、冷却、称重，直至两次重量之差小于 0.000 5 g 为恒重（m_1）。

二、称取分析样品

在已知质量的坩埚中称取约 5 g 试样（m_2 勿使样品高于坩埚深度的 1/2，灰分质量应在 0.05 g 以上）。

三、样品炭化

将盛有样品的坩埚放在电炉上，坩埚盖须留一小缝隙，小心炭化，在炭化过程中，应在低温状态加热灼烧直至无烟，再升温灼烧至样品无炭粒（勿着明火）。

四、样品灰化

将炭化至无烟坩埚用坩埚钳移入高温炉内，坩埚盖须留一小缝隙，在（550±20）℃下灼烧 3 h，待炉温降至 200 ℃以下，取出，在空气中冷却约 1 min，放入干燥器中冷却 30 min，称重。若无炭粒，再同样灼烧 1 h，冷却、称重，直至两次质量之差小于 0.000 1 g 为恒重 m_3。若有炭粒，将坩埚冷却并用蒸馏水润湿，然后在（103±2）℃的干燥箱中仔细蒸发至干，接着将坩埚置于马弗炉中灼烧 1 h，冷却并称重，直至两次质量之差小于 0.000 1 g 为恒重 m_3。

五、结果计算

粗灰分 W，用质量分数表示：

$$W = m_3 - m_1 / m_2 \times 100\%$$

式中　m_1——恒重空坩埚质量，g；

　　　　m_2——试样质量，g；

　　　　m_3——灰化后坩埚加灰分的质量，g。

注意：同一试样需要取两份进行平行测定，求其平均数，即为测定结果，测定结果取小数点后第二位。双试验结果允许差不超过 0.03%。

📖 任务小结

粗灰分测定中需注意样品在灰化前一定要炭化，以免灰化不充分；由于温度骤升或骤降，常使坩埚破裂，灰化开始时最好将坩埚放入冷的（未加热）炉膛中逐渐升高温度；灰化完毕后，应使炉温降到 200 ℃以下，再打开炉门，否则因热的对流作用，易造成残灰飞散；用坩埚钳时，要在电炉上预热；冷却需在干燥器中进行。在实践中要坚守正直诚信的价值观，熟练利用电炉、马弗炉等设备进行分析测定，需对照国标，规范操作，确保人身安全、设备安全，使结果客观公正，为准确评价饲料原料和产品的质量提供可靠的依据。

思考与练习 ．．．．．．．．．．．．．

一、单项选择题

1. 测定饲料粗灰分时，样品炭化的终点是（　　）。

A. 样品冒黑烟时　　　　　　　　　　B. 样品冒白烟时

C. 样品不冒烟但还是黑色时　　　　　D. 样品不冒烟，变成灰白色时

2. 饲料粗灰分测定时，若坩埚在马弗炉里灼烧完成后才发现还有少量碳粒，等坩埚冷却后要用少量蒸馏水浸润，再放入干燥箱蒸发至干，再次在马弗炉中灼烧 1 h 是因为（　　）。

A. 蒸馏水可以溶解碳粒

B. 蒸馏水可以让碳粒分布均匀

C. 蒸馏水可以溶解碳粒外的矿物质盐分，暴露碳粒

D. 多此一举

3. 灰化结束后，当两次质量之差小于（　　）为恒重。

A. 0.000 5 g　　　　B. 0.000 3 g　　　　C. 0.000 2 g　　　　D. 0.000 1 g

4. 用坩埚称量样品时，一般勿使样品高于坩埚深度的（　　）。

A. 1/5　　　　　　　B. 1/4　　　　　　　C. 1/3　　　　　　　D. 1/2

5. 每次在高温炉中灼烧结束，不应立即取出坩埚，需待炉温降至（　　）以下再取出。

A. 200 ℃　　　　　　B. 300 ℃　　　　　　C. 320 ℃　　　　　　D. 350 ℃

6. 高温炉灰化时，灼烧温度一般为（　　）。

A. (250±20)℃　　　B. (350±20)℃　　　C. (450±20)℃　　　D. (550±20)℃

7. 样品炭化充分后，坩埚中样品呈现（　　）。

A. 黑色　　　　　　　B. 黑灰色　　　　　　C. 灰白色无炭粒　　　D. 夹杂少量炭粒

二、多项选择题

1. 饲料粗灰分测定时,为什么要先进行炭化?（　　　）

A. 饲料中的营养物质糖蛋白和淀粉等遇高温会急速发泡膨胀,溢出坩埚外造成较大误差

B. 防止样品中的水分在灰化炉的高温下飞速蒸发冲击样本造成损失

C. 不经炭化,若直接灰化样品,会将样品中的磷酸盐熔融凝成固形物包裹住少许碳粒不能充分灰化

D. 确保测量结果更准确

2. 下列饲料粗灰分测定操作错误的是(　　　)。

A. 称量样品时样品占坩埚体积1/3

B. 样品称量时没加盖

C. 样品放进灰化炉灰化时坩埚内壁和盖上有黑色残留物

D. 样品碳化时不加盖

3. 下列饲料粗灰分测定过程中,错误的操作有(　　　)。

A. 样品炭化后电炉不关闭

B. 样品炭化后,关闭电炉马上把电线横放在炉面上

C. 灰化完毕,马上开炉门将脸迎上去

D. 坩埚刚取出来,可用坩埚钳夹取坩埚用自来水冲洗坩埚及样品

三、判断题

1. 粗灰分是饲料样品在550 ℃高温炉中将所有有机物质全部氧化后剩余的残渣。

（　　　）

2. 粗灰分中残留的物质全部是饲料中的无机物质。　　　　　　　　　　　（　　　）

3. 测定粗灰分时,坩埚可不用灼烧至恒重。　　　　　　　　　　　　　　（　　　）

4. 炭化过程中会产生大量烟。　　　　　　　　　　　　　　　　　　　　（　　　）

5. 炭化时,须将坩埚盖盖紧。　　　　　　　　　　　　　　　　　　　　（　　　）

任务七　饲料中钙含量的测定

🧑‍🏫 任务描述

1. 熟知饲料中钙含量测定的原理与方法。

2. 掌握不同饲料中钙含量测定的方法。

3. 会测定不同饲料中钙的含量。

✏️ 任务准备

一、测定原理

破坏饲料试样样品中的有机物,钙变成溶于水的离子,并与盐酸反应生成氯化钙,在溶液中加入草酸铵溶液,将钙沉淀为白色草酸钙,用硫酸溶液溶解草酸钙,再用高锰酸钾标准溶液滴定游离的草酸根离子。根据高锰酸钾标准溶液的用量,计算饲料试样中钙的含量。

二、试剂与设备准备

(一)试剂

所有试剂均为分析纯和符合《分析实验室用水规格和试验方法》(GB/T 6682—2008)中三级用水规格(蒸馏或离子交换等方法制取)。

浓硝酸,盐酸溶液(1+3),硫酸溶液(1+3),氨水溶液(1+1),氨水溶液(1+50),草酸铵水溶液(42 g/L):称取 4.2 g 草酸铵溶于 100 mL 水中,高锰酸钾标准溶液[$c(1/5KMnO_4)=0.05$ mol/L]的配制按 GB/T 601 规定,甲基红指示剂(1 g/L):称取 0.1 g 甲基红溶于 100 mL 95% 乙醇中。

(二)设备

实验室用样品粉碎机或研钵,分样筛:孔径 1.0 mm(18 目)、0.42 mm(40 目),分析天平:感量 0.000 1 g,高温炉:电加热,可控温度在(550±20)℃,坩埚:瓷质 50 mL,容量瓶:100 mL,滴定管:酸式,25 mL 或 50 mL,玻璃漏斗:直径 9 cm,定量滤纸:中速,7~9 cm,移液管:5,10,20 mL,烧杯:250 mL。

三、分析样品制备

取具有代表性试样至少 2 kg,用四分法缩分至 250 g,粉碎过 1.0 mm(18 目)孔筛,棉籽粕则全部通过 0.42 mm(40 目)孔筛,混匀,装入样品瓶中,密闭,保存备用。

📖 任务实施

一、提取试样

称取试样 2 g 于坩埚中,精确至 0.000 2 g,在电炉上小心炭化,再放入高温炉于 550 ℃下灼烧 3~4 h 至无碳残留(或测定粗灰分后连续进行),取出冷却(磷酸氢钙、磷酸二氢钙、碳酸钙称取 0.2 g 左右,不需要灰化)。在盛灰坩埚中加入盐酸溶液 10 mL 和浓硝酸数滴,小心煮沸,冷却至室温后将此溶液转入 100 mL 容量瓶中,用蒸馏水稀释至刻度定容,摇匀,静置备用,为试样分解液。

二、测定

准确移取试样分解液 10~20 mL(含钙量 20 mg 左右)于 250 mL 烧杯中,加蒸馏水 100 mL,甲基红指示剂 2 滴,边搅拌边滴加 1+1 氨水溶液至溶液呈橙色,若滴加过量,可加盐酸溶液调至橙色,再多加 2 滴使其呈粉红色(pH 值为 2.5~3.0),小心煮沸,慢慢滴加热草酸铵溶液 10 mL,且不断搅拌,如溶液变橙色,则应补加盐酸溶液使其呈红色,煮沸 3 min,放置过夜使沉淀陈化(或在水浴上加热 2 h)。

用定量滤纸过滤,用 1+50 的氨水溶液洗沉淀 6~8 次,至无草酸根离子(接滤液数毫升加硫酸溶液数滴,加热至 80 ℃,再加高锰酸钾溶液 1 滴,呈微红色,且 30 min 不褪色)。

将沉淀和滤纸转入原烧杯中,加硫酸溶液 10 mL、蒸馏水 50 mL,加热至 75~80 ℃,用高锰酸钾标准溶液滴定,溶液呈粉红色且 30 min 不褪色为终点。

同时进行空白溶液的测定。

三、计算

钙含量等于试样消耗高锰酸钾标准溶液的体积与空白消耗高锰酸钾标准溶液的体积的差值,高锰酸钾标准溶液的浓度的积,与试样的质量以及滴定时移取试样分解液体积的乘积,两个积的比值,乘以 2 000。

四、重复试验

当钙含量为 10% 以上时,在重复性条件下获得的两次独立测定结果的绝对值不大于这两个测定值的算术平均值的 3%。

当钙含量为 5% ~ 10% 时,在重复性条件下获得的两次独立测定结果的绝对值不大于这两个测定值的算术平均值的 5%。

当钙含量为 1% ~ 5% 时,在重复性条件下获得的两次独立测定结果的绝对值不大于这两个测定值的算术平均值的 9%。

当钙含量为 1% 以下时,在重复性条件下获得的两次独立测定结果的绝对值不大于这两个测定值的算术平均值的 18%。

📖 **任务小结**

饲料中钙的测定

钙是畜禽必需的营养成分之一,也是衡量饲料是否达标的一项重要指标。因畜禽在不同生长阶段对钙的需求量不同,因此准确测定饲料中钙的含量具有重要意义。在操作中应注意高锰酸钾溶液不稳定,应至少每月标定 1 次;高锰酸钾的作用有两个:一是作为指示剂;二是作为滴定溶液。注意试验数据的重复性。在实践中要坚守正直诚信的价值观,学会对照国标规范操作、细致认真,保证测定结果的客观公正,为准确评价饲料原料和产品的质量提供可靠的依据。

思考与练习 ....

一、单项选择题

1. 饲料中钙含量测定最后将沉淀和滤纸转入原烧杯中,加硫酸溶液 10 mL、蒸馏水 50 mL,为什么要再加热至 75 ~ 80 ℃后才用高锰酸钾标准溶液滴定?（　　　）

A. 加热除去溶液中的二氧化碳　　　　　B. 加热后指示剂更灵敏

C. 取出溶液中产生的氨　　　　　D. 反应很慢,加热促进反应加快

2. 当钙含量为 10% 以上时,在重复性条件下获得的两次独立测定结果的绝对值不大于这两个测定值的算术平均值的（　　　）。

A. 3%　　　　　B. 5%　　　　　C. 9%　　　　　D. 18%

3. 测定到终点时,用高锰酸钾标准溶液滴定,溶液呈（　　　）且 30 min 不褪色。

A. 橙色　　　　　B. 红色　　　　　C. 粉红色　　　　　D. 浅蓝色

4. 测定时,准确移取试样分解液 10 ~ 20 mL 于 250 mL 烧杯中,加蒸馏水 100 mL,加（　　　）指示剂 2 滴。

A. 甲基红　　　　　B. 石蕊　　　　　C. 高锰酸钾　　　　　D. 酚酞

5. 定钙含量时,（　　　）既是指示剂,又是滴定溶液。

A. 甲基红　　　　　B. 石蕊　　　　　C. 高锰酸钾　　　　　D. 酚酞

二、多项选择题

石粉钙含量一般在 36% 以上,根据这个数据,判断下列石粉质量检测最近两次数据有效的有（　　　）。

A. 36.3%,38%　　　　　B. 33%,39%　　　　　C. 40%,43%　　　　　D. 42%,46%

三、判断题

1. 钙含量测定用的高锰酸钾溶液不稳定,应至少每月标定 1 次。　　　　　　　(　　)

2. 钙含量测定用的高锰酸钾的作用有两个:一是作为指示剂;二是作为滴定溶液。

　　　　　　　　　　　　　　　　　　　　　　　　　　　　　　　　　(　　)

3. 饲料中钙的测定依据是《饲料中钙的测定》(GB/T 6436—2018)中的高锰酸钾法。

　　　　　　　　　　　　　　　　　　　　　　　　　　　　　　　　　(　　)

4. 取样时,规定取具有代表性的试样至少 2 kg,用四分法缩分至 250 g。　(　　)

5. 饲料中钙的测定仅需做一次独立测定便可。　　　　　　　　　　　　　(　　)

6. 制备试样分解液时首先需要将样品在高温炉中灼烧至无碳残留。　　　(　　)

7. 测定饲料中的钙,最好在测定粗灰分之前进行。　　　　　　　　　　　(　　)

任务八　饲料总磷含量的测定

任务描述

1. 熟知饲料中磷含量测定的原理与方法。

2. 掌握不同饲料磷含量测定的方法。

3. 会测定不同饲料中磷的含量。

任务准备

一、测定原理

破坏饲料试样样品中的有机物,使磷元素游离,在酸性溶液中,加入钒钼酸,生成黄色络合物磷-钒-钼酸复合体,在波长 400 nm 的紫外光下进行比色测定吸光度。

二、试剂与设备

(一)试剂

实验用水应符合现行标准 GB/T 6682 中三级用水规格(蒸馏或离子交换等方法制取),使用试剂除特殊规定外均为分析纯,硝酸,盐酸(1+1)。

磷标准贮备液(50 μg/mL):取 105 ℃干燥至恒重的磷酸二氢钾,置干燥器中,冷却后,称取 0.219 5 g,溶解于水,定量移入 1 000 mL 容量瓶中,加硝酸 3 mL,加水稀释至刻度,摇匀。

钒钼酸铵显色剂:称取偏钒酸铵 1.25 g,加水 200 mL 加热溶解,冷却后再加入 250 mL 硝酸,另称取钼酸铵 25 g,加水 400 mL 加热溶解,在冷却条件下,将两种溶液混合,用水稀释至 1 000 mL,避光保存,若生成沉淀,则不能继续使用。

(二)设备

实验室用样品粉碎机或研钵,分样筛:孔径 1.0 mm(18 目)、0.42 mm(40 目),分析天平:感量 0.000 1 g,高温炉:电加热,可控温度为(550±20)℃,坩埚:瓷质 50 mL,容量瓶:100 mL,滴定管:酸式,25 mL 或 50 mL,玻璃漏斗:直径 9 cm,定量滤纸:中速,7~9 cm,移液管:0.5、1.0、2.0、5.0、10、15、20 mL,烧杯:250 mL,分光光度计:可在 400 nm 下测定吸光度,比色皿:1 cm。

（三）分析样品制备

取具有代表性试样至少2 kg,用四分法缩分至200 g,粉碎过1.0 mm(20 目)孔筛,棉籽粕则全部通过0.42 mm(40 目)孔筛,混匀,装入样品瓶中,密闭,保存备用。

📁 **任务实施**

一、处理试样

称取两个平行试样2~5 g于坩埚中,精确至0.000 2 g,在电炉上小心炭化,再放入高温炉于550 ℃下灼烧3~4 h至无碳残留(或测定粗灰分后连续进行),取出冷却。在盛灰坩埚中加入盐酸溶液10 mL和浓硝酸数滴,小心煮沸,冷却至室温后将此溶液转入100 mL 容量瓶中,用蒸馏水稀释至刻度定容,摇匀,静置备用。

二、磷标准工作液的制备

准确移取磷标准贮备液0、1、2、5、10、15 mL 于50 mL 容量瓶中,于各容量瓶中分别加入钒钼酸铵显色剂10 mL,用水稀释至刻度,摇匀,在常温下放置10 min 以上,以0 mL 磷标准溶液为参比,用1 cm 比色皿,在400 nm 波长下用分光光度计测各溶液的吸光度,以磷含量为横坐标,吸光度为纵坐标,绘制工作曲线。

三、试样的测定

精确量取分解液0.5 mL 或1 mL 于50 mL 容量瓶中(含磷量50~750 μg),加入钒钼酸铵显色剂10 mL,用水稀释至刻度,摇匀,常温下放置10 min 以上,用1 cm 比色皿,在400 nm 波长下用分光光度计测定试样溶液的吸光度,并通过工作曲线计算试样溶液的磷含量。

注意:若试样溶液磷含量超过磷标准工作曲线范围,应对试样溶液进行稀释。

四、结果计算

$$P = [50 \times (A-b)] / (m \times V \times a \times 10^4) \times 100 = 0.5 \times (A-b) / m \times V \times a$$

式中　A——样品吸光度;

　　　m——试样质量,g;

　　　V——试样测定时移取分解液的体积(0.5 mL 或1 mL),mL;

　　　a——标准曲线的斜率;

　　　b——标准曲线的截距;

　　　50——样品分解液总体积,mL。

五、重复性

每个试样称取两个平行样进行测定,取平均值,并保留至小数点后两位。

磷(%)>0.5%,相对偏差≤3%

磷(%)≤0.5%,相对偏差≤10%

📖 **任务小结**

在实践中要坚守正直诚信的价值观,学会对照国标规范操作、细致认真,保证测定结果客观公正,为准确评价饲料原料和产品的质量提供可靠的依据。

饲料中总磷的
测定

思考与练习..............

一、单项选择题

1. 每个试样称取两个平行样进行测定,当饲料中磷含量> 0.5%,相对偏差(　　　)。

A. ≤3%　　　　　　　B. ≤4%　　　　　　　C. ≤5%　　　　　　　D. ≤6%

2. 用分光光度计测定试样溶液的吸光度时,用(　　　)波长。

A. 200 nm　　　　　　B. 300 nm　　　　　　C. 400 nm　　　　　　D. 500 nm

3. 磷含量计算式中,数字 50 是指(　　　)。

A. 试样质量　　　　　　　　　　　　　B. 试样测定时移取分解液的体积

C. 样品分解液总体积　　　　　　　　　D. 显色剂体积

4. 本实验用到的显色剂是(　　　)。

A. 甲基红　　　　　　B. 钒钼酸铵　　　　　C. 高锰酸钾　　　　　D. 酚酞

5. 准确移取磷标准贮备液 0、1、2、(　　　)、10、15 mL 于 50 mL 容量瓶中。

A. 3　　　　　　　　　B. 4　　　　　　　　　C. 5　　　　　　　　　D. 6

二、多项选择题

饲料总磷测定过程中错误的操作有(　　　)。

A. 在盛灰坩埚中加入盐酸溶液 10 mL 和浓硝酸数滴后煮沸蒸发干溶液

B. 在实验台上往盛灰坩埚中加入盐酸和浓硝酸并煮沸

C. 配制钒钼酸铵显色剂时,用沸水溶解偏钒酸铵,马上加盐酸转入 1 000 mL 容量瓶并定容

D. 用手摸比色皿的光滑面,再用卫生纸擦拭后继续使用

三、判断题

1. 总磷测定要求每个试样称取两个平行样进行测定,取平均值,保留至小数点后两位。　　　　　　　　　　　　　　　　　　　　　　　　　　　　　　　　　(　　　)

2. 畜禽缺磷会引发佝偻病、软骨病等缺乏症。　　　　　　　　　　　　　　(　　　)

3. 饲料中的磷大部分是植酸磷,可被畜禽直接利用。　　　　　　　　　　(　　　)

4. 测定磷的依据是《饲料中总磷的测定 分光光度法》(GB/T 6437—2018)饲料中总磷的测定。　　　　　　　　　　　　　　　　　　　　　　　　　　　　　　(　　　)

5. 测定磷时,注意称两个平行样,独立测定。　　　　　　　　　　　　　　(　　　)

6. 测定磷时,需要用分光光度计测定试样溶液的吸光度。　　　　　　　　(　　　)

任务九　饲料中植酸磷的测定

任务描述

1. 熟知饲料中植酸磷含量测定的原理与方法。

2. 掌握不同饲料中植酸磷含量测定的方法。

3. 会测定不同饲料中植酸磷的含量。

✎ **任务准备**

一、测定原理

参照《饲料中总磷的测定 分光光度法》(GB/T 6437—2018)饲料中总磷的测定。

二、试剂与设备准备

(一)试剂

实验用水应符合《分析实验室用水规格和试验方法》(GB/T 6682—2008)中三级用水规格(蒸馏或离子交换等方法制取),使用试剂除特殊规定外均为分析纯。

30 g/L 三氯乙酸溶液:称取 3 g 三氯乙酸(分析纯),加水溶解至 100 mL,混匀。

三氯化铁溶液(1 mL 相当于 2 mg 铁):称取三氯化铁 0.97 g,用 30 g/L 的三氯乙酸溶液溶解至 100 mL,混匀。

1.5 mol/L 氢氧化钠溶液:称取氢氧化钠(分析纯)60 g,加水溶解至 1 000 mL,混匀。

浓硝酸:1.4 g/cm³,煮沸除去游离二氧化氮,使其成为无色。

硝酸溶液:1+1($V+V$)。

混合酸:硝酸+高氯酸(2+1)($V+V$)。

显色剂:

①100 g/L 钼酸铵溶液:称取分析纯钼酸铵 10 g,加入少量水,加热至 50~60 ℃,使其溶解。冷却后,再用水稀释至 100 mL,混匀。

②3 g/L 偏钼酸铵溶液:称取分析纯偏钼酸铵 0.3 g,溶于 50 mL 水中,再加 50 mL 硝酸溶液(1+1,$V+V$)溶解,混匀。

使用时将溶液①徐徐倒入溶液②中,边加边搅拌,然后再加入已赶尽二氧化氮的浓硝酸 18 mL,混匀。

标准磷溶液(1 mL 相当于 100 μg 磷):准确称取 105~110 ℃烘干 1~2 h 的优级纯磷酸二氢钾 0.439 0 g,用水溶解后移入 1 000 mL 容量瓶中,并用水稀释至刻度,摇匀。

(二)设备

实验室用样品粉碎机或研钵,分样筛孔径 0.42 mm(40 目),分析天平感量 0.000 1 g,分光光度计有 10 mm 比色池,可在 400 nm 下进行比色测定,容量瓶 50、100 mL,移液管 10、50 mL,吸量管 5、10 mL,卧式振荡机,凯氏烧瓶 100 mL,具塞三角瓶 250 mL,离心机,具塞离心管 40 mL。

三、分析样品制备

取具有代表性试样至少 2 kg,用四分法缩分至 200 g,粉碎过 0.42 mm 孔筛,混匀,装入样品瓶中,密闭,保存备用。

📠 **任务实施**

一、试样处理(湿法处理)

称取两个平行试样 1 g,精确到 1 mg,置于 250 mL 凯氏烧瓶中,加入浓硝酸 30 mL,小心加热煮沸,至二氧化氮黄烟逸尽,冷却后加入高氯酸 10 mL,小心煮沸至高氯酸冒白烟(不得蒸干),溶液无色,冷却,加蒸馏水 30 mL,且煮沸驱逐二氧化氮,冷却后转入 100 mL 容量瓶中,用蒸馏水稀释至刻度,摇匀,为试样分解液。

二、磷标准工作液的制备

准确移取磷标准溶液 0、0.5、1、2、3、4、5、6、7 mL 于 50 mL 容量瓶中,用水稀释至 20 mL 左右,各加硝酸溶液 4 mL,显色剂 10 mL,再用水稀释至刻度,混匀。此系列每 50 mL 中分别含磷:0、50、100、200、300、400、500、600、700 μg,静置 20 min,用 10 mm 比色池,在波长 400 nm 处,用分光光度计测定其吸光度。最后,以 50 mL 中磷含量为横坐标,用相应的吸光度为纵坐标,绘制出磷的标准曲线。

三、试样的测定

称取饲料样本 4 g 于干燥的 250 mL 具塞三角瓶中,准确加入 30 g/L 三氯乙酸溶液 50 mL,浸泡 2 h,机械振荡浸提 30 min 后,离心。准确吸取上层清液 10 mL 于 40 mL 离心管中,迅速加入三氯化铁溶液 4 mL,置于沸水浴中加热 45 min,冷却后,3 000 r/min 离心 10 min,除去上层清液,加入 30 g/L 三氯乙酸溶液 20～25 mL,洗涤(沉淀必须搅散),水浴加热煮沸 10 min,冷却后,3 000 r/min 离心 10 min,除去上层清液,如此重复两次,再用水洗涤 1 次。洗涤后的沉淀加入 3～5 mL 水及 1.5 mol/L 氢氧化钠溶液 3 mL,摇匀,用水稀释至 30 mL 左右,置沸水中煮沸 30 min,趁热用中速滤纸过滤,滤液用 100 mL 容量瓶盛接,再用热水 60～70 mL,分数次洗涤沉淀。

滤液冷却至室温后,稀释至刻度,准确吸取 5～10 mL 滤液于 100 mL 凯氏烧瓶中,加入硝酸和高氯酸混合酸 3 mL,于电炉上低温消化至冒白烟,剩余 0.5 mL 左右溶液为止(切忌蒸干),冷却后用 30 mL 水,分数次洗入 50 mL 容量瓶中,加入硝酸溶液 4 mL,显色剂 10 mL,用水稀释至刻度,混匀,静置 20 min 后,用分光光度计在波长 400 nm 处测定吸光度。查对磷标准曲线,计算植酸磷的含量。

四、结果计算

$$植酸磷 = [a \times 10^{-6} \times V/V_1]/m \times 100\%$$

式中　　a——由磷标准曲线查得的含磷量,μg;

m——试样的质量,g;

V_1——比色测定时吸取的试样消化液体积,mL;

V——试样分解液定容的总体积,mL;

10^{-6}——从 μg 转化成 g 换算系数。

五、重复性

每个试样称取两个平行样进行测定,取平均值,并保留至小数点后两位。

植酸磷(%)>0.5%,相对偏差≤3%

植酸磷(%)≤0.5%,相对偏差≤10%

📖 **任务小结**

在实践中要坚守正直诚信的价值观,学会对照国标规范操作、细致认真,保证测定结果客观公正,为准确评价饲料原料和产品的质量提供可靠的依据。

思考与练习............

一、判断题

1. 试样粉碎粒度要求不小于 40 目。 （ ）

2. 在离心法洗涤植酸铁沉淀的过程中,可以损失部分铁沉淀物。 （ ）

3. 显示温度要低于 15 ℃,否则显色缓慢。 （ ）

4. 提取植酸盐的浸提液是钒钼酸铵。 （ ）

5. 显色时的硝酸酸度应控制在 5% ~ 8% ($V+V$)。 （ ）

二、简答题

1. 简述饲料中植酸磷含量测定的原理和步骤。

2. 简述测定饲料中植酸磷含量的意义。

项目十

饲料其他检验技术

任务一 近红外光谱法测定营养成分

任务描述

1. 熟知近红外光谱法测定饲料营养成分的原理与方法。

2. 会用近红外光谱法测定饲料营养成分。

任务准备

一、测定原理

参照《饲料中水分、粗蛋白质、粗纤维、粗脂肪、赖氨酸、蛋氨酸快速测定 近红外光谱法》(GB/T 18868—2002):近红外光谱方法利用有机物中含有 C—H、N—H、O—H、C—C 等化学键的泛频振动或转动,以漫反射方式获得在近红外区的吸收光谱、通过主成分分析、偏最小二乘法、人工神经网等现代化学和计量学的手段,建立物质光谱与待测成分含量间的线性或非线性模型,从而实现用物质近红外光谱信息对待测成分含量的快速计量。

二、认识相关术语

(一)标准分析误差(SEC 或 SEP)

样品的近红外线光谱法测定值与经典法测定值之间残差的标准差,表示为

$$\sqrt{\frac{\sum\limits_{i=1}^{n}(d_1 - \overline{d})^2}{n-1}}$$

对于定标样品常用 SEC 表示,检验样品常用 SEP 表示。

(二)相对标准分析误差[SEC(C)]

样品标准分析误差中扣除偏差的部分,表示为

$$\sqrt{SPC^2 - Bias^2}$$

(三)残差(d)

样品的近红外光谱法测定值与真实值(经典分析方法测定值)的差值。

(四)偏差(Bias)

残差的平均值。

(五)相关系数(R 或 r)

近红外光谱法测定值与经典法测定值的相关性,通常定标样品相关系数以 R 表示,检验

样品相关系数以 r 表示。

（六）异常样品

样品近红外光谱与定标样品差别过大，具体表现在样品近红外光谱的马哈拉诺比斯距离（H 值）大于 0.6，则该样品被视为异常样品。

三、仪器准备

近红外光谱仪：带可连续扫描单色器的漫反射型近红外光谱仪或其他类产品，光源为 100 W 钨卤灯，检测器为硫化铅，扫描范围为 1 100~2 500 nm，分辨率为 0.79 nm，带宽为 10 nm，信号的线形为 0.3，波长准确度为 0.5 nm，波长的重现性为 0.03 nm，在 2 500 nm 处杂散光为 0.08%，在 1 100 nm 处杂散光为 0.01%。

软件：为 DOS 或 Windows 版本，由 C 语言编写，具有 NIR 光谱数据的收集、存储、加工等功能。

样品磨：旋风磨，筛片孔径为 0.42 mm，或同类产品。

样品皿：长方形样品槽，10 cm×4 cm×1 cm，窗口能透过红外线的石英玻璃，盖子为白色泡沫塑料，可容纳样品 5~15 g。

四、样品处理

用粉碎机粉碎样品，全部通过 0.42 mm 孔筛（内径），混合均匀。

📠 **任务实施**

一、仪器诊断

（一）噪声

32 次（或更多）扫描仪器内部陶瓷参比，以多次扫描光谱吸光度残差的标准差来反映仪器的噪声。残差的标准差应控制在 $30\lg(1/R)10^{-6}$ 以下。

（二）波长准确度和重现性

用加盖的聚苯乙烯皿来测定仪器的波长准确度和重现性。以陶瓷参比做对照，测定聚苯乙烯皿中聚苯乙烯的 3 个吸收峰的位置，即 1 680.3、2 164.9、2 304.2 nm，这 3 个吸收峰的位置的漂移应小于 0.5 nm，每个波长处漂移的标准差应小于 0.05 nm。

（三）仪器外用检验样品测定

将一个饲料样品（通常为豆粕）密封在样品槽中作为仪器外用检验样品，测定该样品中粗蛋白质、粗纤维、粗脂肪和水分含量并做 T 检验，应无显著差异。

二、定标

（一）选择定标模型

选择原则：定标样品的 NIR 光谱能代表被测定样品的 NIR 光谱。

操作方法：比较它们光谱间的 H 值。若待测样品 H 值≤0.6，可选用该定标模型；若待测样品 H 值>0.6，则不能选用该定标模型；若没有现有的定标模型，则需对现有模型进行升级。

（二）定标模型升级

升级目的：确保该模型在 NIR 光谱上能适应于待测样品。

操作方法：选择 25~45 个当地样品，扫描其 NIR 光谱，用经典方法测定水分、粗蛋白质、粗纤维、粗脂肪或赖氨酸和蛋氨酸含量，将这些样品加入定标样品中，用原有的定标方法进行计算,即获得升级的定标模型。

（三）已建立的定标模型

1. 水分的测定

定标样品数为 101 个,以改进的偏最小二乘法建立定标模型,模型的参数为:SEP = 0.24%、Bias = 0.17%、MPLS 独立向量(Term) = 3,光谱的数学处理为:一阶导数、每隔 8 nm 进行平滑运算,光谱的波长范围为 1 308 ~ 2 392 nm。

2. 粗蛋白质的测定

定标样品数为 110 个,以改进的偏最小二乘法建立定标模型,模型的参数为:SEP = 0.34%、Bias = 0.29%、MPLS 独立向量(Term) = 7,光谱的数学处理为:一阶导数、每隔 8 nm 进行平滑运算,光谱的波长范围为 1 108 ~ 2 500 nm。

3. 粗脂肪的测定

定标样品数为 95 个,以改进的偏最小二乘法建立定标模型,模型的参数为:SEP = 0.14%、Bias = 0.07%、MPLS 独立向量(Term) = 8,光谱的数学处理为:一阶导数、每隔 16 nm 进行平滑运算,光谱的波长范围为 1 308 ~ 2 392 nm。

4. 粗纤维的测定

定标样品数为 106 个,以改进的偏最小二乘法建立定标模型,模型的参数为:SEP = 0.41%、Bias = 0.19%、MPLS 独立向量(Term) = 6,光谱的数学处理为:一阶导数、每隔 8 nm 进行平滑运算,光谱的波长范围为 1 108 ~ 2 392 nm。

5. 植物性蛋白质饲料中赖氨酸的测定

定标样品数为 93 个,以改进的偏最小二乘法建立定标模型,模型的参数为:SEP = 0.14%、Bias = 0.07%、MPLS 独立向量(Term) = 7,光谱的数学处理为:一阶导数、每隔 4 nm 进行平滑运算,光谱的波长范围为 1 108 ~ 2 392 nm。

6. 植物性蛋白质饲料中蛋氨酸的测定

定标样品数为 87 个,以改进的偏最小二乘法建立定标模型,模型的参数为:SEP = 0.09%、Bias = 0.06%、MPLS 独立向量(Term) = 5,光谱的数学处理为:一阶导数、每隔 4 nm 进行平滑运算,光谱的波长范围为 1 108 ~ 2 392 nm。

三、测定未知样品

根据待测样品 NIR 光谱选用对应的定标模型,对样品进行扫描,进行待测样品 NIR 光谱与定标样品间的比较。

若待测样品 H 值≤0.6,则仪器将直接给出样品的水分、粗蛋白质、粗纤维、粗脂肪或赖氨酸和蛋氨酸含量;若待测样品 H 值>0.6,则说明该样品已超出了该定标模型的分析能力,对于该定标模型来说,该样品为异常样品。

（一）异常样品的分类

异常样品分为"好"与"坏"两类。将"好"的异常样品加入定标模型可提高该模型的分析能力;而将"坏"的异常样品加入定标模型则会降低分析的准确度。

异常样品的甄别标准有两个:一是 H 值,"好"的异常样品 H 值>0.6 或≤5;"坏"的异常样品 H 值>5。二是 SEC,"好"的异常样品加入定标模型后,SEC 不会显著增加;"坏"的异常样品加入定标模型后,SEC 会显著增加。

（二）异常样品的处理

NIR 分析中发现异常样品后,用经典方法对样品进行分析,同时对该异常样品类型进行确定,属于"好"的异常样品保留,并加入定标模型中,对定标模型升级;属于"坏"的异常样品放弃。

四、分析允许误差

分析允许误差见表 10-1。

表 10-1 分析允许误差

样品中组分	含量	平行样间相对偏差小于/%	测定值与经典方法测定值之间的偏差/%
水分	>20	5	0.40
	>10,≤20	7	0.35
	≤10	8	0.30
粗蛋白质	>40	2	0.50
	>25,≤40	3	0.45
	>10,≤25	4	0.40
	≤10	5	0.30
粗脂肪	>10	3	0.35
	≤10	5	0.30
粗纤维	>18	2	0.45
	>10,≤18	3	0.35
	≤10	4	0.30
蛋氨酸	≥0.5	4	0.10
	<0.5	3	0.08
赖氨酸		6	0.15

任务小结

在实践中要坚守正直诚信的价值观,学会对照国标规范操作使用近红外光谱仪、细致认真,保证测定结果客观公正,为准确评价饲料原料和产品的质量提供可靠的依据。

思考与练习............

一、简答题

1. 简述近红外光谱法测定营养成分的原理和步骤。

2. 简述近红外光谱法测定营养成分的定标过程。

二、论述题

1. 论述近红外光谱法测定营养成分的优势。

2. 论述近红外光谱法测定营养成分的注意事项。

任务二　饲料混合均匀度的测定

任务描述

1. 熟知饲料混合均匀度测定的原理和方法。

2. 会测定饲料混合均匀度。

任务准备

一、实验原理

参照《饲料产品混合均匀度的测定》(GB/T 5918—2008),其中包括氯离子选择电极法和甲基紫法。氯离子选择电极法原理是通过氯离子选择电极的电极电位对溶液中氯离子的选择性响应来测定氯离子的含量,以同一批次饲料的不同试样中氯离子含量的差异来反映饲料的混合均匀度;甲基紫法的原理是以甲基紫色素作为示踪物,在大批饲料中加入混合机后,再将甲基紫与添加剂一起加入混合机,混合规定时间,然后取样,以比色法测定样品中甲基紫的含量,以同一批次饲料的不同试样中甲基紫含量的差异来反映饲料的混合均匀度。

二、实验仪器与制剂准备

(一)仪器

氯离子选择电极、双盐桥甘汞电极、酸度计或电位计(精度为 0.2 mV)、磁力搅拌器、烧杯(100、250 mL)、移液管(1、5、10 mL)、容量瓶(50 mL)、分析天平(感量为 0.000 1 g)、分光光度计(带 5 mm 比色皿)、标准筛(筛孔净孔尺寸 100 μm)。

(二)试剂

使用的试剂除特别注明外,均为分析纯。水为蒸馏水,符合《分析实验用水规格和试验方法》(GB/T 6682—2008)的三级用水规定。

硝酸溶液:浓度约为 0.5 mol/L,吸取浓硝酸 35 mL 用水稀释至 1 000 mL。

硝酸钾溶液:浓度约为 2.5 mol/L,称取 252.75 g 硝酸钾于烧杯中,加水微热溶解,用水稀释至 1 000 mL。

氯离子标准溶液:称取经 550 ℃灼烧 1 h 冷却后的氯化钠 8.244 0 g 于烧杯中,加水微热溶解,转入 1 000 mL 容量瓶中,用水稀释至刻度,摇匀,溶液中含氯离子 5 mg/L。

甲基紫(生物染色剂)、无水乙醇。

三、分析样品的制备

将从每批饲料产品中抽取 10 个有代表性的原始样品(200 g/个),充分混合,颗粒饲料粉碎,过 1.40 mm 筛孔。

任务实施

一、氯离子选择电极法(仲裁法)

(一)绘制标准曲线

精确量取氯离子标准工作溶液 0.1、0.2、0.4、0.6、1.2、2.0、4.0 和 6.0 mL 于 50 mL 容量

瓶中,加入 5 mL 硝酸溶液和 10 mL 硝酸钾溶液,用水稀释至刻度,摇匀,即可得到 0.50、1.00、2.00、3.00、6.00、10.00、20.00 和 30.00 mg/50 mL 的氯离子标准系列,将它们倒入 100 mL 的干燥烧杯中,放入磁力搅拌子一粒,以氯离子选择电极为指示电极,甘汞电极为参比电极,搅拌 3 min。在酸度计或电位计上读取电位值(mV),以溶液的电位值为纵坐标,氯离子浓度为横坐标,在半对数坐标纸上绘制出标准曲线。

(二)试样的制备

准确称取分析样品(10.00±0.05)g 置于 250 mL 烧杯中,准确加入 100 mL 水,搅拌 10 min,静置澄清,用干燥的中速定性滤纸过滤,滤液作为试液备用。

(三)试液的测定

准确称取试液 10 mL,置于 50 mL 容量瓶中,加入 5 mL 硝酸溶液和 10 mL 硝酸钾溶液,用水稀释至刻度,摇匀,然后倒入 100 mL 的干燥烧杯中,放入磁力搅拌子一粒,以氯离子选择电极为指示电极,甘汞电极为参比电极,搅拌 3 min。在酸度计或电位计上读取电位值(mV),从标准曲线上求得氯离子浓度的对应值 X。按此步骤依次测定出同一批次的 10 个试液中的氯离子浓度 $X_1, X_2, X_3, \cdots, X_{10}$。

(四)结果计算

1. 试液氯离子浓度平均值

$$\overline{X} = \frac{X_1 + X_2 + X_3 + \cdots + X_{10}}{10}$$

2. 试液氯离子浓度的标准差

$$S = \sqrt{\frac{(X_1 - \overline{X})^2 + (X_2 - \overline{X})^2 + (X_3 - \overline{X})^2 + \cdots + (X_{10} - \overline{X})^2}{10 - 1}}$$

3. 混合均匀度值

混合均匀度值以同一批的 10 个试液中氯离子浓度的变异系数 CV 值表示,CV 值越大,混合均匀度越差。

$$CV = \frac{S}{\overline{X}} \times 100$$

计算结果精确至小数点后两位。

二、甲基紫法

(一)示踪物的制备与添加

将测量用的甲基紫混合并充分研磨,全部通过净孔尺寸为 100 μm 的标准筛。按照混合机混一批饲料量的十万分之一的用量,在大批饲料加入混合机后,再将其与添加剂一起加入混合机,混合至规定时间。按任务准备中采样与制备分析样品。

(二)测定

称取分析样品(10.00±0.05)g 放入 100 mL 的小烧杯中,加入 30 mL 无水乙醇,不时地加以搅动,烧杯上盖一表面皿,30 min 后用滤纸过滤(定性滤纸,中速)。以无水乙醇作空白调节零点,用分光光度计,以 5 mm 比色皿在 590 nm 的波长下测定滤液的吸光度。

以同一批次 10 个试样测得的吸光光度值为 $X_1, X_2, X_3, \cdots, X_{10}$,按氯离子选择电极法(仲裁法)计算公式分别计算 X、标准差 S 和变异系数 CV 值。

📖 **任务小结**

在实践中要坚守正直诚信的价值观,学会对照国标规范操作、细致认真,保证测定结果客观公正,为准确评价饲料产品的质量提供可靠的依据。

思考与练习............

一、简答题

1.简述饲料混合均匀度测定的原理和步骤。

2.简述氯离子选择电极法测定饲料混合均匀度的过程。

二、论述题

论述饲料混合均匀度测定的注意事项。

任务三 饲料粉碎粒度的测定

👨‍🏫 **任务描述**

1.熟知饲料粉碎粒度测定的原理和方法。

2.会测定饲料粉碎粒度。

✏️ **任务准备**

一、测定原理

参照《饲料粉碎粒度测定 两层筛筛分法》(GB/T 5917.1—2008):用规定的标准试验筛在振筛机上或人工对试料进行筛分,测定各层筛上留存物料质量,计算其占试料总质量的百分数。

二、仪器准备

标准试验筛:采用金属丝编织的标准试验筛(6目、8目、10目、14目、18目、25目、35目、80目、底盘),筛框直径为200 mm,高度为50 mm。试验筛筛孔尺寸和金属丝选配等制作质量应符合国家现行标准GB/T 6005和GB/T 6003.1的规定;根据不同饲料产品、单一饲料等的质量要求,选用相应规格的两个标准试验筛、一个盲筛(底筛)和一个筛盖。

振筛机:采用拍击式电动振筛机,筛体振幅(35±10)mm,振动频率为(220±20)次/分,拍击次数(150±10)次/分,筛体的运动方式为平面回转运动。

天平:感量为0.01 g。

三、制备分析样品

粗石粉的样品在原料库按照要求取样约2 kg,然后用分样器分取1 000 g的样品作为分析样品。

粉碎粗豆粕、粗玉米时在进仓取样口随机取样2 kg,然后用分样器分取1 000 g作为分析样品。

在生产蛋鸡料时从成品打包处取样取样2 kg,然后用分样器分取1 000 g的样品作为分析样品。

任务实施

一、摆放标准试验筛

将标准试验筛和盲筛按筛孔尺寸由大到小上下叠放。

二、称样

从试样中称取试料 100.0 g,放入叠放好的组合试验筛的顶层筛底。

三、筛分

将装有试料的组合试验筛放入电动振筛机上,开动振筛机,连续筛 10 min。在无电振筛机的条件下,可用手工筛理 5 min,筛理时,应使试验筛做平面回转运动,振幅为 25 ~ 50 mm,振动频率为 120 ~ 180 次/min。

四、计算结果

各层筛上物的质量分数为

$$P_i = m_i/m \times 100\%$$

式中　P_i——某层试验筛上留存物料质量占试料总质量的百分数($i = 1,2,3$),% ;

　　　m_i——某层试验筛上留存物料质量($i = 1,2,3$),g;

　　　m——试料的总质量,g。

结果表示:每个试样平均测定两次,取平均值,保留至小数点后一位;筛分时若发现有未经粉碎的谷粒、种子及其他大型杂质,应加以称重并记入实验报告。

允许误差:过筛的总质量损失不得超过 1% ;双试验第二层筛筛下物质量的两个平行测定值的相对误差不超过 2% 。

任务小结

在实践中要坚守正直诚信的价值观,学会对照国标规范操作、细致认真,保证测定结果客观公正,为准确评价饲料产品的质量提供可靠的依据。

配合饲料含粉率和粉化率的检测技术

思考与练习............

一、简答题

1.简述饲料粉碎粒度测定的原理和步骤。

2.简述制备分析样品的过程。

二、论述题

论述饲料粉碎粒度测定的注意事项。

任务四　饲料原料显微镜检测方法

任务描述

1.熟知饲料原料显微镜检测的原理和方法。

2. 会正确使用显微镜识别与检测饲料原料。

✏️ **任务准备**

一、实验原理

参照《饲料原料显微镜检查方法》（GB/T 14698—2017）：在显微镜下观察被检查物质的外观形态、组织结构、细胞形态及染色特征等，比照《饲料原料显微镜检查图谱》（GB/T 34269—2017），对其种类和品质进行鉴别和评价。

二、仪器与试剂准备

（一）仪器

①体式显微镜：可放大 7～40 倍。

②生物显微镜：可放大 40～500 倍。

③放大镜。

④标准筛：孔径为 0.42、0.25、0.177 mm 的筛及底盘。

⑤研钵。

⑥点滴板：黑色和白色。

⑦培养皿：载玻片、盖玻片。

⑧尖头镊子、尖头探针等。

⑨电热干燥箱、电炉、酒精灯及实验室常用仪器。

（二）试剂及溶液

所用试剂均为分析纯，水为《分析实验室用水规格和试验方法》（GB/T 6682—2008）中规定的三级水。

①四氯化碳。

②石油醚：沸点 30～60 ℃。

③丙酮溶液（3+1）：3 体积的丙酮与 1 体积的水混合。

④盐酸溶液（1+1）：1 体积盐酸与 1 体积的水混合。

⑤硫酸溶液（1+1）：1 体积硫酸与 1 体积的水混合。

⑥硝酸溶液（1+2.5）：1 体积硝酸与 2.5 体积的水混合。

⑦碘溶液：称取 0.75 g 碘化钾和 0.1 g 碘溶于 30 mL 水中，贮存于棕色瓶中。

⑧茚三酮溶液 5 g/L：称取 0.5 g 茚三酮溶解于 100 mL 水中，贮存于棕色瓶内，现用现配。

⑨硝酸铵溶液：10 g 硝酸铵溶于 100 mL 水中。

⑩钼酸盐溶液：20 g 三氧化钼溶入 30 mL 氨水与 50 mL 水的混合液中，将此液缓慢倒入硝酸溶液中，微热溶解，冷却后与 100 mL 硝酸铵溶液混合。

⑪悬浮剂Ⅰ：称取 10 g 水合氯醛溶解于 10 mL 水中，加入 10 mL 丙三醇，混匀，贮存在棕色瓶中。

⑫悬浮剂Ⅱ：称取 160 g 水合氯醛溶解于 100 mL 水中，并加入 10 mL 盐酸溶液。

⑬硝酸银溶液：称取 10 g 硝酸银于 100 mL 水中。

⑭间苯三酚溶液 20 g/L：称取 2 g 间苯三酚溶解于 100 mL 95% 的乙醇中，置于棕色瓶内。

三、试样制备

(一)取样

按《饲料 采样》(GB/T 14699—2003)采样,抽取有代表性的饲料样品,用四分法缩减取样分取到检查所需量。试样在常温条件下,储存在具塞的玻璃瓶中或密闭的样品袋内。

(二)试样前处理

1. 筛分

根据试样粒度状况,选用适当标准筛,按孔径由大到小的顺序,自上而下放置,底部是筛底盘。将四分法分取的试样置于套筛上充分振摇后,用小勺从每层筛面及筛底各取部分试样,分别平摊于培养皿中。如果有必要可先进行石油醚、丙酮和四氯化碳的处理后,再进行筛分。

2. 颗粒或团粒试样处理

取数粒于研钵中,用研杆碾压使其分散成各组分,但不应将组分本身研碎。初步研磨后过孔径 0.42 mm 筛。

3. 石油醚脱脂处理

油脂含量高或黏附有大量细颗粒试样(如鱼粉、肉骨粉、膨化大豆等饲料原料样品),取约 5 g 试样置于 100 mL 高型烧杯中,加入 50 mL 石油醚,搅拌 10 s,静置沉淀,小心倾析出石油醚,待样品表面石油醚挥发后,置于干燥箱中在约 70 ℃,开门烘 10 min 或在通风柜内吹干,取出冷却至室温后将样品置于培养皿内待检。

4. 丙酮处理

因有糖蜜而形成团块结构或水分偏高模糊不清的试样,可先用此法处理。取约 10 g 试样置 100 mL 高型烧杯中,加入约 70 mL 丙酮溶液搅拌数分钟以溶解糖蜜,静置沉淀。小心倾析,用丙酮溶液反复洗涤、沉降、倾析两次。稍挥干后置 60 ℃ 干燥箱中 20 min,取出于室温下冷却。

5. 四氯化碳浮选处理

取约 10 g 试样置于 100 mL 高型烧杯中,加入约 90 mL 四氯化碳,搅拌约 10 s,静止 2 ~ 5 min,待上下分层清晰后,将漂浮在上层的物质用勺捞出或采用倾析过滤法分离,待表面浮选剂挥发后,置于干燥箱中在(70±2)℃烘 10 ~ 20 min,取出冷却至室温后将样品置于培养皿内待检。另将沉淀物倒出放入培养皿内,待表面浮选剂挥发后,置于干燥箱中在(70±2)℃烘 10 ~ 20 min,取出冷却至室温后将样品置于培养皿内待检。必要时可将漂浮物、沉淀物过筛。

任务实施

一、感官检验

将 50 ~ 100 g 试样摊放在白纸上,在充足自然光照射下进行感官检查。

看:识别特征,检查有无掺杂物、热损伤、虫蚀、活昆虫、杂草种子及霉变等。

触:用手捻试样,感觉其硬度大小及是否有裹杂物。

二、体式显微镜检查

立体显微镜上载台的衬板选择要考虑试样色泽,一般检查深色颗粒时用白色衬板;检查浅色颗粒时用黑色衬板。检查一个试样可先用白色衬板看一遍,再用黑色衬板看。

检查时先看粗颗粒,再看细颗粒。先用较低放大倍数,再用较高放大倍数。

观察时用尖镊子拨动、翻转,并用探针触探试样颗粒。系统地检查培养皿中的每一组分。

为便于观察可对试样进行茚三酮试验、间苯三酚试验、碘试验等。在检查过程中以比照样品在相同条件下,与被检试样进行对比观察,或参照《饲料原料显微镜检查图谱》(GB/T 34269—2017)进行对比观察。

记录观察到的各种成分,对不是试样所标示的物质,若量小,称为杂质;若量大,称为掺杂物。注意远离有害物质。

三、生物显微镜检查

将体式显微镜下不能确切鉴定的试样颗粒及试样制备时筛面上及筛底盘中的试样分别取少许,置于载玻片上,加两滴悬浮液Ⅰ,用探针搅拌分散,浸透均匀,加盖玻片,在生物显微镜下观察,先在较低倍数镜下搜索观察,然后对各目标进一步加大倍数观察。再与比照样品比较。取下载玻片,揭开盖玻片,加一滴碘溶液,搅匀,再加盖玻片,置镜下观察。此时淀粉被染成蓝色至黑色,酵母及其他蛋白质细胞呈黄色至棕色。如试样粒透明度低不易观察,可取少量试样,加入约 5 mL 悬浮液Ⅱ,煮沸 1 min,冷却,取 1～2 滴底部沉淀物置在玻片上,加盖玻片镜检。

四、各种饲料显微镜镜检特征

(一)主要谷物类原料

1. 玉米及制品

皮层光滑,半透明,薄,并带有平行排列的不规则形状的碎片物。胚乳具有软、硬两种胚乳淀粉。硬淀粉或者叫角质淀粉,有黄色、半透明的特点;软淀粉系粉质、白色,不透明且有光泽。胚芽呈奶黄色,质软,含油。鉴别粉碎后的玉米芯可根据其非常硬的木质组织结构,常常成团或呈不规则形片状,有白色海绵状的髓、苞皮和颖片(很薄,呈白色或淡红色,有脉)。

2. 小麦及制品

小麦麸皮粒片大小可异,呈黄褐色,薄,外表面有细皱纹,内表面黏附有不透明的白色淀粉粒。麦粒尖端的麸皮粒片薄,透明,附有一簇长长的有光泽的毛。胚芽看起来软而平,近乎椭圆形,含油,色淡黄。淀粉颗粒小,呈白色,质硬,形状不规则,半透明,有些不透明或有光泽的淀粉粒附着在麸皮破片上。

3. 稻米副产品

稻壳呈不规则片状,外表面具有光泽的横纹线,颜色为由黄色到褐色。米糠为很小的片状物,含油,呈奶油色或浅黄色,并结成团块。脱脂米糠则不结团块。米糍表面光滑,呈小的不规则形状,半透明,质硬。色白,蒸谷米的碎米则为黄褐色,碎米的粒度大于米糠或统糠中的米糍的粒度,截面呈椭圆形。胚芽呈椭圆形,平凸状,与米粒相连的一边弧度大,含油。有时可看到胚芽已破碎成屑。

4. 高粱及制品

可以看到皮层紧紧附在硬质淀粉或者说角质淀粉上,颜色为白色、红褐色或淡黄色,依品种而异。硬质淀粉不透明,表面粗糙,而软质淀粉色白,有光泽,呈粉状。颖片硬而光滑、具有光泽的表面上有毛,颜色为淡黄、红褐直至深色。

（二）主要油料饼粕

饼粕的结构和特征取决于原料和提油的工艺方法。

1. 大豆饼粕

外壳的外表面光滑，有光泽，并有被针刺过的印记，其内表面为白黄色，不平，为多孔海绵状组织。外壳碎片通常紧紧地卷曲。种脐长椭圆形，带有一条清晰的裂缝（有些可从碎片上看出），颜色有黄色、褐色或黑色。浸出粕颗粒的形状不规则，扁平，一般硬而脆。豆仁颗粒看起来无光泽，不透明，呈奶油色乃至黄褐色。

2. 花生饼粕

外壳表面有成束的纤维脊，并呈网状结构。花生壳被粉碎后，其碎片硬层为褐色，较外层为淡黄色，内层为不透明白色。纤维束呈黄色，长短纤维束交织在一起，故有韧性。种皮非常薄，呈粉红色、红色或深紫色，并有纹理，常附于籽仁的碎块上。

3. 棉籽饼粕

常看到短绒或者说纤维附着在外壳上和埋在饼粕粉块中。短绒倒伏、卷曲和张开，半透明，有光泽，白色。棉籽压榨时将棉仁碎片和外壳都压在一起，看起来颜色较暗，每一碎片的结构难以看清。

4. 油菜籽饼粕

种皮和籽仁碎片不连在一起，易碎。种皮薄，硬度中等；外表面为红褐色或黑色，有些还呈网状；内表面有柔弱的半透明白色薄片附着在表面上。籽仁为小碎片，形状不规则，呈黄色乃至褐色，无泽，质脆。

5. 向日葵籽饼粕

外壳碎粒的大小、长度和形状各异，硬而脆，呈白色或者白中带有黑条纹。有些外壳碎粒在白色或黑色条纹褪掉后呈奶油色，且外表面有深的平行线迹，光滑而有光泽，内表面则粗糙。仁粒的粒度小，形状不规则，颜色为黄褐色或灰褐色，无光泽。

（三）动物副产品饲料

1. 鱼粉

鱼肉颗粒较大，表面粗糙无光泽，颜色为黄色或黄褐色，相当硬，但只要用镊子钳就很容易将肌肉纤维断片弄破碎。肌肉纤维大多呈短断片状，卷曲，无光泽，表面光滑且半透明。骨刺的特征取决于鱼粉来自鱼体的何种部位，如头、腹、躯干和尾巴。骨刺坚硬，颜色呈不透明的白色乃至黄白色，表面光滑、暗淡到透明，大小与形状各异。鱼眼球是一种晶体似的凸透镜状物体，半透明，光泽暗淡，非常硬，呈圆形或破球形颗粒。鱼鳞是一种薄、平而卷曲的片状物，外表面上有一些同心线纹。

2. 虾壳粉

显微镜下看到的触角是虾触角的片段，长圆管状，带有螺旋形平行线。虾眼为复眼，看起来是皱缩的小片，深紫色或黑色，表面上有横影线。

虾肉粒大小各异，光泽暗淡，半透明，呈黄色、橘黄色或粉红色，有时质地硬，或者肌肉纤维容易破碎成小片。来自虾躯体部位的连续的壳片薄而透明，而头部的壳片相当厚，不透明。虾腿片段为宽管状，带毛或不带毛，平而有光泽，半透明。

3. 水解羽毛粉

立体显微镜下羽干像清净的塑料管，呈黄色乃至褐色，有长有短，厚而硬，具有光滑表面，透明。羽支呈或长或短的小碎片,蓬松,不透明,光泽暗淡,呈白色乃至黄色。羽小支呈粉状,白色至奶油色。在高倍体视显微镜下,它们看起来是非常小而松脆的碎片,有光泽,白色到黄色,并结成团。羽根呈厚扁管状,黄色乃至暗褐色,粗糙,坚硬,并带有光滑的边。

4. 血粉

显微镜下血粉颗粒的粒度和形状各异,边沿锐利,颜色呈红褐色乃至紫黑色,质硬,无光泽或者有光泽,且表面光滑。用喷雾法干燥制得的血粉颗粒细小,大多是球形或破球形。

5. 肉骨粉

湿炼法生产的骨粉显微镜下颗粒为小片状,不透明,白色,光泽暗淡,表面粗糙,质地坚硬,用镊子钳难以使其破碎。有时骨粉颗粒表面上有血点或者里面有血管的线迹。蒸气压力法生产的骨粉颗粒比湿法生产的骨粉颗粒容易破碎。腱和肉的小片颗粒形状不规则,半透明。呈黄色乃至黄褐色,质硬,表面光泽暗淡或光滑。

6. 贝壳粉

显微镜下贝壳粉颗粒质硬,根据贝壳种类的不同呈不透明白色乃至灰色或粉红色,光泽暗淡或达到半透明程度。贝壳粉颗粒表面两面光滑,但有些颗粒的外表面具有同心的或平行的线纹或者带深淡交错的线束,有些碎片边缘呈锯齿状。

五、鉴别方法和鉴别实验

(一)主要无机组分的鉴别

将干燥后的沉淀物置于孔径 0.42、0.25、0.177 mm 筛及底盘之组筛上筛分,将筛出的 4 个部分分别置于培养皿中,用体式显微镜检查,动物和鱼类的骨、鱼鳞、软体动物的外壳一般易于识别。盐通常呈立方体;石灰石中的方解石呈菱形六面体。

(二)鉴别试验

1. 观察方式

鉴别试验可用肉眼或体式显微镜观察。

2. 硝酸银试验

①夹取未知可疑物颗粒 2～5 粒置于点滴板上,滴加 2 滴硝酸银溶液,观察现象;

②若生成白色晶体,并慢慢变大,说明未知颗粒是氯化物;

③若生成黄色结晶,并生成黄色针状,说明未知颗粒是磷酸盐;

④若生成能略为溶解的白色针状,说明是硫酸盐;

⑤若颗粒慢慢变暗,说明颗粒是骨。

3. 盐酸试验

夹取未知可疑物颗粒 2～5 粒置于点滴板上,滴加 2 滴盐酸溶液,或夹取可疑物 3～5 粒置于 50 mL 烧杯中加入 5 mL 盐酸溶液,观察现象:

①若产生剧烈气泡,说明未知可疑颗粒是碳酸盐;

②若产生少量气泡或不起泡,还需进行钼酸盐试验和硫酸试验。

4. 钼酸盐试验

夹取未知可疑物颗粒 2～5 粒置于点滴板上,滴加 2 滴钼酸盐溶液,观察现象:若在接近未知可疑物颗粒的地方生成微小黄色结晶,说明未知可疑颗粒为磷酸盐、磷矿石或骨(所有磷酸盐均有此反应,但磷酸二氢盐和磷酸氢二盐可用硝酸银鉴别)。

5. 硫酸试验

夹取未知可疑物颗粒 2～5 粒置于点滴板上,滴加 2 滴盐酸溶液后,再滴入 2 滴硫酸溶液,如慢慢形成细长的白色针状物,说明未知可疑物颗粒是钙盐。

6. 茚三酮试验

夹取未知可疑物颗粒 2～5 粒置于 50 mL 烧杯内,滴 5～7 滴茚三酮溶液浸润未知可疑颗粒,水浴加热至(80±5)℃,若未知颗粒显蓝紫色,则说明未知可疑物颗粒含蛋白质。

7. 间苯三酚试验

取试样 1～2 g 于 50 mL 烧杯内,滴加 10～20 滴间苯三酚溶液浸润样品,放置 5 min,滴加 5～10 滴盐酸溶液,若呈深红色,则试样中含有木质素。

8. 碘试验

夹取未知可疑物颗粒 2～5 粒置于点滴板上,滴加 2 滴碘溶液到可疑物颗粒上,如呈蓝紫色,则可疑物含有淀粉;也可取样品 5～10 g 置于 100 mL 烧杯中,加入 80 mL 水,电炉上煮沸后取下,静置 2 min 后滴加 5 mL 碘溶液,若溶液呈蓝色或蓝紫色,则样品中含淀粉类物质。

六、结果表示

结果表示应包括试样的外观、色泽及显微镜下所看到的物质,并给出所检试样是否与送检名称相符的判定意见。

任务小结

饲料显微镜检是目前生产中常用的方法,饲料显微镜检的准确程度取决于饲料分析人员对被检饲料特征的熟悉程度和应用显微镜技术的熟练程度。熟知饲料原料显微镜检查图谱并能熟练应用显微镜镜检与鉴别技术,才能正确评价送检试样是否合格。

思考与复习...........

一、简答题

1. 简述体式显微镜检测饲料原料的步骤。

2. 简述生物显微镜检测饲料原料的步骤。

二、论述题

1. 论述鱼粉显微镜的镜检特征。

2. 论述饲料原料显微镜镜检试样前的处理过程。

参考文献

[1] 曲强,程会昌,李敬双.动物解剖生理[M].北京:中国农业大学出版社,2012.

[2] 滑静.动物生理学[M].2 版.北京:化学工业出版社,2016.

[3] 刘国艳,李华慧.动物营养与饲料[M].3 版.北京:中国农业出版社,2014.

[4] 杨孝列,郭全奎.畜牧基础[M].北京:中国农业大学出版社,2014.

[5] 邱文然,李锋涛,等.动物营养与饲料[M].西安:西北农林科技大学出版社,2015.

[6] 杨久仙,刘建胜.动物营养与饲料加工[M].2 版.北京:中国农业出版社,2011.

[7] 张卫宪.动物营养与饲料[M].北京:中国轻工业出版社,2013.

[8] 李克广,郭全奎.饲料分析检测技术[M].北京:中国农业大学出版社,2015.

[9] 张智策.绿色饲料作物营养生物技术[M].哈尔滨:黑龙江科学技术出版社,2018.

[10] 李德立,李成贤.动物营养与饲料配方设计[M].北京:中国轻工业出版社,2019.

[11] 王世华,刘玉鑫,鲁厚芳.近代化学基础[M].2 版.北京:高等教育出版社,2006.

[12] 石瑞,食品营养学[M].北京:化学工业出版社,2012.

[13] 工业和信息化部.饲料加工成套设备现场安装通用技术规范:JB/T 13453—2018[S].北京:机械工业出版社,2018.

[14] 工业和信息化部.添加剂预混合饲料微量配料系统:JB/T 13456—2018[S].北京:机械工业出版社,2018.

[15] 国家市场监督管理总局,国家标准化管理委员会.智能化饲料加工厂数据采集技术规范:GB/T 42090—2022[S].北京:中国标准出版社,2022.

[16] 国家市场监督管理总局,国家标准化管理委员会.饲料加工厂 智能化技术导则:GB/T 42088—2022[S].北京:中国标准出版社,2022.